DRUCKVERTEILUNG IM BAUGRUNDE

MIT BESONDERER BERÜCKSICHTIGUNG DER PLASTISCHEN ERSCHEINUNGEN

VON

DR. ING. O. K. FRÖHLICH
'S-GRAVENHAGE

MIT 68 TEXTABBILDUNGEN

WIEN
VERLAG VON JULIUS SPRINGER
1934

ISBN-13: 978-3-7091-9739-4 e-ISBN-13: 978-3-7091-9986-2
DOI: 10.1007/978-3-7091-9986-2

GEWIDMET DEM ANDENKEN
DES
FORSCHERS UND LEHRERS
AUGUST FÖPPL
(GEB. 25. JANUAR 1854, GEST. 12. AUGUST 1924)

Vorwort.

Wenn die zulässige Bodenpressung für die Gründung eines Bauwerkes auf Grund von Probebelastungen irgend welcher Art überprüft, oder, infolge Mangels an Erfahrungsziffern für das Baustellengebiet, überhaupt erst bestimmt werden soll, so entsteht die Aufgabe, diese Probebelastungen verläßlich zu deuten. Hierin liegt auch heute noch, nach angestrengter, viele Jahrzehnte währender Arbeit vieler Forscher und einiger Baugrundkommissionen, die Hauptschwierigkeit des Problems. Die verläßliche Deutung irgend einer Probebelastung, welche, wie wir annehmen wollen, entweder auf durchaus gleichartigem oder waagrecht geschichtetem Baugrund (ohne empfindlich störende Inhomogenitäten) vorgenommen wurde, ist möglich, wenn man sich

1. über die Druckverteilung unterhalb der Probelast ein einigermaßen zutreffendes Bild machen kann, und wenn man gleichzeitig
2. über die zwischen Spannung und Formänderung herrschenden Beziehungen für die im Druckgebiet liegenden Bodenschichten verfügt.

Sind diese beiden Voraussetzungen erfüllt, dann ist es ein leichtes, die zu erwartenden Verformungen im Untergrund durch Zusammensetzung der elementaren Verzerrungen etwa längs der Hauptspannungstrajektorien zu finden.

Leider ist es so gut wie sicher, daß dieses ferne Traumbild des statisch geschulten Technikers in voller Strenge niemals Wirklichkeit werden wird. Jedoch scheint der oben angedeutete Weg der getrennten Betrachtung von Spannungen und Formänderungen der einzig gangbare zu sein und wurde auch tatsächlich von den Bodenforschern beschritten.

Um die Druckverteilung im Baugrund zu erforschen, wurden zahlreiche Spannungsmessungen, allerdings zumeist in künstlichen Sandschüttungen, vorgenommen. Sie haben wertvolle Aufschlüsse ergeben und Zusammenhänge mit der Spannungsverteilung im elastisch-isotropen Halbraum aufgedeckt.

Das mindestens ebenso schwierige Problem des Zusammenhanges zwischen den Hauptspannungen eines Bodenelementes und den eintretenden, teils elastischen, teils bleibenden Formänderungen wurde im

Laboratorium erst in Angriff genommen, nachdem Messungen von Verschiebungen in der Umgebung örtlich belasteter Erdkörper die Sicherheit verschafft hatten, daß Verhältnisgleichheit zwischen Spannung und Dehnung bzw. Zusammendrückung, auf welcher bekanntlich die mathematische Elastizitätslehre aufgebaut ist, in erdartigen Massen nicht besteht.

Beide Teilaufgaben der Deutung von Probebelastungen erfreuen sich heute noch der vollen Aufmerksamkeit der Bodenforscher und werden im Laufe der Zeit einer vollständigen, wenn auch nur angenäherten Lösung zugeführt werden.

Wenn sich heute ein praktisch tätiger Bauingenieur oder Studierender des Baufaches mit den bisherigen wissenschaftlichen Errungenschaften auf dem Gebiete der Deutung von Probebelastungen des Baugrundes vertraut machen will, dann stößt er in diesem Streben auf bedeutende Hindernisse. Die ausgezeichneten Bücher über Grundbau, Erddruck, Erdbaumechanik und Ingenieurgeologie sowie die zahlreichen Aufsätze in Fachzeitschriften über diesen Gegenstand und Berichte von Baugrundkommissionen enthalten wohl äußerst wertvolle Hinweise, Versuchsergebnisse und theoretische Betrachtungen, jedoch ist ihr Studium mühselig und zeitraubend. Nach der Meinung des Verfassers fehlt es hier an einem knapp gehaltenen, möglichst durchsichtig geschriebenen Leitfaden für den über wenig freie Zeit verfügenden, im Erwerbsleben stehenden Ingenieur, der sich die Grundbegriffe der Lehre vom Gleichgewicht und die Elemente der höheren Analysis in sein Berufsleben hinübergerettet hat.

Diesem Mangel soll das vorliegende Büchlein abhelfen. Wenn es dem Leser beim ersten Durchblättern auch den Eindruck erwecken sollte, als enthalte es ausschließlich theoretischen Formelkram, so möge er nicht übersehen, daß die Beschreibung selbst des einfachsten Spannungszustandes eben nur mit Benützung mathematischer Symbole möglich ist. Er wird nach Verwendung weniger Mußestunden auf die Lektüre dieses Leitfadens feststellen, daß es ihm ähnlich ergeht wie beim Lesen eines Romanes in fremder Sprache, die ihm infolge jahrelangen Nichtgebrauches ungeläufig geworden ist. Es gibt Bücher, in die wir uns erst „einlesen“ müssen, um mit Sicherheit beurteilen zu können, ob sie für uns Wert besitzen oder nicht.

Wenn jemand, der sich für die Frage der Baugrundbelastung interessiert, rasch darüber entscheiden will, ob es für ihn die Mühe lohnt, den vorliegenden Leitfaden durchzuarbeiten, dann genügt es vollauf, den Abschnitt XIV zu lesen. Falls das darin Gesagte in ihm nicht den Wunsch rege werden läßt, sich die Gedanken, die zur Aufstellung der kritischen Randbelastung geführt haben, gründlich zu eigen zu machen, dann kann er das Büchlein unbekümmert zur Seite legen.

In dem vorliegenden Leitfaden wurde die Durchlässigkeitsziffer der behandelten Böden mit $k = \infty$ angenommen, so daß die mit der Porenwasserströmung verbundenen hydrodynamischen Spannungserscheinungen vollkommen ausgeschaltet wurden. Eine zusammenfassende Darstellung der Setzungserscheinungen in Tonschichten, für welche bekanntlich $0 < k < \infty$ gilt, wird demnächst als ein ein abgeschlossenes Ganzes bildender Beitrag zur analytischen Tonmechanik in Buchform erscheinen.

Was die persönlichen Beiträge des Verfassers zu dem Problem der Druckverteilung im Baugrunde betrifft, sei hier bemerkt, daß die Formulierung des Prinzipes der geradlinigen Druckausbreitung Gl. 10 — (6) und die Anwendung von Fließbedingungen zur Bestimmung der Größe des gestörten Gebietes, der plastischen Setzungen und der kritischen Randbelastung von seiner Hand stammen.

Das Manuskript des vorliegenden Buches lag im Sommer 1932 bereits fertig vor. Die notwendig gewordene Umarbeitung wegen Ausschaltung eines Teiles des Stoffes, der sich auf die Druckverteilung in seitlich begrenzten körnigen Massen bezog, sowie die schwierigen wirtschaftlichen Verhältnisse haben sein Erscheinen so lange verzögert.

Zum Schlusse sei auch an dieser Stelle Herrn Professor Dr. K. v. Terzaghi, Wien, für dem Verfasser zur Verfügung gestellte, noch unveröffentlichte Versuchsergebnisse und viele Anregungen bez. der Darstellung des Stoffes der aufrichtigste Dank ausgesprochen.

's-Gravenhage, im Mai 1934.

Der Verfasser.

Inhaltsverzeichnis.

Seite

I. Einleitung 1
1. Problemstellung und Begrenzung des Stoffes 1
2. Der Begriff „Baugrund“ 3
3. Die plastischen Erscheinungen in erdartigen Körpern . . . 5

II. Messungen von Spannungen und Formänderungen in erdartigen Körpern 7
4. Einteilung der Versuche 7
5. Allgemeine Messungsergebnisse der unter 4. genannten Versuche 8

III. Spannungen und Formänderungen im elastisch-isotropen Halbraum 11
6. Allgemeines 11
7. Spannungen im elastisch-isotropen Halbraume, hervorgerufen durch eine lotrechte Einzellast 12
8. Elastische Verschiebungen eines Punktes im elastisch isotropen Halbraume infolge einer lotrechten Einzellast 18

IV. Statisch mögliche, elementare Spannungsverteilungen im Halbraum nach dem Prinzipe der geradlinigen Kraftausbreitung 21
9. Allgemeines 21
10. Die elementare Spannungsverteilung infolge einer lotrechten Einzellast P 22
11. Die elementare Spannungsverteilung infolge einer lotrechten Linienlast $\bar{q}$ 25
12. Die elementare Spannungsverteilung infolge einer waagrechten Einzellast P_w 27
13. Die elementare Spannungsverteilung infolge einer waagrechten Linienlast $\bar{q}_w$ 28

V. Verlauf charakteristischer Spannungen im Halbraum nach dem Prinzipe der geradlinigen Kraftausbreitung 29
14. Die Spannungen in ausgezeichneten Flächen bzw. Linien. Geometrische Örter gleicher Spannungen 29
15. Lotrechte Einzellast P 30
16. Lotrechte Linienlast $\bar{q}$ 34

VI. Der Spannungszustand im Halbraum infolge Belastung eines Teiles der Oberfläche, nach dem Prinzipe der geradlinigen Kraftausbreitung 36

Seite

A. Der unendlich lange Laststreifen 36
17. Gleichmäßige Sohldruckverteilung beim Laststreifen... 36
18. Parabolische Sohldruckverteilung beim Laststreifen..... 41
19. Glockenförmige Sohldruckverteilung beim Laststreifen... 43

B. Die kreisförmige Lastfläche 48
20. Kreisfläche mit gleichmäßiger Sohldruckverteilung...... 48
21. Kreisfläche mit parabolischer Sohldruckverteilung 50
22. Kreisfläche mit glockenförmiger Sohldruckverteilung.... 52

VII. Der Einfluß von Schubspannungen, die in der Oberfläche des Halbraumes wirken, auf den Verlauf der lotrechten Normalspannungen 55
23. Zentrisch-symmetrisches, waagrechtes Kraftsystem in der Oberfläche des elastisch-isotropen Halbraumes 55
24. Parallele waagrechte Schubkräfte in der Oberfläche des elastisch-isotropen Halbraumes 58
25. Sohlreibung bei streifenförmiger Lastfläche 60
26. Sohlreibung bei kreisförmiger Lastfläche 61

VIII. Gleichgewichtsstörungen in kohäsionslosen und bindigen Böden... 63
27. Fließbedingung für verschiedene Bodenarten 63
28. Bruchererscheinungen in Erdprismen 66

IX. Die Grenzflächen zwischen dem elastischen und plastischen Gebiet des örtlich belasteten Halbraumes 72
29. Lotrechte Einzellast P 72
30. Lotrechte Linienlast $\bar{q}$ 74
31. Die gleichmäßige Streifenbelastung 76
32. Die gleichmäßig belastete Kreisfläche 82

X. Der Beginn des Fließvorganges 83
33. Die kritische Randbelastung 83

XI. Das elastische Verhalten der Böden 86
34. Der mit der Tiefe zunehmende Elastizitätsmodul 86
35. Einfluß des elastischen Verhaltens einer Bodenart auf die Ordnungszahl der Spannungsverteilung 90
36. Elastische Senkungen in besonderen Belastungsfällen 92
a) Die elastische Senkung eines Punktes der Oberfläche des Halbraumes in der Nähe einer lotrechten Einzellast P. 92
b) Die elastische Senkung der Oberfläche des Halbraumes in der Nähe einer linienförmigen Last $\bar{q}$ 94
c) Die elastische Senkung des Mittelpunktes eines in der Bodenoberfläche liegenden Kreises, dessen Umfang gleichmäßig mit q je Längeneinheit belastet ist 96
d) Die elastische Senkung der Mittellinie eines unendlich langen, gleichmäßig mit q_t belasteten Streifens mit der Breite $2\,b$ in der Gründungstiefe t 97

Seite

e) Die elastische Senkung der Mittellinie eines unendlich langen, „glockenförmig" belasteten Streifens mit der Breite 2 b in der Gründungstiefe t 98
f) Die elastische Senkung des Mittelpunktes einer gleichmäßig mit q_t belasteten Kreisfläche vom Halbmesser r_0 in der Gründungstiefe t 100
g) Die elastische Senkung des Mittelpunktes einer „glockenförmig" belasteten Kreisfläche vom Halbmesser r_0 in der Gründungstiefe t 102
h) Die Setzungen bei verhinderter Seitenausdehnung mit Berücksichtigung des Einflusses der örtlichen Spannungen σ_z auf die Veränderlichkeit des Elastizitätsmoduls 104

XII. Einfluß der plastischen Erscheinungen auf die Setzung einer Lastfläche 109

37. Die Diskontinuität im plastischen Gebiet 109
38. Die plastische Setzung der streifenförmigen Lastfläche... 111
39. Die plastische Setzung der kreisförmigen Lastfläche.... 113
40. Einfluß der plastischen Erscheinungen auf die Setzung einer kreisförmigen Lastfläche mit veränderlichem Durchmesser bei konstantem Sohldruck 115

XIII. Überprüfung der Folgerungen aus dem Prinzipe der geradlinigen Kraftausbreitung durch Vergleich mit Versuchsergebnissen 120

41. Die Versuche der Reihe „Steiner-Kick" 120
1. Versuche von Steiner-Kick 123
2. Versuche von Strohschneider 123
3. Versuche an der Universität Illinois 124
4. Versuche des „Pennsylvania State College" 124
5. Versuche von Goldbeck 125
6. Versuche von Kögler-Scheidig 127
7. Versuche von Hugi 128

42. Die Versuche der Reihe „Föppl" 130
1. Versuche von A. Föppl 130
2. Versuche von Bastian 133
3. Versuche von Buisman-Volker 134

43. Versuche der Reihe „Probebelastungen" 136

XIV. Die kritische Randbelastung als Anhaltspunkt für die zulässige Belastung des Baugrundes 140

44. Tragfähigkeit (Grenzbelastung) und Proportionalitätsgrenze 140
45. Nachrechnung ausgeführter Gründungen auf kohäsionslosen Böden 144

XV. Einfluß der Schichtung des Baugrundes und des Grundwasserstandes auf die Setzung und die Wahl der zulässigen Bodenpressung 154

46. Berücksichtigung der Schichtung des Baugrundes....... 154
47. Berücksichtigung des Grundwasserstandes 156

Seite

XVI. Plastische Erscheinungen bei verschiedenen Aufgaben der Grundbaustatik ... 159

48. Die Fließgebiete in der Nähe eines Einschnittes mit senkrechten Böschungen ... 159
49. Der Druck auf nachgiebige Bodenklappen ... 163
50. Die Fließerscheinungen in einem dickwandigen Rohr aus plastischem Ton bei Innen- bzw. Außendruck ... 166

a) Dickwandiges Rohr aus plastischem Ton unter Innendruck ... 167

α) Die Spannungen im elastischen Gebiet ... 168
β) Die Spannungen im plastischen Gebiet ... 169
γ) Die Spannungen an der Grenze zwischen dem elastischen und plastischen Gebiet ... 170
δ) Die Spannungsgleichungen bei gegebener Größe des Fließbereiches ... 171
ε) Die Spannungsgleichungen für die unendliche Tonmasse ... 173

b) Dickwandiges Rohr aus plastischem Ton unter Außendruck ... 174

Anhang ... 177

Schrifttumverzeichnis ... 184

I. Einleitung.

1. Problemstellung und Begrenzung des Stoffes.

Die Aufgaben, die der Grundbau an den Konstrukteur und den ausführenden Ingenieur stellt, fallen zum Teil in das Gebiet der Mechanik, da es sich dabei um die Übertragung von meist bedeutenden Kräften (Eigengewicht und Nutzlasten) auf den Untergrund von Bauwerken handelt. Denkt man sich alle Ergebnisse der Mechanik, die im Grundbau eine Rolle spielen, systematisch zusammengestellt, dann gelangt man zu dem Begriff der Grundbaumechanik, auch Erdbau- oder Bodenmechanik genannt.

Die Übertragung der Kräfte zwischen Bauwerk und Baugrund vermittelt ein Körper, den wir im folgenden Grundbaukörper nennen wollen zum Unterschiede von einem aus Erde (Boden, Baugrund) bestehenden Körper (z. B. ein Erddamm), den man mit dem Ausdruck Erdkörper zu bezeichnen pflegt.

Der Grundbaukörper besitzt in vielen Fällen eine waagrechte Sohlfläche und lotrechte Seitenwände. Betrachtet man nun die Möglichkeiten der Kraftübertragung durch Sohle und Wand, dann ergibt sich eine übersichtliche Einteilung der Einzelgebiete der Grundbaumechanik:

a) Die Kräfteübertragung finde in der Hauptsache durch die Sohle des Grundbaukörpers statt; hierher gehören flachgegründete Bauwerke, Turm- und Schornsteingründungen, Strompfeiler von Brücken, „stehende Pfähle".

b) Die Kräfteübertragung finde in der Hauptsache durch die Seitenwände des Grundbaukörpers statt: Stützmauern, Silos, „schwebende" Pfähle.

Betrachtet man Grundbaukörper mit röhrenförmiger Gestalt, dann werden

c) die Kräfte allseitig auf den Grundbaukörper übertragen: Schacht- und Tunnelmauerwerk, Durchlässe. (Die Schachtauskleidungen könnten auch unter b) aufgeführt werden.)

Betrachtet man schließlich einen Erdkörper vom Standpunkte der Mechanik aus, dann gelangt man zu dem Gebiet der:

d) Standfestigkeit von Dämmen und Böschungen.

Bei den Aufgaben der Gebiete a) bis einschließlich c), die in Wirklichkeit immer als Kombinationen der obigen abstrakten Fälle vorkommen, wirken zwischen Grundbaukörper und Baugrund Spannungen, die miteinander im Gleichgewicht sind. Je nachdem man nun die vom Untergrund auf den Grundbaukörper ausgeübten Normal- und Schubspannungen oder die ihnen das Gleichgewicht haltenden vom Grundbaukörper auf den Baugrund übertragenen Spannungen weiter verfolgt, gelangt man zu zwei ganz verschiedenen Problemen der Mechanik, nämlich:

1. zur statischen Berechnung des Grundbaukörpers, bzw.
2. zur Berechnung der Spannungen und Formänderungen des Baugrundes.

Natürlich sind diese beiden Aufgaben innig miteinander verknüpft, da die Formänderungen der Sohle bzw. Seitenwand des Grundbaukörpers mit den Formänderungen der Grenzschicht des Untergrundes im Zusammenhange stehen.

Diese einfache Betrachtung zeigt schon, welch gewaltige Anforderungen selbst das einfachste Gründungsproblem an unsere mechanischen Kenntnisse stellt.

Wenn man sich nun weiter vor Augen hält, daß der Grundbaukörper aus einem der Stoffe: Holz, künstlicher bzw. natürlicher Stein oder Eisen besteht, während der Baugrund ein Stoff von meist unbekannter mineralogischer und chemischer Zusammensetzung ist und nur zum Teil erforschte physikalische Eigenschaften besitzt, wird man einsehen, daß wir niemals erwarten dürfen, die mechanische Seite des Gründungsproblems in ähnlich zutreffender Weise zu beherrschen, wie dies beispielsweise bei der Belastung eiserner Fachwerksträger der Fall ist. Die Aufgabe, die in einem beliebigen Punkte eines belasteten Grundbaukörpers und ebenso die in einem beliebigen Punkte des Untergrundes herrschenden Spannungen zu finden, wäre auch dann noch äußerst schwierig, wenn sowohl Grundbaukörper als auch Untergrund aus in elastischer Hinsicht isotropen Stoffen bestünden, die für beliebig hohe Beanspruchungen dem Gesetze von Hooke unterworfen blieben.

In Wirklichkeit gehorchen die Baustoffe, aus denen wir die Grundbaukörper herstellen, für mäßige Beanspruchungen annähernd dem Hookeschen Gesetz, während der aus einem erdartigen Körper bestehende Untergrund seine mechanischen Eigenschaften mit der Zunahme der Spannungen, also örtlich, verändert.

Hieraus folgt, daß man gezwungen ist, die theoretischen Erwägungen auf die allereinfachsten Gleichgewichtsbetrachtungen zu beschränken und in erster Linie darauf bedacht sein wird, ein angenähertes Bild der Druckverteilung unter einem Bauwerk zu erhalten. Dieses kann man dazu verwenden, um Schlußfolgerungen auf die zu erwartenden

Formänderungen im Untergrunde zu ziehen, wobei die Formänderungen des Grundbaukörpers zu berücksichtigen sein werden.

Die vorliegende Schrift beschäftigt sich in der Hauptsache mit dem unter a) genannten Gebiet der Grundbaumechanik, also mit der Druckverteilung lotrechter Lasten in einem waagrecht begrenzten, im übrigen unendlich ausgedehnten Körper, der mit gewissen, unserer bisherigen Kenntnis der verschiedenen Bodenarten entnommenen Eigenschaften ausgestattet wird.

Von der Berechnung des Grundbaukörpers selbst wird hier vollkommen abgesehen.

Die mathematische Elastizitätslehre gibt wertvolle Anhaltspunkte darüber, wie die Verteilung der Kräfte im Untergrund etwa vor sich gehen mag, und aus diesem Grunde werden gewisse Ergebnisse der Untersuchung des elastisch-isotropen Halbraumes näher erörtert.

Die mathematische Plastizitätslehre liefert in der Form der Fließbedingung ein Mittel, um die Umgebung einer Laststelle auf ihren Gleichgewichtszustand zu untersuchen und bei bekannter Druckverteilung im weiter abgelegenen Bereich die Größe des sogenannten gestörten Gebietes (Fließbereiches) zu bestimmen.

In Fällen, wo die Anwesenheit von Grundwasser in Betracht gezogen wird, soll der Grundwasserspiegel entweder ruhend oder mit sehr geringer Geschwindigkeit steigend oder fallend angenommen werden. In waagrechter Richtung sei die Wassergeschwindigkeit stets Null.

2. Der Begriff „Baugrund“.

Wir wollen hier auf keine der von verschiedenen Seiten vorgeschlagenen, in Besonderheiten gehenden Klassifizierungen der Bodenarten eingehen, sondern mit v. Terzaghi [43]* zwei Hauptgruppen von Böden unterscheiden:

I. kohäsionslose Sande,

II. luftfreie Gemenge von festen Teilchen (Körnern oder Mineralschuppen) und Wasser.

Diese Einteilung wählen wir im Hinblick auf die beiden wichtigen physikalischen Eigenschaften der Bodenarten, auf denen ihre Tragfähigkeit beruht. Diese Eigenschaften sind:

a) die innere Reibung,

b) die Kohäsion.

Die Böden der Gruppe I sind dadurch gekennzeichnet, daß ihre Kohäsion (die wir allgemein mit p_k bezeichnen wollen, wobei p als Symbol

* Die zwischen eckigen Klammern befindlichen Zahlen beziehen sich auf das Schrifttumverzeichnis am Ende des Buches.

einer Spannung, k als Andeutung des Wortes Kohäsion oder auch des Wortes Kapillarität anzusehen ist) Null ist, während die innere Reibung, ausgedrückt durch einen Winkel φ, einen gewissen endlichen Wert besitzt:

$$0 < \varphi < \frac{\pi}{2}.$$

Die Böden der Gruppe II, zu welchen die Tone gehören, besitzen sowohl eine gewisse Kohäsion $p_k > 0$ als auch eine bestimmte innere Reibung $\varphi > 0$.

Ist der Wert der inneren Reibung φ verschwindend klein, die Kohäsion p_k hingegen bedeutend, dann gelangt man zu dem Begriff der festen Körper (Metalle). Wird hingegen die Kohäsion p_k klein, dann nähert sich der betreffende Boden den Böden der Gruppe I.

Beide Gruppen von Böden zeigen unter Druck bei seitlich verhinderter Ausdehnung elastische Eigenschaften, die praktisch durch ein und dasselbe Gesetz, nämlich

$$\varepsilon_1 = -\frac{1}{A} \ln (p_s + p_i) + C_1 \tag{1}$$

ausgedrückt werden können. Die durch Gl. (1) gegebene Kurve ist die „Schwellkurve für Sande und Tone" von v. Terzaghi [25].

Die Bedeutung der Symbole ist folgende:

ε_1 . . . . Porenziffer bei einem bestimmten Druck.
p_s . . . . Die größte der drei Hauptspannungen bei verhinderter seitlicher Ausdehnung (also in einem linearen Verformungszustand).
A, p_i und C_1 . . Konstante.

Auch die Gesamtzusammendrückung, d. h. die Summe aus elastischer und bleibender Formänderung, die unter Druck bei verhinderter Seitendehnung, sowohl im Falle der Böden I als auch II auftritt, läßt sich nach dem obengenannten Forscher angenähert durch ein und dieselbe Beziehung kennzeichnen:

$$\varepsilon_2 = -a \ln (p + p_c) + C_2. \tag{2}$$

Hierin sind:

ε_2 . . . . die Porenziffer für einen bestimmten Druck;
p . . . . die größte Hauptspannung in der Bodenmasse;
a, p_c und C_2 . . . Konstante.

Die Gleichungen (1) und (2) beziehen sich, wie bereits erwähnt, auf einen linearen Verformungszustand, der durch Zusammenpressung einer Bodenprobe bei verhinderter Seitendehnung entsteht. Die größte Hauptspannung in der Längsrichtung (Richtung des ausgeübten Druckes) wurde mit p bezeichnet. Die beiden anderen Hauptspannungen q, die in den Querrichtungen wirken, sind untereinander gleich.

Das Verhältnis $\frac{q}{p}$ wird die Ruhedruckziffer genannt. Während des ganzen Vorganges dieser linearen Verformung bleibt die Ruhedruckziffer konstant. Die dabei auftretenden Zusammendrückungen sind zum Teil elastisch (reversibel), zum Teil bleibend (irreversibel). Von diesen wichtigen physikalischen Tatsachen wollen wir in der Folge mehrfach Gebrauch machen.

3. Die plastischen Erscheinungen in erdartigen Körpern.

Nach dem allgemeinen Sprachgebrauch nennt man einen Körper plastisch, wenn sich seine äußere Form mit verhältnismäßig geringem Kraftaufwand in gewünschter Weise verändern läßt und dabei sein Rauminhalt angenähert derselbe bleibt. Nach dieser landläufigen Vorstellung muß daher ein erdartiger Körper, dem die Eigenschaft der Plastizität zugesprochen werden soll, zwei Eigenschaften besitzen:

a) seine innere Reibung (φ) muß gering sein;
b) er muß raumbeständig sein.

Als bestes Beispiel eines solchen Stoffes kann der allgemein bekannte Töpferton genannt werden.

Wir wollen hier gleich bemerken, daß diese Begriffsbestimmung der Plastizität für das Studium der plastischen Erscheinungen vom Standpunkt der Mechanik aus nicht geeignet ist.

In der Mechanik wird die Plastizität nicht als Körpereigenschaft, sondern als ein besonderer Spannungszustand betrachtet und diese Auffassung soll dem vorliegenden Leitfaden zugrunde gelegt werden.

Übt man auf einen unter verhältnismäßig geringen Belastungen dem Hookeschen Gesetze gehorchenden festen Körper Kräfte aus, die untereinander im Gleichgewicht sind, dann entsteht in diesem Körper ein Spannungszustand, von dem wir annehmen wollen, daß wir ihn bestimmen können. Vergrößert man nun sämtliche äußeren Kräfte stetig, dann wachsen auch die Spannungen in einem bestimmten Punkt stetig und im gleichen Verhältnis. Dies läßt sich jedoch nicht unbegrenzt fortsetzen. Es zeigt sich nämlich, daß von einer gewissen Größe der äußeren Kräfte, also auch der inneren Spannungen des betreffenden Punktes an die Formänderungen nicht mehr im selben Verhältnis weiter wachsen, sondern allmählich schneller zunehmen als die Spannungen. Man sagt, der Stoff beginnt zu fließen und spricht von einer Fließgrenze und einer Fließbedingung.

Wird die Größe der äußeren Kräfte noch weiter gesteigert, dann findet schließlich der Bruch des Körpers statt.

Zwischen der Fließ- und der Bruchgrenze befindet sich der Körper im plastischen Zustand. Das Intervall zwischen diesen beiden Spannungsgrenzen ist bei verschiedenen Stoffen verschieden groß. Liegen Fließ- und Bruchgrenze sehr nahe beieinander, dann spricht man von spröden Körpern, liegen sie weit auseinander, dann nennt man die Stoffe bildsam oder plastisch.

Die Fließbedingung wird in der mathematischen Plastizitätstheorie durch eine Beziehung zwischen den Hauptspannungen eines Körperpunktes und den Stoffkonstanten ausgedrückt. Die allgemeinste heute als giltig betrachtete Fließbedingung hat v. Mises [34] angegeben; sie lautet:

$$(\sigma_3 - \sigma_2)^2 + (\sigma_1 - \sigma_3)^2 + (\sigma_2 - \sigma_1)^2 = f\,(\sigma_1 + \sigma_2 + \sigma_3). \tag{1}$$

Hierin sind σ_1, σ_2, σ_3 die drei Hauptspannungen in einem Körperpunkt; die die Stoffkonstanten enthaltende Funktion f ist durch Versuche für jeden besonderen Stoff zu bestimmen.

Gehen wir nun zu den erdartigen Körpern zurück, dann fällt uns eine wichtige Erscheinung auf, wenn wir z. B. die Ergebnisse einer einfachen Probebelastung auf Sandboden betrachten: vergrößern wir die Last stetig, so bemerken wir im allgemeinen erst gleichmäßig, dann jedoch stets schneller anwachsende Senkungen. Das Intervall zwischen jener Belastung, die wir dem betreffenden Boden nach dem Verlauf der Last-Setzungskurve und nach alten Bauplatzerfahrungen zumuten würden, und derjenigen Grenzbelastung, die wir als Bruchlast zu bezeichnen gewohnt sind, ist verhältnismäßig groß. Es drängt sich uns durch diese Betrachtung die Vermutung auf, daß es sich auch hier um plastische Erscheinungen handelt, die sich im Bereiche der Lastfläche abspielen, daß also bei einer Probebelastung des Baugrundes nicht das elastische, sondern das plastische Gleichgewicht das Endergebnis beherrscht.

Um zu einer rechnerischen Behandlung dieser Verhältnisse zu gelangen, werden wir allerdings die Bodeneigenschaften einigermaßen idealisieren und uns mit der Untersuchung der allereinfachsten Belastungsfälle begnügen müssen.

Das Endziel, das sich die mathematische Plastizitätstheorie gesteckt hat, nämlich sowohl Spannungen als auch Formänderungen in jedem Punkte eines plastischen Gebietes anzugeben, ist bisher nicht erreicht. Man begnügt sich vorläufig mit der Behandlung von Gleichgewichtsaufgaben vom Standpunkte der exakten Kontinuitätsmechanik aus [34].

In dem vorliegenden Leitfaden wird durch Annahme widerspruchsfreier Spannungsverteilungen für bestimmte, einfache Belastungsfälle versucht werden, mit Hilfe einfacher Fließbedingungen die Form der durch Erhöhung der äußeren Lasten verursachten plastischen Gebiete festzustellen und deren Einfluß auf die wichtigste Formänderung: die Setzung zu bestimmen.

II. Messungen von Spannungen und Formänderungen in erdartigen Körpern.

4. Einteilung der Versuche.

Eine der Hauptaufgaben der Grundbaumechanik im Hinblick auf die Gründung von Bauwerken besteht in der Erforschung der Beziehungen zwischen den Größen: Belastung, Lastfläche, Gründungstiefe, Setzung und Belastungsdauer.

Da eine rein theoretische Erfassung dieser Zusammenhänge, wie oben erwähnt, aussichtslos ist, haben sich zahlreiche Forscher der außerordentlichen Mühe unterzogen, die Einflüsse einiger der genannten Faktoren für besonders vereinfachte Verhältnisse auf dem Versuchswege zu studieren. Die große Mannigfaltigkeit der in der Praxis vorkommenden Bodenarten, sowie die bedeutende Anzahl der Veränderlichen des vorliegenden Problems machen es begreiflich, daß — auch abgesehen von der Schwierigkeit von Spannungsmessungen in erdartigen Körpern — eine allgemein gültige Lösung durch Versuche allein ebensowenig erwartet werden kann. Die Versuchsergebnisse und Setzungsbeobachtungen an ausgeführten Bauwerken können jedoch als Grundlagen für die Aufstellung von Arbeitshypothesen dienen, welche dieses Tatsachenmaterial übersichtlich zusammenfassen und die zur beiläufigen Voraussage des Verhaltens von Gründungen verwendet werden können. Deshalb sind die seit etwa 50 Jahren ausgeführten Versuche auf diesem Gebiet für jeden weiteren Fortschritt der Grundbaumechanik von außerordentlicher Wichtigkeit.

Diese Versuche lassen sich in folgende Gruppen unterteilen:

A. Spannungsmessungen.

a) Messung von lotrechten Normalspannungen in künstlichen Sandschüttungen. Hierher gehören die Versuche der nachfolgenden Forscher bzw. Körperschaften:

Steiner-Kick [1]	Prag	1879
Strohschneider [16]	Graz	1909—1911
Universität Illinois [19]	Urbana, Ill.	1910—1913
Pennsylvania State College [18]		1913—1914
Goldbeck, Arlington Experimental Farm [20]	Washington	1917
Koegler-Scheidig [29]	Freiberg	1925—1927
Hugi [30]	Zürich	1927

b) Messung waagrechter Normalspannungen in Behältern gegen lotrechte, feste Wände:

Müller-Breslau [14]	Berlin	1904—1905
J. Feld [24]	Cincinnati	1922
v. Terzaghi [43]	Cambridge (Mass.)	1928
Gerber [38]	Zürich	1928

c) Messung waagrechter Normalspannungen gegen feste Silowände und lotrechter Normalspannungen auf feste Siloböden:

Janssen [5]	Bremen	1895
Prante [6]	Bernburg	1896
Jamieson [11]	West St. John (Canada)	1904
Pleißner [13]	Dresden	1906
Lufft [21]	Buenos Aires	1914
Fulton [46]	Dundee (Scotland)	1931

B. Verformungsmessungen.

d) Messung elastischer bzw. elastischer und bleibender Setzungen in der Umgebung einer örtlichen Belastung:

A. Föppl [7]	München	1897
Bastian [12]	Utting (Ammersee)	1905
Buisman-Volker [48]	Ymuiden (Holland)	1926
De Wyckerslooth de Weerdesteyn [31]	Den Oever (Holland)	1926

e) Messung elastischer und bleibender Setzungen von Lastflächen (Probebelastungen):

American Foundation Committee [17]	seit	1913
Wolterbeek [23]	Ymuiden (Holland)	1921
Preß [39]	Berlin	1925—1931
Koegler [44]	Freiberg	1930
Bernatzik (bisher unveröffentlicht)	Wien	1932

Die unter b) und c) angegebenen Versuche beziehen sich auf seitlich durch praktisch unnachgiebige Wände begrenzte Erdkörper. Da in unseren Betrachtungen der Erdkörper stets unbegrenzt gedacht werden soll, fallen die Messungen b) und c) außerhalb des Rahmens dieser Abhandlung; sie wurden nur der Übersicht wegen mit aufgeführt.

5. Allgemeine Messungsergebnisse der unter 4. genannten Versuche.

Zu a). Die Versuche der Reihe „Steiner-Kick" wurden mit künstlichen, teilweise trockenen und losen, teilweise feuchten und gestampften Sandschüttungen ausgeführt. Die Belastung befand sich in der waagrechten Schüttungsoberfläche. Die Abmessungen des Sandkörpers waren groß im Verhältnis zu den Abmessungen der Lastfläche.

Die Verteilung der lotrechten Normalspannungen in waagrechten Ebenen ergab sich ausnahmslos glockenförmig, im Prinzipe also so, wie die Verteilung dieser Spannungen in elastisch-isotropen Körpern. Die absoluten Werte der Spannungen waren jedoch durchwegs bedeutend größer als die nach der mathematischen Elastizitätstheorie errechneten.

Naturgemäß konnte bei diesen Versuchen nicht festgestellt werden, ob die Wirkung der Belastung sich bis ins Unendliche erstreckte, da die Abmessungen der Schüttungen, wenn auch reichlich, doch immerhin begrenzt waren. Außerdem ist das Messen sehr kleiner Spannungen außerordentlich schwierig. Die verwendeten Meßflächen, Membranen, Meßdosen usw. konnten nur Spannungen anzeigen, die einen gewissen Kleinstwert besaßen. Diese Schwierigkeit hat zu der Meinung geführt, daß das Gebiet der Spannungen unter einer kreisförmigen Lastfläche durch eine Umdrehungsoberfläche eingeschlossen sei, deren Meridian im Lastflächenrande mit einer Tangentenneigung gegen die Lotrechte von 50 bis 60^0 beginne und sich nach unten bis ins Unendliche erstrecke, wobei die Tangentenneigung („Grenzwinkel“, Strohschneider) allmählich bis Null abnehme. Die späteren Versuche von Gerber und Bernatzik haben gezeigt, daß die Annahme eines Grenzwinkels nicht gerechtfertigt ist. Die Spannungen nehmen mit der Entfernung von der Lastflächenachse sehr rasch ab, die Lage der Nullpunkte läßt sich jedoch mit den angewandten Instrumenten nicht bestimmen.

Die Versuche von Koegler-Scheidig ergaben, daß die Verteilung der Spannungen an der Unterseite der verwendeten, ziemlich starren Platten ebenfalls Glockenform aufwies und daß am Rande die Drücke Null waren. Hierbei ist es wichtig, im Auge zu behalten, daß die Schüttung praktisch kohäsionslos war und die Belastung auf die Oberfläche derselben einwirkte. Der Größtwert der Sohlspannung (in der Lastflächenachse) war abhängig von der Plattengröße und war stets größer als die gedachte mittlere Belastung, was schon aus der Glockenform der Spannungsverteilungskurve folgt.

Aus den Versuchen von Illinois ging hervor, daß von der Lastfläche starke Reibungskräfte auf den Sand übertragen werden, die radial nach innen gerichtet sind.

Zu d). Die klassischen Versuche von A. Föppl hatten hauptsächlich den Zweck festzustellen, ob die auf Grund der mathematischen Elastizitätslehre errechneten Einsenkungen der Oberfläche des elastisch-isotropen Halbraumes auch für „Erdreich“ Gültigkeit haben. Dieser Forscher beschränkte sich daher auf die Messung elastischer Setzungen und benützte eine Last von 100 kg, die von einer Platte von 10 cm Durchmesser unterstützt war. Er kam zu dem folgenden Schlusse betreffend die Gültigkeit der Formel von Boussinesq:

„Die Formel kann daher — aus welchen Gründen möge dahingestellt bleiben — keine richtige Auskunft für das Verhalten eines elastischen Körpers von der Art des Erdbodens in dem Hofe meines Laboratoriums unter den gegebenen Verhältnissen sein.“

Der Boden, auf dem diese Versuche ausgeführt wurden, war ein angestampftes Kies-Sandgemisch, das jahrelang der Einwirkung der Witterung ausgesetzt war.

In seinem Lehrbuche „Vorlesungen über technische Mechanik“, Band V, 1907, ergänzt A. Föppl seinen obigen Ausspruch dahin, daß er als Ursache der Abweichung zwischen der Boussinesqschen Formel und den Versuchsergebnissen das Nichtzutreffen des Hookeschen Gesetzes für Erdboden angibt.

Diese Messungen wurden für gewachsenen Boden von den unter d) genannten Forschern wiederholt und dabei die Föpplsche Schlußfolgerung bestätigt.

Zu e). Die Versuche dieser Art (Probebelastungen) sind in großer Zahl gemacht worden; die obengenannten gehören zu den sehr sorgfältig ausgeführten und zugleich in Veröffentlichungen ausführlich beschriebenen.

Der allgemeine Verlauf der Last-Setzungskurve bei Oberflächenbelastung ist seit langem bekannt. Wichtig sind die Feststellungen von Preß und Koegler über den Einfluß der Lastflächengröße auf die Gesamtsetzung. Sowohl im Falle kohäsionsloser als auch bindiger Böden gibt es eine Lastflächengröße, für welche die Gesamtsetzung bei konstanter mittlerer Belastung einen Kleinstwert darstellt; sinkt der Lastflächendurchmesser unter diesen Sonderwert, dann nimmt die Setzung zu. Vergrößert man den Lastflächendurchmesser, dann steigt die Gesamtsetzung ebenfalls, aber viel langsamer. Jeder Erklärungsversuch des Verhaltens des Bodens unter der Einwirkung örtlicher Belastung wird diese Besonderheit als Prüfstein für seine grundlegenden Annahmen betrachten müssen. Wir werden auf diesen Punkt unter Ziffer 40 ausführlich zurückkommen. Hier sei noch erwähnt, daß die Zunahme der Setzung mit gegen Null konvergierendem Lastflächendurchmesser sich natürlich nicht bis ins Unendliche fortsetzen kann, da für den Lastflächendurchmesser = Null die Belastung verschwindet und somit die Setzung ebenfalls Null werden muß.

III. Spannungen und Formänderungen im elastisch-isotropen Halbraum.

6. Allgemeines.

Obwohl der feste, dem Hookeschen Gesetz unterworfene Körper nur als ein besonderer Fall der erdartigen Körper aufgefaßt werden kann und daher sein Verhalten unter Belastung für die in der Baupraxis vorkommenden Böden keineswegs allgemein als maßgebend zu betrachten ist, gehen dennoch alle theoretischen Betrachtungen über die Druckverteilung im Baugrunde von den Ergebnissen aus, die die mathematische Elastizitätstheorie für den einfachsten Belastungsfall des elastisch-isotropen Halbraumes, nämlich die in einem Punkte der Oberfläche angreifende, lotrechte Einzellast liefert. Die betreffenden Untersuchungen verdanken wir Boussinesq [3] und Michell [8]. Sie gehen von der gewichtslosen, ursprünglich spannungslosen, isotropen, dem Hookeschen Gesetz gehorchenden Masse aus, dessen unbegrenzte Gültigkeit vorausgesetzt wird. Aus diesem Grunde ist es unmöglich, mit Hilfe dieser im Rahmen der mathematischen Elastizitätstheorie streng gültigen Untersuchungen allein zu dem Begriffe der Tragfähigkeit fester Körper zu gelangen. Die Übereinstimmung zwischen den Erscheinungen, die sich infolge Einwirkung äußerer Lasten auf feste Körper zeigen, und den erwähnten theoretischen Ergebnissen ist gebunden an die Proportionalität zwischen Spannung und Formänderung bei reinem Zug oder reinem Druck. Denken wir uns einen Körper, für welchen dieser Zusammenhang innerhalb gewisser Grenzen gilt, dann sind die Beziehungen von Boussinesq anwendbar, auch wenn die Formänderungen nicht rein elastisch, sondern zum Teile bleibend wären. Im letzteren Falle wäre die Gültigkeit der Formeln allerdings auf die erstmalige Belastung beschränkt. Der Begriff des konstanten Elastizitätsmoduls wäre dabei zu ersetzen durch den eines konstanten Formänderungsmoduls.

In den elastizitätstheoretischen Untersuchungen kommt außer dem Elastizitätsmodul E noch eine andere elastische Konstante vor: die Poissonzahl m. Man versteht darunter das Verhältnis zwischen der Längszusammendrückung ε_L und der Querdehnung ε_Q in einem einachsigen Druckzustand, oder das Verhältnis zwischen Längsdehnung und Querzusammendrückung in einem einachsigen Zugzustand.

$$m = \frac{\varepsilon_L}{\varepsilon_Q}. \tag{1}$$

Durch die beiden Größen E und m ist das elastische Verhalten eines isotropen Körpers vollständig bestimmt. Der oft benützte Schubmodul G solcher Stoffe ist keine selbständige Konstante, sondern läßt sich durch E und m ausdrücken:

$$G = \frac{m}{2(m+1)} E. \tag{2}$$

Für den in elastischer Hinsicht anisotropen Stoff wächst die Zahl der Elastizitätskonstanten von 2 auf 18; in diesem Falle, also bei einem mit der Richtung veränderlichen Elastizitätsmodul, verliert die Poissonzahl m ihren Sinn. Man kann also nur dann von einem bestimmten Werte der Poissonzahl sprechen, wenn es sich um einen elastisch-isotropen Körper handelt.

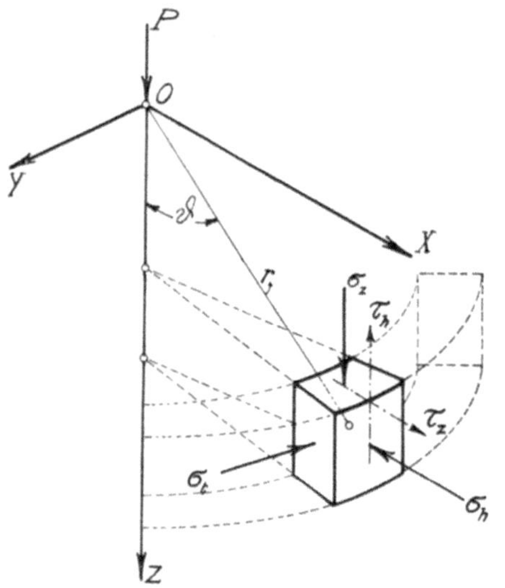

Abb. 1. Spannungen des elastisch-isotropen Halbraumes im Zylinderkoordinatensystem, hervorgerufen durch eine lotrechte Einzellast P.

Trotz dieser vielen Einschränkungen, die man für die Anwendung der Elastizitätstheorie auf wirkliche Stoffe machen muß, sollen die wichtigsten Ergebnisse derselben im folgenden zusammengestellt werden, da sie für Vergleiche mit empirisch festgestellten Spannungen und Formänderungen sowie auch zur Unterstützung unserer Anschauung nützlich sein können.

7. Spannungen im elastisch-isotropen Halbraume, hervorgerufen durch eine lotrechte Einzellast.

Die in der Oberfläche des Halbraumes angreifende lotrechte Einzellast P falle der Richtung nach mit der Achse eines räumlichen Polarkoordinatensystems zusammen. Der Pol O sei identisch mit dem Lastangriffspunkt (Abb. 1).

r, ϑ seien die Polarkoordinaten eines Punktes des Halbraumes, in welchem die folgenden Spannungen herrschen:

σ_z ... lotrechte Normalspannung;

σ_h ... waagrechte Normalspannung in radialer Richtung;

σ_t ... ,, ,, ,, tangentialer Richtung;

τ .... die zu σ_z und σ_h gehörige Schubspannung.

Mit diesen Bezeichnungen und mit der Poissonzahl m lauten die Grundgleichungen von Boussinesq wie folgt:

$$\left.\begin{aligned}
\sigma_z &= \frac{3P}{2\pi r^2}\cos^3\vartheta \\
\sigma_h &= \frac{P}{2\pi r^2}\left\{3\cos\vartheta\sin^2\vartheta - \frac{m-2}{m}\,\frac{1}{1+\cos\vartheta}\right\} \\
\sigma_t &= -\frac{m-2}{m}\,\frac{P}{2\pi r^2}\left\{\cos\vartheta - \frac{1}{1+\cos\vartheta}\right\} \\
\tau &= \frac{3P}{2\pi r^2}\cos^2\vartheta\sin\vartheta
\end{aligned}\right\} \qquad (1)$$

In diesen Gleichungen bedeutet das Pluszeichen bei Normalspannungen Druck, das Minuszeichen daher Zug.

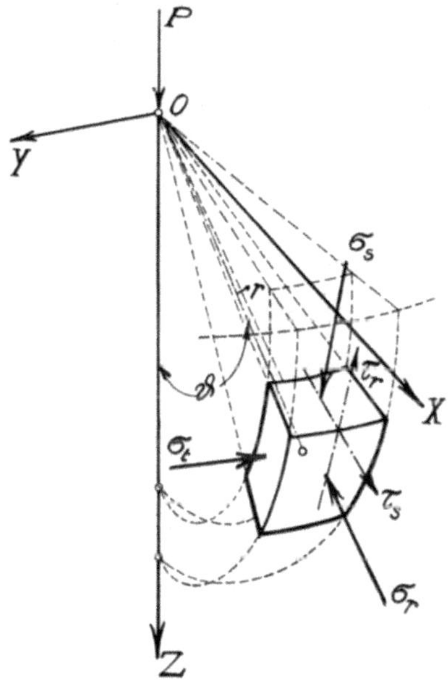

Abb. 2. Spannungen des elastisch-isotropen Halbraumes im Polarkoordinatensystem, hervorgerufen durch eine lotrechte Einzellast P.

Durch eine Transformation der Spannungskomponenten erhält man aus den Gl. (1) die oft wichtigen polaren Spannungen, und zwar:

σ_r ... die Normalspannung in der Richtung des Fahrstrahles (Abb. 2);

σ_s ... die im Meridian liegende Normalspannung senkrecht zum Fahrstrahl;

σ_t ... die Meridianspannung;

τ_r ... die zu σ_r und σ_s gehörige Schubspannung;

$$\left.\begin{aligned}
\sigma_r &= \frac{P}{\pi r^2}\left\{\frac{2m-1}{m}\cos\vartheta - \frac{m-2}{2m}\right\}\\
\sigma_s &= -\frac{m-2}{m}\,\frac{P}{2\pi r^2}\,\frac{\cos^2\vartheta}{1+\cos\vartheta}\\
\sigma_t &= -\frac{m-2}{m}\,\frac{P}{2\pi r^2}\left\{\cos\vartheta - \frac{1}{1+\cos\vartheta}\right\}\\
\tau_r &= \frac{m-2}{m}\,\frac{P}{2\pi r^2}\,\frac{\sin\vartheta\cos\vartheta}{1+\cos\vartheta} = \tau_s
\end{aligned}\right\} \qquad (2)$$

Wie in (1) ist auch hier σ_t eine Hauptspannung, also $\tau_t = 0$. Die Bedeutung der Vorzeichen ist hier dieselbe wie oben. Die Gleichungsgruppen (1) und (2) sind einander vollkommen gleichwertig. Jede von ihnen beschreibt den Spannungszustand eines Punktes r, ϑ des Halbraumes eindeutig. Sie bringen jedoch verschiedene Besonderheiten des Spannungszustandes zum Ausdruck. Weder (1) noch (2) enthält den Elastizitätsmodul E*.

Aus (1) ersieht man, daß die Spannungen in waagrechten Ebenen vollkommen unabhängig sind von der Größe der Poissonzahl m. Die Spannungsverteilung in diesen Ebenen ist also für alle elastisch-isotropen Körper dieselbe.

Da $\frac{\tau}{\sigma_z} = \operatorname{tg}\vartheta$ ist, so geht die Spannung eines waagrechten Flächenelementes immer durch den Ursprung O.

Aus $\sigma_t = 0$ folgt $\cos\vartheta_1 = \frac{1}{1+\cos\vartheta_1}$ oder $\vartheta_1 = \operatorname{arc\,cos}\frac{\sqrt{5}-1}{2}$, also $\vartheta_1 = 51^0\,50'$.

Hieraus ergibt sich, daß die waagrechte Normalspannung in tangentialer Richtung oder, was dasselbe ist, die Meridianspannung für jede Poissonzahl $m > 2$ innerhalb eines geraden Kreiskegels, dessen Öffnungswinkel $2 \times 51^0\,50' = 103^0\,40'$ beträgt, eine Zugspannung ist, während in allen Punkten außerhalb dieses Kegels, also näher der Oberfläche, in den Meridianebenen Druck herrscht.

Gl. (2) zeigt, daß die im Meridian liegende Normalspannung senkrecht zum Fahrstrahl im Innern der Masse überall eine Zugspannung ist; nur an der Oberfläche wird diese Spannung gleich Null. Die Bedingung $\sigma_r = 0$ führt auf

$$\cos\vartheta_2 = \frac{m-2}{2(2m-1)}.$$

Z. B. wird für $m = 3$ (Kupfer, Zinn): $\cos\vartheta_2 = \frac{1}{10}$ oder $\vartheta_2 = 84^0\,15'$. Die polar gerichtete Normalspannung ist also für $m = 3$ innerhalb eines geraden Kreiskegels, dessen Öffnungswinkel $2 \times 84^0\,15' = 168^0\,30'$ beträgt, eine Druckspannung; außerhalb dieses Kegels, also näher der

* Siehe Anhang, zu III. 7, a).

Oberfläche, jedoch eine Zugspannung. Insbesondere ist auch für $\vartheta = \frac{\pi}{2}$, also in der Oberfläche, die polar gerichtete Normalspannung σ_r für alle Werte der Poissonzahl $m > 2$ Zug, nämlich:

$$\sigma_{r,\,\vartheta=\frac{\pi}{2}} = -\frac{m-2}{m}\,\frac{P}{\pi r^2}.$$

Von besonderer Bedeutung ist der Fall $m = 2$; dieser Wert der Poissonzahl gilt für einen raumbeständigen, elastisch-isotropen Stoff. Die Gleichungen (2) lauten dann, wie man sofort sieht:

$$\left.\begin{aligned} \sigma_r &= \frac{3P}{2\pi r^2}\cos\vartheta \\ \sigma_s &= 0 \\ \sigma_t &= 0 \\ \tau_r &= 0 \end{aligned}\right\} \tag{2a}$$

Infolge der Gl. $\tau_r = 0$ werden σ_r und σ_s zu Hauptspannungen; die dritte Hauptspannung ist σ_t.

Wegen $\sigma_s = 0$ und $\sigma_t = 0$ haben wir es hier mit einem einachsigen Spannungszustand zu tun: die einzige nicht verschwindende Hauptspannung σ_r ist polar gerichtet und ist eine Druckspannung. In keinem einzigen Punkte des elastisch-isotropen, raumbeständigen Halbraumes herrscht Zug. Diese Spannungsverteilung ist daher auch dann möglich, wenn der Stoff keine Zugfestigkeit besitzt.

Die Hauptspannungstrajektorien sind in diesem Sonderfalle Strahlen, die vom Lastangriffspunkte O nach allen Richtungen des Halbraumes ausgehen. Die Größe der Hauptspannung σ_r nimmt mit dem Quadrate des Abstandes r von der Lastangriffsstelle ab, genau wie die Anziehungskraft einer punktförmigen Masse, oder wie die Intensität des Lichtes. Im vorliegenden Fall sind jedoch die Richtungen untereinander nicht gleichwertig, der Polarwinkel ϑ spielt für die Größe der Hauptspannung (Feldstärke) eine bedeutende Rolle. Die wichtigste Eigenschaft des Spannungsbildes besteht in der geradlinigen Ausbreitung der Praft P über den Halbraum. Dieses **Prinzip der geradlinigen Kraftausbreitung** ist strenge genommen nur für den volumbeständigen Stoff $m = 2$ gültig. **Michell** [8] hat jedoch schon darauf hingewiesen, daß auch beispielsweise für Werte von m zwischen 2 und 4 dieselbe Spannungsverteilung wie für $m = 2$ näherungsweise brauchbar ist.

Um sich hiervon zu überzeugen, kann man die Abweichung Δ der Hauptspannung von der Richtung des Fahrstrahles ϑ berechnen. Dies geschieht am einfachsten mit Hilfe der bekannten Beziehung

$$\operatorname{tg} 2\Delta = \frac{2\,\tau_r}{\sigma_r - \sigma_s}. \tag{3}$$

Setzt man in diese Gleichung die betreffenden Werte aus (2) ein, dann erhält man:

$$\operatorname{tg} 2\Delta = \frac{\sin 2\vartheta}{\frac{5m-4}{m-2}\cos^2\vartheta + \frac{3m}{m-2}\cos\vartheta - 1}. \tag{3a}$$

Für $m = 2$ wird natürlich $\Delta = 0$, d. h. die Hauptspannung ist genau polar gerichtet, wie wir schon aus (2) erkannt haben.

Setzt man beispielsweise $m = 4$, dann ergibt sich:

$\vartheta = 0^0$	15^0	30^0	45^0	60^0	75^0	90^0
$\Delta = 0^0$	$1^0\,10'$	$2^0\,25'$	$3^0\,55'$	$6^0\,5'$	$11^0\,25'$	0^0

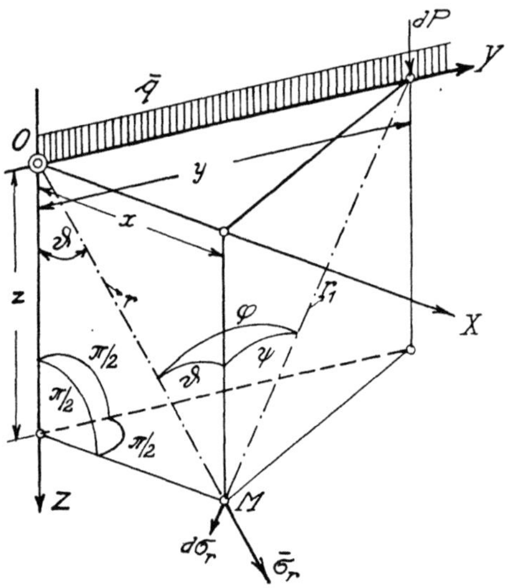

Abb. 3. Spannungsverteilung im elastisch-isotropen Halbraum, hervorgerufen durch eine lotrechte Linienlast $\bar{q}$.

Die Abweichung der größten Hauptspannung von der Fahrstrahlrichtung ist also auch für einen Wert der Poissonzahl von $m = 4$ für Winkel von $\vartheta = 0$ bis $\vartheta = 75^0$ sehr gering. Zwischen $\vartheta = 75^0$ und $\vartheta = 90^0$ wächst Δ allerdings bis 45^0 an; jedoch sind in diesem Gebiet die Spannungen selbst verhältnismäßig sehr klein, so daß man das Prinzip der geradlinigen Kraftausbreitung in praktischen Fällen $(2 \leqq m \leqq 4)$ anzuwenden berechtigt ist.

Aus den Gl. (2a) läßt sich noch ein praktisch wichtiger Schluß bezüglich der Spannungsverteilung infolge einer lotrechten linienförmigen Last $\bar{q}$ ziehen. (Der Querstrich deutet die Dimension der Last [kg/cm] an.) Betrachtet man eine durch die Lastlinie gehende, unter ϑ gegen die Lotrechte geneigte Ebene und einen ihr angehörenden Punkt M (Abb. 3), dann liegen alle auf M wirkenden Spannungen infolge der Lastelemente $dP = \bar{q}\,dy$ in dieser Ebene. Sie lassen sich daher in einfacher Weise zu der ebenfalls polar gerichteten Hauptspannung des vorliegenden zweidimensionalen Problemes zusammensetzen:

$$\bar{\sigma}_r = 2 \int_{\varphi=0}^{\varphi=\frac{\pi}{2}} d\sigma_r \cos^2\varphi. \tag{4}$$

Nach (2) ist:

$$d\sigma_r = \frac{3\,dP}{2\,\pi\,r_1^2}\cos\psi = \frac{3\,\bar{q}\,dy}{2\,\pi\,r_1^2}\cos\psi.$$

Aus dem sphärischen Dreieck mit den Seiten ϑ, ψ und φ in Abb. 3 folgt:

$$\cos\psi = \cos\vartheta\cos\varphi;$$

ferner ist $y = r\,\mathrm{tg}\,\varphi$, also $dy = r\,\frac{d\varphi}{\cos^2\varphi}$ und schließlich ist noch: $r_1^2 = \frac{r^2}{\cos^2\varphi}$.

Setzt man diese Ausdrücke in (4) ein, dann ergibt sich:

$$\bar{\sigma}_r = 2\cdot\frac{3\,\bar{q}}{2\,\pi\,r}\cos\vartheta\int_0^{\frac{\pi}{2}}\cos^3\varphi\,d\varphi$$

oder

$$\bar{\sigma}_r = \frac{2\,\bar{q}}{\pi\,r}\cos\vartheta. \tag{5}$$

Die vollständigen Gleichungen des ebenen Problems lauten daher:

$$\left.\begin{aligned}\bar{\sigma}_r &= \frac{2\,\bar{q}}{\pi\,r}\cos\vartheta\\ \bar{\sigma}_s &= 0\\ \bar{\tau}_r &= 0\end{aligned}\right\} \tag{6}$$

Will man die lotrechte und waagrechte Normalspannung σ_z und σ_h sowie die zugehörige Schubspannung τ aufstellen, dann hat man einfach die bekannten Formeln des einachsigen Spannungszustandes anzuwenden:

$$\left.\begin{aligned}\bar{\sigma}_z &= \bar{\sigma}_r\cos^2\vartheta\\ \bar{\sigma}_h &= \bar{\sigma}_r\sin^2\vartheta\\ \bar{\tau} &= \bar{\sigma}_r\sin\vartheta\cos\vartheta\end{aligned}\right\} \tag{7}$$

Durch Einsetzen von $\bar{\sigma}_r$ aus (6) in (7) folgt:

$$\left.\begin{aligned}\bar{\sigma}_z &= \frac{2\,\bar{q}}{\pi\,r}\cos^3\vartheta\\ \bar{\sigma}_h &= \frac{2\,\bar{q}}{\pi\,r}\sin^2\vartheta\cos\vartheta\\ \bar{\tau} &= \frac{2\,\bar{q}}{\pi\,r}\sin\vartheta\cos^2\vartheta\end{aligned}\right\} \tag{8}$$

Bekanntlich werden diese Gleichungen in der mathematischen Elastizitätstheorie aus der Airyschen Spannungsfunktion

$$F = -\frac{\bar{q}}{\pi} x \operatorname{arc\,tg} \frac{x}{z} \tag{9}$$

mit Hilfe der Beziehungen:

$$\bar{\sigma}_z = \frac{\delta^2 F}{\delta x^2}, \quad \bar{\sigma}_x = \frac{\delta^2 F}{\delta z^2}, \quad \bar{\tau} = -\frac{\delta^2 F}{\delta x \, \delta z} \tag{10}$$

hergeleitet. Die hier gegebene Ableitung stellt hingegen den Zusammenhang zwischen dem räumlichen und dem ebenen Problem dar. Dabei ist bemerkenswert, daß die Gl. (6) und (8) auch gültig bleiben, wenn die Poissonzahl nicht $m = 2$, sondern einen beliebigen Wert besitzt. Dies heißt, daß (6) und (8) auch erhalten werden, wenn man nicht, wie dies hier geschehen ist, von (2a) ausgeht, sondern die allgemein gültigen Gleichungen (2) der Rechnung zugrunde legt. Es ergibt sich dann für σ_h ein Zusatzglied, das den Faktor $\frac{m-2}{m}$ enthält, welches jedoch für jeden Wert von m identisch verschwindet. Die Poissonzahl m fällt im zweidimensionalen Falle aus der Rechnung fort. Gl. (8) entsprechen den Gl. (1) und Gl. (6) den Gl. (2) und (2a) des räumlichen Problems*.

8. Elastische Verschiebungen eines Punktes im elastisch-isotropen Halbraum infolge einer lotrechten Einzellast.

Die Verschiebungen eines Punktes mit den Koordinaten r, ϑ, dessen Spannungen unter Ziffer 7, Gl. (1) bzw. (2) angegeben wurden, seien:

u in waagrechter Richtung, radial nach außen (+);
v senkrecht zur Meridianebene;
w in lotrechter Richtung nach unten (+).

Bedeutet E den Elastizitätsmodul, dann lauten diese Formänderungen wie folgt:

$$\left.\begin{aligned} u &= \frac{P}{2\pi r} \frac{m+1}{m E} \left\{ -\frac{m-2}{m} + \cos\vartheta + \cos^2\vartheta \right\} \operatorname{tg} \frac{\vartheta}{2} \\ v &= 0 \\ w &= \frac{P}{2\pi r} \frac{m+1}{m E} \left\{ \frac{2(m-1)}{m} + \cos^2\vartheta \right\} \end{aligned}\right\} \tag{1}$$

Die lotrechte Verschiebung w ist stets positiv, also eine Senkung. Ob die waagrechte Verschiebung nach außen oder nach innen stattfindet,

---

* Siehe Anhang, zu III. 7, b).

hängt vom Werte der Poissonzahl und vom Polarwinkel ϑ ab. Die Bedingung $u = 0$ liefert:

$$\cos\vartheta_3\,(1 + \cos\vartheta_3) = \frac{m-2}{m}.$$

Für einen elastischen Stoff ohne Querdehnung ($m = \infty$) ist beispielsweise $\vartheta_3 = 51^0\,50'$. In diesem Falle erfahren alle Punkte innerhalb eines geraden Kreiskegels mit der Spitze in O und dem Öffnungswinkel $2 \times 51^0\,50' = 103^0\,40'$ eine Verschiebung nach außen; dementsprechend nähern sich alle Punkte außerhalb dieses Kegels der Wirkungslinie von P. Die Kegelfläche trennt, wie unter 7 gezeigt wurde, auch alle Punkte, in welchen die Meridianspannung Zug ist, von jenen, in welchen diese Spannung Druck ist.

Von besonderem Interesse sind die Verschiebungen eines Punktes der Oberfläche im Abstand x von P; diese erhält man durch Einführung von $\vartheta = \frac{\pi}{2}$ in die Gl. (1).

$$\left.\begin{aligned} u_{\vartheta=\frac{\pi}{2}} &= -\frac{(m+1)(m-2)}{m^2 E}\,\frac{P}{2\pi x} \\ v_{\vartheta=\frac{\pi}{2}} &= 0 \\ w_{\vartheta=\frac{\pi}{2}} &= \frac{m^2-1}{m^2 E}\,\frac{P}{\pi x} \end{aligned}\right\} \qquad (2)$$

Aus der ersten dieser drei Gleichungen folgt, daß konzentrische Kreise, die man in der Oberfläche des elastisch-isotropen Halbraumes mit O als Mittelpunkt beschreibt, ihren Durchmesser im umgekehrten Verhältnis mit diesem verringern. Die Gl. für $w_{\vartheta=\frac{\pi}{2}}$ hat A. Föppl zum Ausgangspunkt seiner grundlegenden Versuche (1897) über die Elastizität des Erdbodens [7, 15] genommen. (Siehe unter II, 4, B und XIII, 42.)

Aus (2) ist der Einfluß der Poissonzahl m auf die Verschiebungen eines Punktes der Oberfläche rasch zu übersehen. Der Poissonfaktor für die radiale elastische Verschiebung schwankt zwischen 0 und -1, wenn m von 2 bis ∞ zunimmt. Der Einfluß von m auf die Senkung $w_{\vartheta=\frac{\pi}{2}}$ ist viel geringer: die Grenzen sind 0,75 und 1 für $m = 2$ bzw. $m = \infty$. Wenn daher bei der Berechnung von Setzungen m selbst mit ∞ angenommen wird, ist der begangene Fehler nicht bedeutend. Für $m = 4$ z. B. ergäbe sich der Faktor mit $\frac{15}{16} = 0{,}937$, also nur wenig kleiner als für $m = \infty$.

Mittels (1) läßt sich auch die im einschlägigen Schrifttum [31, 48] aufgeworfene Frage über die Verformung einer Halbkugelfläche, deren Mittelpunkt mit dem Lastangriffspunkt O zusammenfällt, beantworten.

Es handelt sich insbesondere darum, ob es einen gewissen m-Wert gibt, für welchen die betrachtete Halbkugel unverzerrt um ein gewisses

Stück elastisch sinkt. Da der obere Rand dieser Halbkugel seinen Durchmesser nicht verändern darf, kommt nur der Wert $m = 2$ in Frage, für welchen $u_{\vartheta = \frac{\pi}{2}} = 0$ ist. Der tiefste Punkt der Halbkugel mit dem Halbmesser r sinkt für $m = 2$ nach (1) um:

$$w_u = \frac{3}{2\pi} \frac{P}{r\,E}.$$

Die Senkung des oberen Randes hingegen ist:

$$w_o = \frac{3}{4} \frac{P}{\pi\, r\, E},$$

also nur halb so groß. Der Unterschied der beiden Setzungen ist $w_u - w_o = \frac{3}{4\pi} \cdot \frac{P}{r\,E}$; um diesen Betrag wird daher die Halbkugelfläche gedehnt. Diese Tatsache, daß es keinen Wert der Poissonzahl m gibt, für welchen die konzentrischen Halbkugeln um O unverzerrt sinken, befremdet im ersten Augenblick, da für $m = 2$ die in der Meridianebene liegenden Spannungen tangential an die Kugeln Null sind. Die Erklärung liegt in der Wirkung der Querdehnung. Diese ist für einen Punkt r, ϑ des elastisch-isotropen Halbraumes $\varepsilon_s = \frac{1}{m} \frac{\sigma_r}{E}$, und für raumbeständige Stoffe ($m = 2$): $\varepsilon_s = \frac{\sigma_r}{2E}$. Der Meridianquadrant erfährt daher eine Verlängerung Δ:

$$\Delta = \frac{1}{2E} \int_0^{\frac{\pi}{2}} \sigma_r\, r\, d\vartheta.$$

Mit $\sigma_r = \frac{3P}{2\pi r^2} \cos\vartheta$ findet man:

$$\Delta = \frac{3}{4\pi} \cdot \frac{P}{r\,E}$$

also genau den Wert $(w_u - w_o)$, womit die Verzerrung der Halbkugel erklärt ist.

Die oben angegebenen Gl. (1) beziehen sich auf den räumlichen, zentrisch-symmetrischen Belastungsfall. Bei Anwendung derselben auf die Linienlast $\overline{q}$ findet man, daß die Setzungen für jeden Punkt der Oberfläche unendlich groß werden. Hierauf hat Boussinesq in seinem bekannten Werk [3] bereits hingewiesen.

Es hat also keinen Sinn, Berechnungen der Setzungen des ebenen Belastungsfalles aufzustellen, wenn man an der Gültigkeit des Hookeschen Gesetzes festhält. Für diesen Fall sind nur die unter 7 abgeleiteten Spannungsgleichungen (6) bzw. (8) des elastisch-isotropen Halbraumes von Interesse.

IV. Statisch mögliche, elementare Spannungsverteilungen im Halbraum nach dem Prinzipe der geradlinigen Kraftausbreitung.

9. Allgemeines.

Aus Abschnitt III, Ziffer 7, geht hervor, daß raumbeständige, elastisch-isotrope Stoffe durch eine geradlinige Ausbreitung der Kraft gekennzeichnet sind, und daß unter den Spannungen, die eine lotrechte Einzellast P oder ein Lastelement dP hervorruft, keine Zugspannungen vorkommen. Steigt die Poissonzahl m, dann gilt das Prinzip der geradlinigen Kraftausbreitung nicht mehr streng, jedoch mit einiger Annäherung, wie Gl. 7 — (3a) zeigt. Es treten dann wohl Zugspannungen im Halbraum auf, jedoch sind dieselben verhältnismäßig klein. Nun müssen wir, um zu den Druckverhältnissen in erdartigen Körpern überzugehen, den Begriff der Isotropie in elastischer Hinsicht verlassen und wollen im Gegensatz zu dem bisher betrachteten elastisch-isotropen Halbraum den „Halbraum" schlechtweg setzen. Eine Theorie der Spannungen und Formänderungen im anisotropen Halbraume gibt es bisher noch nicht. Man ist daher genötigt, einen Schritt zu wagen, dessen Folgen einzig und allein durch Beobachtungen im Laboratorium und in der Natur beurteilt werden können. Dieser Schritt besteht darin, daß man von der allgemeinen Gültigkeit des Gesetzes der geradlinigen Kraftausbreitung ausgeht. Der Grund dafür, daß gerade diese Art der Kraftausbreitung und nicht etwa eine krummlinige gewählt wird, ist mehrfach:

1. Raumbeständige isotrope, dem Hookeschen Gesetz unterworfene feste Körper folgen strenge dem genannten Gesetze.

2. Die durch das Gesetz der geradlinigen Kraftausbreitung bedingten, statisch-möglichen, also widerspruchsfreien Spannungsverteilungen sind auch auf solche den Halbraum erfüllenden Stoffe anwendbar, die keine Zugfestigkeit besitzen.

3. Diese Spannungsverteilungen eignen sich wegen ihrer großen Einfachheit in besonderem Maße zur analytischen Behandlung von Gleichgewichtsaufgaben.

Die angeführten Gründe, die für diese Arbeitshypothese sprechen, würden nicht hinreichen, den Entschluß zu rechtfertigen, diese Annahme als Ausgangspunkt für unsere Vorstellungen über Druckverteilung im Baugrunde zu wählen, wenn die Ergebnisse der auf ihr aufgebauten Berechnungen mit den zahlreichen, einwandfrei festgestellten Beobachtungen von Spannungen nicht im Einklang stünden. In dieser Hinsicht müssen wir, den folgenden Darlegungen einigermaßen vorgreifend, betonen, daß diese Forderung, soweit verläßliche Versuchsergebnisse vorliegen, mit der billigerweise zu erwartenden Genauigkeit tatsächlich erfüllt ist.

In dem vorliegenden Abschnitt ist als Belastung einerseits die Einzellast P, andrerseits (für den zweidimensionalen Fall) die Linienlast q angenommen. Die Größe der Fläche, auf welche die Belastung wirkt, kommt hier überhaupt nicht vor. Man hat sich die unmittelbare Umgebung von P durch eine kleine, um den Angriffspunkt beschriebene Kugel eingeschlossen zu denken und betrachtet nur Punkte des Halbraumes, die außerhalb derselben liegen. Im ebenen Problem, mit der Belastung $\overline{q}$, ist die kleine Kugel durch eine halbe Kreiszylinderfläche zu ersetzen, deren Achse mit der Angriffslinie von $\overline{q}$ zusammenfällt. Wir werden also vorläufig nur die Spannungsverhältnisse des Halbraumes unter Ausschluß des Gebietes der kleinen Kugel bzw. des dünnen, halben Zylinders untersuchen.

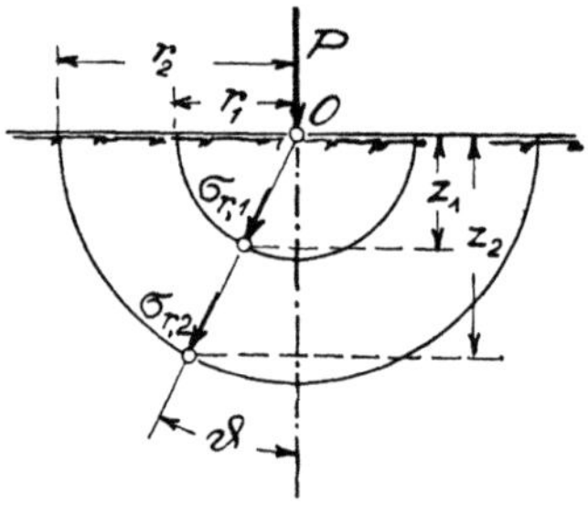

Abb. 4. Lotrechter Schnitt durch den unendlichen Halbraum, dessen Oberfläche im Punkte O mit einer lotrechten Punktlast P belastet ist.

Die Erscheinungen innerhalb dieser fiktiven Abgrenzungen können nur dann verfolgt werden, wenn man endliche Teile der Oberfläche des Halbraumes belastet und die Wirkung der elementaren Lastteile dP auf einen Punkt des Halbraumes durch Summieren aller dieser elementaren Spannungen bestimmt. Diese Aufgabe wird im Abschnitte VI behandelt. Man sieht sofort, daß es sich dabei um ein Integrationsproblem mit zwei Variablen handelt. Im Hinblick auf diese Untersuchungen kann man die durch P bzw. $\overline{q}$ hervorgerufenen Spannungsverteilungen mit Boussinesq und Michell als elementare Spannungsverteilungen im Halbraum bezeichnen.

10. Die elementare Spannungsverteilung infolge einer lotrechten Einzellast *P*.

Wir denken uns den Halbraum in einem Punkte O der Oberfläche durch eine lotrechte Einzellast P belastet (Abb. 4). Von den unendlich vielen, statisch möglichen Druckverteilungen wollen wir nur jene betrachten, die durch die geradlinige Kraftausbreitung entstehen, d. h., bei welchen die polaren (nach O gerichteten) Normalspannungen Hauptspannungen und die tangentialen Normalspannungen Null sind. Dadurch gelangen wir zu einem Spannungsbild, das naturgemäß symmetrisch in bezug auf die Wirkungslinie von P sein muß und dessen Hauptspannungstrajektorien durch ein räumliches Strahlenbüschel mit dem Ausgangspunkt O dargestellt ist. Denken wir uns zwei konzentrische

Halbkugelflächen mit den Halbmessern r_1 und r_2, wobei z. B. $r_1 < r_2$, die aus der unendlichen Masse eine halbkugelförmige Schale von der Dicke $(r_2 - r_1)$ herausschneiden, und betrachten den Gleichgewichtszustand der Kugelschale, dann erkennen wir aus Abb. 4 unmittelbar, daß die Normalspannung $\sigma_{r,1} > \sigma_{r,2}$ und, da die Verteilung der Drücke über die beiden Halbkugelflächen infolge der geradlinigen Kraftausbreitung gleichartig ist:

$$\sigma_{r,1} : \sigma_{r,2} = \frac{1}{r_1^2} : \frac{1}{r_2^2} \tag{1}$$

sein muß.

Schreitet man in dem Meridianschnitt der Halbkugeloberfläche r_1 beispielsweise vom tiefsten Punkte nach links oder rechts vor, dann bleibt r_1 konstant, während die Tiefe z des betrachteten Punktes unter der Oberfläche sich verringert.

Bei der Einführung einer Abhängigkeit der Spannung σ_r von der Tiefe z hat man zu berücksichtigen, daß in der Wirkungslinie von P die Tiefe $z = r_1$ bzw. $z = r_2$ wird und Gl. (1) auch für diese Stellen gültig bleiben muß. Der einzuführende Potenzexponent von z muß daher um 2 kleiner sein als der von r. Man kann daher allgemein schreiben:

$$\sigma_{r,1} : \sigma_{r,2} = \frac{z_1^{\nu-2}}{r_1^{\nu}} : \frac{z_2^{\nu-2}}{r_2^{\nu}}, \tag{2}$$

worin die Größe ν ein noch zu bestimmender Parameter ist.

Nun ist noch darauf zu achten, daß nach dem Überlagerungsgesetz eine Änderung der Last P auch eine verhältnisgleiche Änderung der Spannung zur Folge haben muß; damit läßt sich nun die gesuchte Beziehung zwischen σ_r und P wie folgt ansetzen:

$$\sigma_r = f P \frac{z^{\nu-2}}{r^{\nu}}. \tag{3}$$

Zur Bestimmung des Faktors f dient die Gleichgewichtsbedingung

$$\int_{\vartheta=0}^{\vartheta=\frac{\pi}{2}} \sigma_r \cos\vartheta \, dF = P, \tag{4}$$

die sich aus der Gleichsetzung der Vertikalprojektionen aller an der Halbkugel mit dem Halbmesser r angreifenden Kräfte ergibt. r und ϑ sind die Polarkoordinaten eines Punktes der betrachteten Halbkugeloberfläche.

Führt man für das Flächenelement den Ausdruck

$$dF = 2\, r^2 \pi \sin\vartheta \, d\vartheta$$

und σ_r aus Gl. (3) in Gl. (4) ein, dann folgt:

$$2\pi r^2 \int_{\vartheta=0}^{\vartheta=\frac{\pi}{2}} f \frac{z^{\nu-2}}{r^{\nu}} P \sin\vartheta \cos\vartheta \, d\vartheta = P.$$

Unter Berücksichtigung von $\frac{z}{r} = \cos\vartheta$ erhält man

$$f = \frac{1}{2\pi \int\limits_0^{\frac{\pi}{2}} \cos^{\nu-1}\vartheta \sin\vartheta \, d\vartheta}$$

und nach Ausführung der Integration

$$f = \frac{\nu}{2\pi}. \tag{5}$$

Gl. (3) läßt sich nun wie folgt schreiben:

$$\sigma_r = \frac{\nu P}{2\pi r^2} \cos^{\nu-2}\vartheta. \tag{6}$$

Diese Beziehung stellt eine Reihe statisch möglicher Spannungsverteilungen in einem Stoff dar, der keine Zugfestigkeit besitzt. Der Parameter ν ist eine statisch unbestimmte Größe und soll die „Ordnungszahl der Spannungsverteilung" oder der „Konzentrationsfaktor" genannt werden.

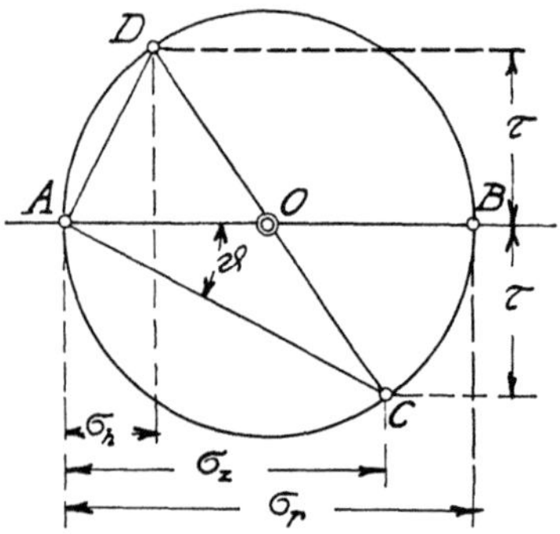

Abb. 5. Spannungskreis für den einachsigen Spannungszustand.

Durch Gl. (6) ist ein einachsiger Spannungszustand für jeden Punkt der betrachteten Masse definiert, auf den wir den bekannten Spannungskreis anwenden wollen, um Ausdrücke für die lotrechte Normalspannung σ_z, die waagrechte Normalspannung σ_h und die zu diesen beiden Spannungen gehörende Schubspannung τ zu finden. Aus Abb. 5 läßt sich ohne weiteres ablesen:

$$\left.\begin{aligned} \sigma_z &= \sigma_r \cos^2\vartheta \\ \sigma_h &= \sigma_r \sin^2\vartheta \\ \tau &= \sigma_r \sin\vartheta \cos\vartheta \end{aligned}\right\} \tag{7}$$

oder mit Benützung von (6)

$$\left.\begin{aligned} \sigma_z &= \frac{\nu P}{2\pi r^2} \cos^{\nu}\vartheta \\ \sigma_h &= \frac{\nu P}{2\pi r^2} \cos^{\nu-2}\vartheta \sin^2\vartheta \\ \tau &= \frac{\nu P}{2\pi r^2} \cos^{\nu-1}\vartheta \sin\vartheta \end{aligned}\right\} \tag{7a)*}$$

Setzt man in den vorstehenden Formeln die natürlichen Zahlen 1 bis 6

* Siehe Anhang, zu IV. 10, a).

an Stelle der Ordnungszahl ν, dann erhält man die in Tabelle I gegebene Übersicht:

Tabelle I.

Übersicht der elementaren Spannungsverteilungen erster bis sechster Ordnung für die Belastung des Halbraumes durch eine lotrechte Einzellast P bzw. durch eine lotrechte Linienlast $\bar{q}$.

Ordnungszahl ν	Polare Normalspannung σ_r ($\bar{\sigma}_r$)	Lotrechte Normalspannung σ_z ($\bar{\sigma}_z$)	Waagrechte Normalspannung σ_h ($\bar{\sigma}_h$)	Schubspannung τ ($\bar{\tau}$)	Faktor für alle Spannungen: Belastung P	Belastung $\bar{q}$
1	$\frac{1}{\cos\vartheta}$	$\cos\vartheta$	$\sin\vartheta\ \mathrm{tg}\,\vartheta$	$\sin\vartheta$	$\frac{P}{2\pi r^2}$	$\frac{1}{\pi}\frac{\bar{q}}{r}$
2	1	$\cos^2\vartheta$	$\sin^2\vartheta$	$\sin\vartheta\cos\vartheta$	$\frac{P}{\pi r^2}$	$\frac{1}{2}\frac{\bar{q}}{r}$
3	$\cos\vartheta$	$\cos^3\vartheta$	$\sin^2\vartheta\cos\vartheta$	$\sin\vartheta\cos^2\vartheta$	$\frac{3P}{2\pi r^2}$	$\frac{2}{\pi}\frac{\bar{q}}{r}$
4	$\cos^2\vartheta$	$\cos^4\vartheta$	$\sin^2\vartheta\cos^2\vartheta$	$\sin\vartheta\cos^3\vartheta$	$\frac{2P}{\pi r^2}$	$\frac{3}{4}\frac{\bar{q}}{r}$
5	$\cos^3\vartheta$	$\cos^5\vartheta$	$\sin^2\vartheta\cos^3\vartheta$	$\sin\vartheta\cos^4\vartheta$	$\frac{5P}{2\pi r^2}$	$\frac{8}{3\pi}\frac{\bar{q}}{r}$
6	$\cos^4\vartheta$	$\cos^6\vartheta$	$\sin^2\vartheta\cos^4\vartheta$	$\sin\vartheta\cos\ \vartheta$	$\frac{3P}{\pi r^2}$	$\frac{15}{16}\frac{\bar{q}}{r}$

Entnimmt man der Tabelle I die Werte σ_z, σ_h und τ für $\nu = 3$, dann erhält man dieselben Gleichungen, die durch Einsetzen von $m = 2$ in die strengen Boussinesqschen Gleichungen 7 — (1) erhalten werden und die für die Berechnung von Spannungen unter Grundbaukörpern im Schrifttum bisher stets Verwendung fanden*.

11. Die elementare Spannungsverteilung infolge einer lotrechten Linienlast $\bar{q}$.

Denkt man sich den Halbraum mit einer lotrechten Last $\bar{q}$ (kg/cm) längs einer Geraden belastet, dann entsteht in jeder Ebene senkrecht zur Lastlinie derselbe Spannungszustand: es liegt ein zweidimensionales Problem vor. Um die Spannungsgleichungen für diesen Fall zu erhalten, könnte man ähnlich wie unter Ziffer 7 vorgehen, indem man $\bar{q}\,dy = dP$ setzt und die Synthese aller Elementarspannungen nach 10 — (6) durchführt.

Wir wollen jedoch hier einen anderen Weg einschlagen, und zwar ähnlich demjenigen, den wir für die Ableitung von 10 — (6) benützt haben.

* Siehe Anhang, zu IV. 10, b).

Denkt man sich in Abb. 4 an Stelle von P die linienförmige Belastung $\overline{q}$ und läßt die konzentrischen Halbkreise r_1, r_2 Querschnitte zwei konaxiale, waagrechte Zylinderflächen darstellen, dann gilt analog der Gl. 10 — (1):

$$\overline{\sigma}_{r,1} : \overline{\sigma}_{r,2} = \frac{1}{r_1} : \frac{1}{r_2}. \tag{1}$$

Der Einfluß der Tiefe z wird berücksichtigt durch:

$$\overline{\sigma}_{r,1} : \overline{\sigma}_{r,2} = \frac{z_1^{\nu-2}}{r_1^{\nu-1}} : \frac{z_2^{\nu-2}}{r_2^{\nu-1}}. \tag{2}$$

Der allgemeine Ansatz für die polar gerichtete Normalspannung lautet:

$$\overline{\sigma}_r = \overline{f}\,\overline{q}\,\frac{z^{\nu-2}}{r^{\nu-1}} = \overline{f}\,\frac{\overline{q}}{r}\cos^{\nu-2}\vartheta \tag{3}$$

Der Faktor $\overline{f}$ ergibt sich aus der Gleichgewichtsbedingung

$$2\int_{\vartheta=0}^{\vartheta=\frac{\pi}{2}} \overline{\sigma}_r \cos\vartheta\, dU = \overline{q}. \tag{4}$$

Hierin ist dU das Element des Kreisumfanges:

$$dU = r\, d\vartheta. \tag{5}$$

Aus den Gl. (3) und (4) folgt mit $\cos\vartheta = \frac{z}{r}$:

$$\overline{f} = \frac{1}{2\int\limits_0^{\frac{\pi}{2}} \cos^{\nu-1}\vartheta\, d\vartheta}. \tag{6}$$

Setzt man in dieser Formel den Wert der Ordnungszahl ν nacheinander gleich 1 bis 6, dann erhält man:

$\nu =$	1	2	3	4	5	6
$\overline{f} =$	$\frac{1}{\pi}$	$\frac{1}{2}$	$\frac{2}{\pi}$	$\frac{3}{4}$	$\frac{8}{3\pi}$	$\frac{15}{16}$

Mit Hilfe der Gl. 10 — (7), die auch hier gelten, ergibt sich:

$$\left.\begin{aligned} \overline{\sigma}_z &= \overline{f}\,\frac{\overline{q}}{r}\cos^{\nu}\vartheta \\ \overline{\sigma}_h &= \overline{f}\,\frac{\overline{q}}{r}\cos^{\nu-2}\vartheta\,\sin^2\vartheta \\ \overline{\tau} &= \overline{f}\,\frac{\overline{q}}{r}\cos^{\nu-1}\vartheta\,\sin\vartheta \end{aligned}\right\} \tag{7}$$

Damit läßt sich für die Ordnungszahlen $\nu = 1$ bis $\nu = 6$ die Tabelle I für die lotrechte Linienlast $\overline{q}$ ergänzen.

Aus Tabelle I ersieht man, daß zwei homologe Spannungen, hervorgerufen durch P bzw. $\overline{q}$, sich nur durch den in den beiden letzten Spalten der Tabelle enthaltenen Beiwert unterscheiden.

12. Die elementare Spannungsverteilung infolge einer waagrechten Einzellast P_w.

Denkt man sich den Raum über der $+X$-Achse in Abb. 6 links von der Lotrechten durch O für einen Augenblick ebenfalls von Masse erfüllt, wogegen der Raum ($-X$, O, Z) rechts von der Z-Achse von Masse frei sein soll, dann läßt sich die in M herrschende polare Normalspannung $\sigma_{r,w}$ in Analogie mit Gl. 10 — (6) sofort anschreiben:

$$\sigma_{r,w} = \frac{\nu P_w}{2\pi r^2} \sin^{\nu-2}\vartheta. \tag{1}$$

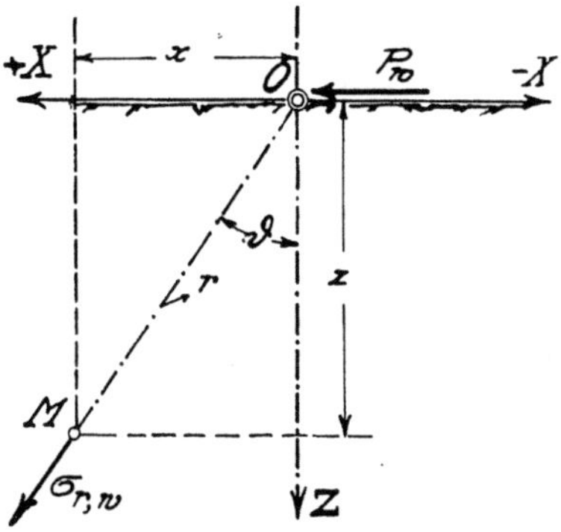

Abb. 6. Spannungsverteilung im Halbraum infolge einer waagrechten, in der Oberfläche angreifenden Einzellast P_w.

Die in dem von Masse nicht erfüllten Raum über der X-Achse gedachten Spannungen müssen in Wirklichkeit von dem mit Masse erfüllten Raum ($-X$, O, Z) aufgenommen werden. Dies ist nur dann möglich, wenn daselbst Druckspannungen von solcher Größe vorhanden sind, daß die Spannungen $\sigma_{r,w}$ als Druckverminderungen wirken können, da die Masse voraussetzungsgemäß keine Zugspannungen aufzunehmen imstande ist. Wir wollen daher Vorspannungen in der erforderlichen Größe als vorhanden annehmen.

Mit Hilfe der Gl. 10 — (7), die sich auch hier sinngemäß verwenden lassen, wobei der Winkel ϑ durch sein Komplement ersetzt und statt $\sigma_z \ldots \sigma_{h,w}$ sowie statt $\sigma_h \ldots \sigma_{z,w}$ geschrieben werden muß, erhält man die folgende Gleichungsgruppe:

$$\left.\begin{aligned} \sigma_{h,w} &= \sigma_{r,w} \sin^2\vartheta \\ \sigma_{z,w} &= \sigma_{r,w} \cos^2\vartheta \\ \tau_w &= \sigma_{r,w} \sin\vartheta \cos\vartheta \end{aligned}\right\} \tag{2}$$

Der Zeiger w soll andeuten, daß die Spannungen von einer waagrechten Kraft (P_w) verursacht werden.

Setzt man Gl. (1) in die Gruppe (2) ein, dann wird:

$$\left.\begin{aligned} \sigma_{h,w} &= \frac{\nu P_w}{2\pi r^2} \sin^{\nu}\vartheta \\ \sigma_{z,w} &= \frac{\nu P_w}{2\pi r^2} \sin^{\nu-2}\vartheta \cos^2\vartheta \\ \tau_w &= \frac{\nu P_w}{2\pi r^2} \sin^{\nu-1}\vartheta \cos\vartheta \end{aligned}\right\} \tag{2a}$$

13. Die elementare Spannungsverteilung infolge einer waagrechten Linienlast $\bar{q}_w$.

Für den zweidimensionalen Fall der waagrechten Belastung des Halbraumes findet man sinngemäß die Gleichung für die polar gerichtete Normalspannung:

$$\bar{\sigma}_{r,\,w} = \bar{f}\,\frac{\bar{q}_w}{r}\sin^{\nu-2}\vartheta, \tag{1}$$

wobei die Werte $\bar{f}$ in Abhängigkeit von ν durch Gl. 11 — (6) gegeben sind. Daraus erhält man mittels der Gleichungsgruppe 10 — (7):

$$\left.\begin{aligned} \bar{\sigma}_{h,\,w} &= \bar{f}\,\frac{\bar{q}_w}{r}\sin^{\nu}\vartheta \\ \bar{\sigma}_{z,\,w} &= \bar{f}\,\frac{\bar{q}_w}{r}\sin^{\nu-2}\vartheta\cos^2\vartheta \\ \bar{\tau}_w &= \bar{f}\,\frac{\bar{q}_w}{r}\sin^{\nu-1}\vartheta\cos\vartheta \end{aligned}\right\} \tag{2}$$

Setzt man in den Gl. 12 — (1), 12 — (2a), 13 — (1) und (2) die Ordnungszahl nacheinander gleich 1 bis 6, dann erhält man die in Tabelle II zusammengestellten Formeln:

Tabelle II.

Übersicht der Spannungsverteilungen erster bis sechster Ordnung für die Belastung des Halbraumes mit einer waagrechten Einzellast P_w bzw. mit einer waagerechten Linienlast $\bar{q}_w$.

Ordnungszahl ν	Polare Normalspannung $\sigma_{r,w}(\bar{\sigma}_{r,w})$	Lotrechte Normalspannung $\sigma_{z,w}(\bar{\sigma}_{z,w})$	Waagrechte Normalspannung $\sigma_{h,w}(\bar{\sigma}_{h,w})$	Schubspannung $\tau_w(\bar{\tau}_w)$	Faktor für alle Spannungen: Belastung P_w	Faktor für alle Spannungen: Belastung $\bar{q}_w$
1	$\frac{1}{\sin\vartheta}$	$\cos\vartheta\ \operatorname{cotg}\vartheta$	$\sin\vartheta$	$\cos\vartheta$	$\frac{P_w}{2\pi r^2}$	$\frac{1}{\pi}\frac{\bar{q}_w}{r}$
2	1	$\cos^2\vartheta$	$\sin^2\vartheta$	$\sin\vartheta\ \cos\vartheta$	$\frac{P_w}{\pi r^2}$	$\frac{1}{2}\frac{\bar{q}_w}{r}$
3	$\sin\vartheta$	$\cos^2\vartheta\ \sin\vartheta$	$\sin^3\vartheta$	$\sin^2\vartheta\ \cos\vartheta$	$\frac{3P_w}{2\pi r^2}$	$\frac{2}{\pi}\frac{\bar{q}_w}{r}$
4	$\sin^2\vartheta$	$\cos^2\vartheta\ \sin^2\vartheta$	$\sin^4\vartheta$	$\sin^3\vartheta\ \cos\vartheta$	$\frac{2P_w}{\pi r^2}$	$\frac{3}{4}\frac{\bar{q}_w}{r}$
5	$\sin^3\vartheta$	$\cos^2\vartheta\ \sin^3\vartheta$	$\sin^5\vartheta$	$\sin^4\vartheta\ \cos\vartheta$	$\frac{5P_w}{2\pi r^2}$	$\frac{8}{3\pi}\frac{\bar{q}_w}{r}$
6	$\sin^4\vartheta$	$\cos^2\vartheta\ \sin^4\vartheta$	$\sin^6\vartheta$	$\sin^5\vartheta\ \cos\vartheta$	$\frac{3P_w}{\pi r^2}$	$\frac{15}{16}\frac{\bar{q}_w}{r}$

V. Verlauf charakteristischer Spannungen im Halbraum nach dem Prinzipe der geradlinigen Kraftausbreitung.

14. Die Spannungen in ausgezeichneten Flächen bzw. Linien. Geometrische Örter gleicher Spannungen.

Um ein anschauliches Bild des Spannungszustandes im Halbraum infolge einer der Belastungen P, $\overline{q}$, P_w und $\overline{q}_w$ zu erhalten, ist es zweckmäßig, die wichtigsten Spannungen σ_r, σ_s, τ_r, σ_z, σ_h, τ längs gewisser, ausgezeichneter Flächen bzw. Linien zu untersuchen, und ferner jene Flächen bzw. Linien aufzufinden, längs welcher diese Spannungen konstante Werte besitzen. Infolge der allseitigen Symmetrie in den Fällen P und P_w genügt es, die Spannungen in einer Meridianebene zu betrachten, so daß der Verlauf derselben längs gewisser, ausgezeichneter Linien anstatt längs gewisser Flächen festzustellen ist. In den Belastungsfällen $\overline{q}$ und $\overline{q}_w$, die zweidimensionale Aufgaben darstellen, hat man es von vornherein nur mit dem Spannungsverlauf längs ausgezeichneter Linien zu tun.

Solche ausgezeichnete Linien sind vor allem die Fahrstrahlen und die aus dem Pol (Lastangriffspunkt) beschriebenen konzentrischen Kreise. Diese beiden Arten von Linien sind gekennzeichnet durch die Bedingung $\vartheta =$ konst. bzw. $r =$ konst. Die betreffenden Spannungskurven $\sigma_{\vartheta = \text{konst.}}$ bzw. $\sigma_{r = \text{konst.}}$ sind sehr einfach festzustellen, da die Spannungsgleichungen in allen Fällen in Polarkoordinaten abgeleitet wurden.

Weitere ausgezeichnete Linien sind die waagrechten: $z =$ konst. und die lotrechten: $x =$ konst. Die betreffenden Spannungskurven $\sigma_{z = \text{konst.}}$ und $\sigma_{x = \text{konst.}}$ ergeben sich nach einiger Umformung aus den unter den Ziffern 10 bis 13 abgeleiteten Gleichungen.

Das zweite Mittel, um das Spannungsbild des Halbraumes für eine gegebene Belastung rasch zu übersehen, besteht darin, die geometrischen Örter von Punkten aufzusuchen, für welche eine der Spannungen σ_r, σ_s, τ_r, σ_z, σ_h, τ konstant ist.

Die bekanntesten Linien dieser Art beziehen sich auf die lotrechte Normalspannung; sie sind also gekennzeichnet durch die Bedingung $\sigma_z =$ konst. und werden Isobaren genannt. Sie besitzen eine den Lemniskaten ähnliche Gestalt, falls man nur eine Hälfte dieser Kurven betrachtet. Eine Isobarenschar zeigt das Abnehmen der Druckintensität von der Laststelle nach außen hin und erinnert an den Querschnitt einer Zwiebel, weshalb das Isobarenbild auch „Druckzwiebel" genannt wird. Erstmals wurde dieses Bild aus gemessenen Werten σ_z an dem Pennsylvania State College (J. A. Moyer und R. B. Fehr [18]) im Jahre 1913 entworfen. In dem amerikanischen einschlägigen Schrifttum ist für dieses Bild der Ausdruck „bulb of pressures" gebräuchlich.

Denkt man sich dieselbe Konstruktion für die Hauptspannung σ_r durchgeführt, also die Linien $\sigma_r =$ konst. gezeichnet, dann erhält man eine der Druckzwiebel ähnliches Bild: die Kurven heißen jedoch in diesem Falle: Isochromen. Diese Bezeichnung entstammt der photo-elastischen Methode der Spannungsuntersuchung und bezieht sich auf den ebenen Spannungszustand, also: $\bar{\sigma}_r =$ konst. Es wurde nämlich festgestellt, daß ein polarisierter Lichtstrahl beim Durchgang durch eine belastete Platte aus durchsichtigem Stoff (z. B. Zelluloid) in zwei Strahlen mit einer Phasenverschiebung δ gespalten wird, die einerseits mit der Plattendicke: d und anderseits mit dem Unterschied der in dem betreffenden Plattenpunkt herrschenden Hauptspannungen $(\sigma_1 - \sigma_2)$ verhältnisgleich wächst:

$$\delta = c \,.\, d\,(\sigma_1 - \sigma_2).$$

Kurven auf der Platte mit der konstanten Dicke d, die Punkte mit konstanter Hauptspannungsdifferenz $\sigma_1 - \sigma_2 =$ konst. verbinden, müssen also dieselbe Farbe aufweisen; sie werden daher Isochromen genannt [41]. Da in unserem Falle $\sigma_1 = \sigma_r$ und $\sigma_2 = 0$ ist (einachsiger Spannungszustand), so geht die Bedingung $\sigma_1 - \sigma_2 =$ konst. in $\sigma_r =$ konst. über. In den Belastungsfällen P, P_w, $\bar{q}$, $\bar{q}_w$ ist die Gleichung der Isochrome daher: $\sigma_r =$ konst.

In den folgenden Ziffern sollen die wichtigsten Spannungskurven und geometrischen Örter für die einfachsten elementaren Spannungsverteilungen untersucht werden.

15. Lotrechte Einzellast *P*.

a) Die $\sigma_{z,\ z=\text{konst.}}$-Linien.

Nach Gl. 10 — (7 a) läßt sich die lotrechte Normalspannung σ_z wie folgt schreiben, wenn man beachtet, daß $\frac{z}{r} = \cos\vartheta$ ist:

$$\sigma_z = \frac{\nu P}{2\pi} \cdot \frac{1}{z^2} \cos^{\nu+2}\vartheta. \tag{1}$$

Ist $z =$ konst., dann stellt (1) den Spannungsverlauf in einer Waagrechten in der Tiefe z unter der Oberfläche des Halbraumes vor. Die Veränderlichen in Gl. (1) sind σ_z und ϑ. Denkt man sich die Werte von σ_z als Ordinaten von dieser Waagrechten aus z. B. nach oben in jenen Punkten aufgetragen, in denen σ_z wirkt, dann erhält man eine glockenförmige Kurve, die ihren Höchstwert $\sigma_{z,\,0}$ bei $\vartheta = 0$ also unter der Last P, besitzt:

$$\sigma_{z,\ \vartheta=0} = \frac{\nu P}{2\pi} \cdot \frac{1}{z^2}. \tag{2}$$

Die Ordinate σ_z der Glockenkurve wird um so kleiner, je weiter man sich von der Glockenmitte entfernt: im Unendlichen verschwindet die Spannung:

$$\sigma_{z,\,\vartheta=\frac{\pi}{2}} = 0. \tag{3}$$

Da die Tangente für $\vartheta = 0$ horizontal und die Gerade $z =$ konst. eine Asymptote ist, muß sich zwischen $\vartheta = 0$ und $\vartheta = \frac{\pi}{2}$ auf jeder Seite von der Glockenmitte ein Wendepunkt der Kurve befinden. Der dazugehörige Parameter ϑ_w wird aus der Bedingung

$$\frac{d^2 \sigma_z}{d \vartheta^2} = 0$$

gefunden. Er lautet:

$$\operatorname{tg} \vartheta_w = \frac{1}{\sqrt{\nu + 3}}. \tag{4}$$

Gl. (4) enthält die konstante Tiefe z nicht. Die Punkte im Halbraum, die zu Wendepunkten der $\sigma_{z,\ z = \text{konst.}}$-Kurvenscharen gehören, liegen daher auf einem geraden Kreiskegel, dessen Spitze mit dem Angriffspunkt von P zusammenfällt und dessen Öffnungswinkel $2\vartheta_w$ beträgt. Abb. 7 gibt die graphische Darstellung dieser Verhältnisse.

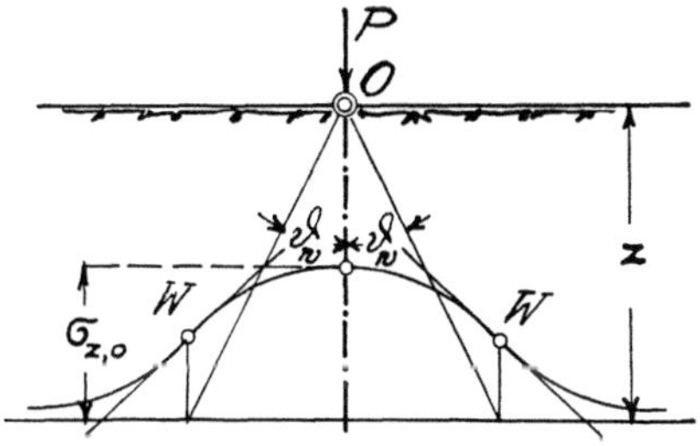

Abb. 7. Die $\sigma_{z,\ z = \text{konst.}}$-Linie.

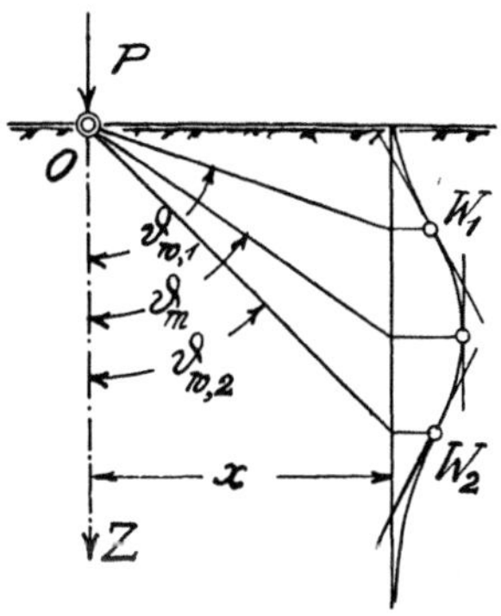

Abb. 8. Die $\sigma_{z, x = \text{konst.}}$-Linie.

b) Die $\sigma_{z,\ x = \text{konst.}}$-Linien.

Mit Hilfe von $\frac{x}{r} = \sin \vartheta$ erhält man aus 10 — (7) a

$$\sigma_z = \frac{\nu P}{2 \pi} \frac{1}{x^2} \cos^\nu \vartheta \sin^2 \vartheta. \tag{5}$$

Dies ist die Parametergleichung der gesuchten Kurve $\sigma_{z,\ x = \text{konst.}}$ Denkt man sich σ_z in jedem Punkte der Lotrechten $x =$ konst. als waagrechte Ordinate aufgetragen, dann ergibt sich Abb. 8. Die Kurve besitzt einen Größtwert für $\vartheta = \vartheta_m$ und zwei Wendepunkte für $\vartheta = \vartheta_{w,1}$ und $\vartheta = \vartheta_{w,2}$. Man findet auf bekanntem Wege:

$$\cos \vartheta_m = \sqrt{\frac{\nu}{\nu + 2}}, \tag{6}$$

$$\cos \vartheta_{w,1} = \frac{1}{2} \sqrt{2} \sqrt{A - B}, \tag{7}$$

$$\cos \vartheta_{w,2} = \frac{1}{2} \sqrt{2} \sqrt{A + B}, \tag{8}$$

wobei $A = \frac{2\nu + 1}{\nu + 4}$ und $B = \frac{\sqrt{25\nu + 2}}{(\nu + 4)\sqrt{\nu + 2}}$.

c) Die $\sigma_{h,\, z = \text{konst.}}$-Linien.

Aus der zweiten Gleichung der Gruppe 10—(7 a) findet man unter Berücksichtigung von $\frac{z}{r} = \cos\vartheta$

$$\sigma_{h,\, z = \text{konst.}} = \frac{\nu P}{2\pi} \cdot \frac{1}{x^2} \cos^{\nu}\vartheta \sin^2\vartheta. \tag{9}$$

Diese Gleichung ist bis auf die Konstante z statt x identisch mit Gl. (5). Der Spannungsverlauf ist daher aus Abb. 8 zu ersehen, nur hat man sich das Bild um 90° gedreht zu denken, so daß sich der Kurvenanfangspunkt (Nullpunkt) unter der Last P befindet.

Die Bestimmung des Größtwertes und der Kurvenwendepunkte erübrigt sich mit Hinblick auf die Gleichungen (6) bis (8).

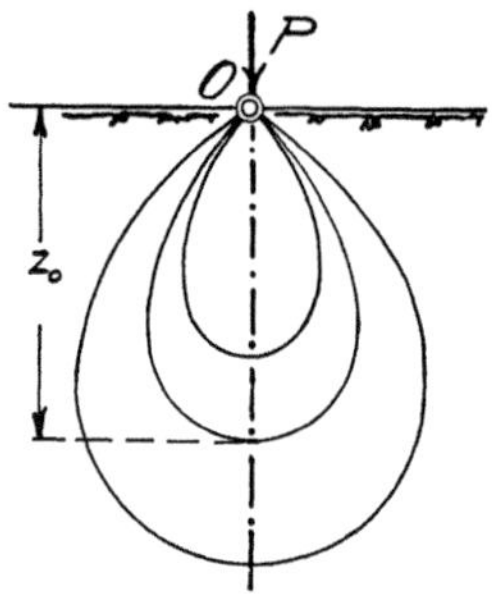

Abb. 9. Isobarenschar für $\nu = 6$.

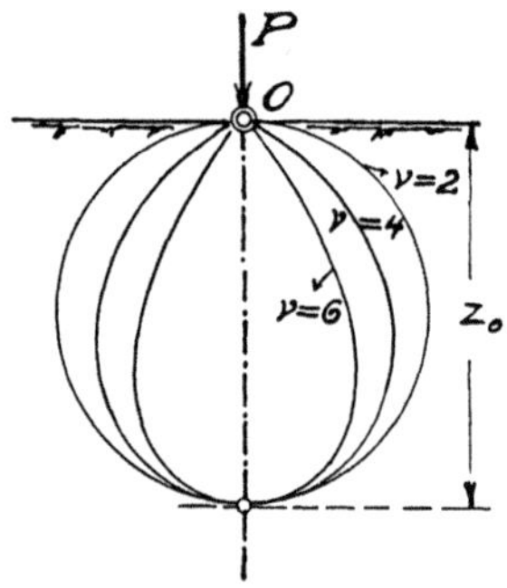

Abb. 10. Isobaren für $\nu = 2$, 4 und 6,

d) Die $\sigma_{h,\, x = \text{konst.}}$-Linien.

Dies sind die Kurven, die durch den Verlauf der waagrechten Normalspannungen in einer Lotrechten gebildet werden:

$$\sigma_{h,\, x = \text{konst.}} = \frac{\nu P}{2\pi} \cdot \frac{1}{x^2} \cos^{\nu - 2}\vartheta \sin^4\vartheta. \tag{10}$$

Der Verlauf dieser Spannung ist ganz ähnlich dem in Abb. 8 dargestellten.

e) Die Isobaren: $\sigma_z = \text{konst.}$

Setzt man $\sigma_z = \frac{\nu P}{2\pi r^2} \cos^{\nu}\vartheta = \sigma_{z,\, \vartheta = 0}$ dann erhält man:

$$\frac{1}{r^2} \cos^{\nu}\vartheta = \frac{1}{r_0^{\,2}} = \frac{1}{z_0^{\,2}}$$

oder:

$$r^2 = z_0^{\,2} \cos^{\nu}\vartheta, \tag{11}$$

d. i. die Parametergleichung der Isobare.

Durch Variation der Konstanten z_0 ergibt sich eine Schar von Isobaren für einen bestimmten Wert der Ordnungszahl (des Konzentrationsfaktors) ν. Eine Isobarenschar für $\nu = 6$ ist in Abb. 9 dargestellt (Druckzwiebel). Läßt man hingegen z_0 konstant und variiert ν, dann ergibt Gl. (11) das in Abb. 10 dargestellte Bild. Man sieht, daß die Isobare für

$\nu = 2$ ein Kreis mit dem Durchmesser z_0 ist, der die Halbraumoberfläche im Lastangriffspunkt P berührt. Alle Isobaren von höherer als der zweiten Ordnung liegen innerhalb, die übrigen (also niedrigerer Ordnung) außerhalb dieses Kreises.

f) Die Isochromen: $\sigma_r =$ konst.

Aus Gl. 10 — (6) folgt mittels $\vartheta = 0$ und $r_0 = z_0$

$$\frac{1}{r^2} \cos^{\nu-2} \vartheta = \frac{1}{z_0{}^2}$$

oder

$$r^2 = z_0{}^2 \cos^{\nu-2} \vartheta. \tag{12}$$

Hieraus ergibt sich durch Vergleich mit (11) unmittelbar der folgende Satz:

Eine Isochrome der Ordnung ν ist identisch mit einer Isobare der Ordnung $(\nu - 2)$ und ebenso:

Eine Isobare der Ordnung ν ist identisch mit einer Isochrome der Ordnung $(\nu + 2)$.

Demzufolge ist die Isochrome der Ordnung $\nu = 4$ ein Kreis. Damit erübrigen sich alle weiteren analytischen Betrachtungen über Isochromen, da sie mit jenen über Isobaren zusammenfallen. Wir wollen hier nur hinzufügen, daß es optisch nicht möglich ist, die Isochromen des räumlichen Falles zu veranschaulichen; die photoelastischen Methoden der Spannungsuntersuchung beschränken sich auf das ebene Problem.

g) Die Linien konstanter Schubspannung: $\tau_{\max} =$ konst.

Da die polar gerichteten Normalspannungen zufolge des Prinzipes der geradlinigen Kraftausbreitung, von dem wir ausgingen, zugleich Hauptspannungen sind, müssen die Schubspannungen τ_s in konzentrischen, aus dem Lastangriffspunkt beschriebenen Kugelflächen verschwinden. — In den Gl. 10 — (7) a haben wir die Schubspannung τ in waagrechten und damit auch in lotrechten, auf die Meridianebene senkrecht stehenden Flächenelementen bestimmt. Die Schubspannung, die wir hier betrachten wollen, soll die größte in einem Punkt des Halbraumes auftretende Schubspannung $\tau_{\max}$ sein.

Nun ist in einem einachsigen Spannungszustand bekanntlich der Winkel, den die Fläche der größten Schubspannung $\tau_{\max}$ mit der Richtung der Hauptspannung einschließt, 45^0 und die Größe der Schubspannung selbst:

$$\tau_{\max} = \frac{1}{2} \sigma_r.$$

Hieraus folgt ohne weiteres, daß die Linien $\tau_{\max} =$ konst. mit den Isochromen $\sigma_r =$ konst. identisch sind. Alle übrigen Betrachtungen sind deshalb genau so wie unter f).

h) Die Linien konstanter waagrechter Normalspannung $\sigma_h =$ konst.

Die zweite Gleichung der Gruppe 10 — (7a) lautet:

$$\sigma_h = \frac{\nu P}{2 \pi r^2} \cos^{\nu-2} \vartheta \sin^2 \vartheta.$$

Setzt man diesen Wert gleich einer Konstanten C, so ergibt sich die Gleichung

$$r^2 = \frac{\nu P}{2 \pi C} \cos^{\nu-2} \vartheta \sin^2 \vartheta. \tag{13}$$

Für $\vartheta = 45^0$ ist $r_{45}^2 = \frac{\nu P}{2 \pi C} \cdot \left(\frac{\sqrt{2}}{2}\right)^\nu$ oder

$$C = \frac{\nu P}{2 \pi} \left(\frac{\sqrt{2}}{2}\right)^\nu \frac{1}{r_{45}^2}. \tag{13a}$$

Eliminiert man die Konstante C aus (13) und (13a), dann erhält man:

$$r^2 = 2^{\frac{\nu}{2}} \cdot r_{45}^2 \cos^{\nu-2} \vartheta \sin^2 \vartheta. \tag{13b}$$

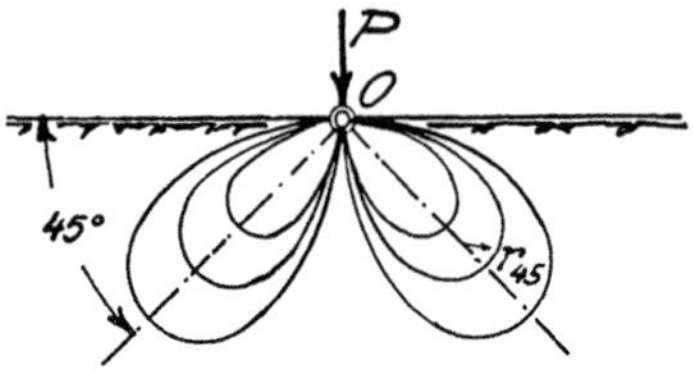

Abb. 11. Linien konstanter waagrechter Normalspannung: $\sigma_{h=\text{konst.}}$ für $\nu = 4$.

Im besonderen Falle $\nu = 4$ geht (13b) über in:

$$r = r_{45} \sin 2 \vartheta. \tag{14}$$

Abb. 11 zeigt eine Schar dieser Kurven für variierendes r_{45}. Für $\nu = 2$ vereinfacht sich (13b) und wird

$$r = \sqrt{2}\, r_{45} \sin \vartheta. \tag{15}$$

(Siehe Abb. 12.)

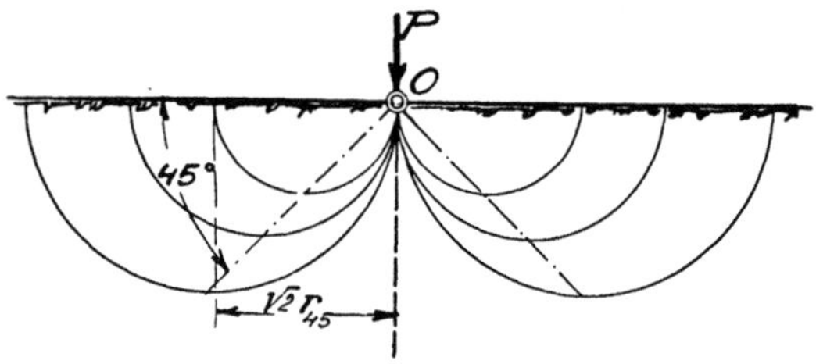

Abb. 12. $\sigma_{h=\text{konst.}}$-Linien für $\nu = 2$.

16. Lotrechte Linienlast $\overline{q}$.

a) Die $\overline{\sigma}_{z,\ z=\text{konst.}}$-Linien.

Mittels Gl. 11 — (7) unter Berücksichtigung von $\frac{z}{r} = \cos\vartheta$ erhält man:

$$\overline{\sigma}_{z,\, z=\text{konst.}} = \overline{f}\, \overline{q}\, \frac{1}{z} \cos^{\nu+1} \vartheta. \tag{1}$$

Größtwert:

$$\overline{\sigma}_{z,\,\max} = \overline{f}\, \overline{q}\, \frac{1}{z}. \tag{2}$$

Wendepunkte treten auf für

$$\operatorname{tg}\vartheta_w = \frac{1}{\sqrt{\nu + 2}}. \tag{3}$$

Der allgemeine Charakter dieser Linien stimmt mit dem der analogen Kurven für das räumliche Problem überein.

b) Die $\bar{\sigma}_{z,\, x=\text{konst.}}$-Linien.

Die Gleichung derselben lautet:

$$\bar{\sigma}_{z,\, x=\text{konst.}} = \bar{f}\,\bar{q}\,\frac{1}{x}\cos^{\nu}\vartheta\sin\vartheta. \tag{4}$$

Größtwert für

$$\cos\vartheta_m = \sqrt{\frac{\nu}{\nu+1}}. \tag{5}$$

Wendepunkte für:

$$\operatorname{tg}\vartheta_{w1} = \frac{\sqrt{A+B}}{\sqrt{C}}, \tag{6}$$

$$\operatorname{tg}\vartheta_{w2} = \frac{\sqrt{A-B}}{\sqrt{C}}, \tag{7}$$

worin $A = 5\,\nu + 1$, $B = \sqrt{17\nu^2 + 2\,\nu + 1}$, $C = 2\,\nu\,(\nu - 1)$.

c) Die $\bar{\sigma}_{h,\, z=\text{konst.}}$-Linien.

$$\bar{\sigma}_{h,\, z=\text{konst.}} = \bar{f}\,\frac{\bar{q}}{z}\cos^{\nu-1}\vartheta\sin^2\vartheta. \tag{8}$$

Der Spannungsverlauf ist im Prinzipe ähnlich wie der unter 15 c) behandelte, für den räumlichen Fall.

d) Die $\bar{\sigma}_{h,\, x=\text{konst.}}$-Linien.

$$\bar{\sigma}_{h,\, x=\text{konst.}} = \bar{f}\,\bar{q}\,\frac{1}{x}\cos^{\nu-2}\vartheta\sin^3\vartheta. \tag{9}$$

Siehe Fall 15 d).

e) Die Isobaren des ebenen Spannungsproblems: $\bar{\sigma}_z =$ konst.

Nach 11—(7) gilt: $\bar{\sigma}_z = \bar{f}\,\frac{\bar{q}}{r}\cos^{\nu}\vartheta = C$.

Für $\vartheta = 0$ ist $r = r_0$

und daher: $\bar{\sigma}_{z,\vartheta=0} = \bar{f}\,\frac{\bar{q}}{r_0} = C$.

Durch Elimination von C folgt mit $r_0 = z_0$

$$r = z_0\cos^{\nu}\vartheta. \tag{10}$$

Im Falle $\nu = 1$ nimmt (10) die Gestalt

$$r = z_0\cos\vartheta \tag{10a}$$

an. Diese Kurve ist ein Kreis mit dem Durchmesser z_0, der den Rand der Halbebene im Lastangriffspunkt berührt. Alle Isobaren höherer Ordnung, also $\nu > 1$, liegen innerhalb dieses Kreises.

f) Die Isochromen des ebenen Spannungsproblemes: $\bar{\sigma}_r =$ konst.

Nach 11—(3) und der vorliegenden Bedingung ist:

$$\bar{\sigma}_r = \frac{\bar{f}\,\bar{q}}{r} \cos^{\nu-2}\vartheta = C.$$

Für $\vartheta = 0$ ist $r = r_0 = z_0$ und daher

$$\bar{\sigma}_{r,\,\vartheta=0} = \frac{\bar{f}\,\bar{q}}{z_0} = C.$$

Die Elimination von C liefert die Gleichung der Isochrome:

$$r = z_0 \cos^{\nu-2}\vartheta. \tag{11}$$

Im Falle $\nu = 3$, also für einen elastisch-isotropen Stoff, und zwar unabhängig von dessen Poissonzahl m, nimmt die Gleichung (11) die Form:

$$r = z_0 \cos\vartheta \tag{11a}$$

an. Sie stellt einen Kreis dar mit dem Durchmesser z_0, der den Rand der Halbebene im Pol berührt. Diese Tatsache wird durch die photoelastischen Untersuchungen bestätigt. Hierüber siehe Nádai [35, 41].

VI. Der Spannungszustand im Halbraum infolge Belastung eines Teiles der Oberfläche, nach dem Prinzipe der geradlinigen Kraftausbreitung.

A. Der unendlich lange Laststreifen.

17. Gleichmäßige Sohldruckverteilung beim Laststreifen.

In den vorhergehenden Abschnitten wurde die Größe der Lastfläche stets vollkommen außer acht gelassen. In der unmittelbaren Umgebung der Lasten P, $\bar{q}$, P_w, $\bar{q}_w$ verlieren sämtliche Formeln über elementare Spannungsverteilungen ihre Gültigkeit, wie man aus dem Nullwerden des Fahrstrahles r eines Punktes des Halbraumes erkennt. Will man die elementaren Spannungsverteilungen auf die nächste Umgebung einer Lastfläche anwenden, dann hat man P durch dP und $\bar{q}$ durch $\bar{q}\,dx$ zu ersetzen und über alle Elemente der belasteten Fläche zu erstrecken. Eine Integration mit zwei bzw. einer Veränderlichen führt dann zu der resultierenden Spannung. Es ist klar, daß bei Betrachtung lotrechter Lasten die lotrechte Normalspannung in der Lastfläche selbst (Sohldruck) gleich der angenommenen Belastung in dem betreffenden Punkte der Lastfläche (Sohle) sein muß; hierin liegt eine einfache Überprüfung einer auf obige Weise erhaltenen Spannungsgleichung.

Wir betrachten in erster Linie einen gleichmäßig mit q_0 belasteten, unendlich langen Streifen mit der Breite $2\,b$. Der Zeiger Null bei dem Symbol q für die Belastung je Flächeneinheit soll bedeuten, daß die Last in der Oberfläche des Halbraumes angreift, wo die Gründungstiefe $t = 0$ ist.

In Abb. 13 ist ein Querschnitt durch den Halbraum und durch den Laststreifen dargestellt. Wir wollen die in einem Punkte M durch die Belastung q_0 des Streifens hervorgerufenen Normalspannungen $\bar{\sigma}_z$ und $\bar{\sigma}_h$ sowie die zugehörige Schubspannung $\bar{\tau}$ kennenlernen. Die Lage des Punktes M gegenüber dem Streifen ist durch die beiden Winkel β_1 und β_2 festgelegt. Mit den Bezeichnungen der Abb. 13 schreiben wir:

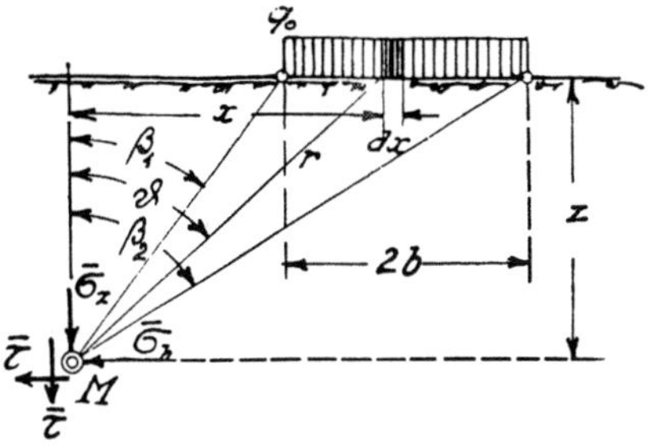

Abb. 13. Die Spannungen $\bar{\sigma}_z$, $\bar{\sigma}_h$ und $\bar{\tau}$, hervorgerufen durch eine Streifenbelastung.

$$\bar{q} = q_0\,dx, \tag{1}$$

$$r = \frac{z}{\cos\vartheta}, \tag{2}$$

$$x = z\,\mathrm{tg}\,\vartheta, \tag{3}$$

$$dx = \frac{z\,d\vartheta}{\cos^2\vartheta}. \tag{4}$$

Mit Benützung dieser Gleichungen und der allgemeinen Beziehungen 11—(7) und nach Integration über die gesamte Streifenbreite ergeben sich die gesuchten Spannungen:

$$\left.\begin{aligned}
\bar{\sigma}_z &= \bar{f}\,q_0 \int_{\beta_1}^{\beta_2} \cos^{\nu-1}\vartheta\,d\vartheta \\
\bar{\sigma}_h &= \bar{f}\,q_0 \int_{\beta_1}^{\beta_2} \cos^{\nu-3}\vartheta\,\sin^2\vartheta\,d\vartheta \\
\bar{\tau} &= \bar{f}\,q_0 \int_{\beta_1}^{\beta_2} \cos^{\nu-2}\vartheta\,\sin\vartheta\,d\vartheta
\end{aligned}\right\} \tag{5}$$

Führt man in (5) für den Konzentrationsfaktor ν die Zahlen 3 bis 6 ein und integriert, dann erhält man die nachfolgenden Beziehungen:

$\nu = 3$:

$$\left.\begin{aligned}
\bar{\sigma}_z &= \frac{q_0}{\pi}\Big\{\sin\vartheta\cos\vartheta + \vartheta\Big\}_{\beta_1}^{\beta_2} \\
\bar{\sigma}_h &= \frac{q_0}{\pi}\Big\{-\sin\vartheta\cos\vartheta + \vartheta\Big\}_{\beta_1}^{\beta_2} \\
\bar{\tau} &= \frac{q_0}{\pi}\sin^2\vartheta\,\Big|_{\beta_1}^{\beta_2}
\end{aligned}\right\} \tag{6}$$

$\nu = 4$:

$$\left.\begin{aligned} \bar{\sigma}_z &= \frac{3}{4} q_o \left\{\sin\vartheta - \frac{1}{3}\sin^3\vartheta\right\}_{\beta_1}^{\beta_2} \\ \bar{\sigma}_h &= \frac{1}{4} q_o \sin^3\vartheta \Big|_{\beta_1}^{\beta_2} \\ \bar{\tau} &= \frac{1}{4} q_o \cos^3\vartheta \Big|_{\beta_1}^{\beta_2} \end{aligned}\right\} \tag{7}$$

$\nu = 5$:

$$\left.\begin{aligned} \bar{\sigma}_z &= \frac{2}{3}\frac{q_0}{\pi}\left\{\sin\vartheta\cos^3\vartheta + \frac{3}{2}(\sin\vartheta\cos\vartheta + \vartheta)\right\}_{\beta_1}^{\beta_2} \\ \bar{\sigma}_h &= -\frac{2}{3}\frac{q_0}{\pi}\left\{\sin\vartheta\cos^3\vartheta + 2(\sin\vartheta\cos\vartheta + \vartheta)\right\}_{\beta_1}^{\beta_2} \\ \bar{\tau} &= -\frac{2}{3}\frac{q_0}{\pi}\cos^4\vartheta \Big|_{\beta_1}^{\beta_2} \end{aligned}\right\} \tag{8}$$

$\nu = 6$:

$$\left.\begin{aligned} \bar{\sigma}_z &= \frac{15}{16} q_0 \left\{\sin\vartheta - \frac{2}{3}\sin^3\vartheta + \frac{1}{5}\sin^5\vartheta\right\}_{\beta_1}^{\beta_2} \\ \bar{\sigma}_h &= \frac{15}{16} q_0 \left\{\frac{1}{3}\sin^3\vartheta - \frac{1}{5}\sin^5\vartheta\right\}_{\beta_1}^{\beta_2} \\ \tau &= -\frac{3}{16} q_0 \cos^5\vartheta \Big|_{\beta_1}^{\beta_2} \end{aligned}\right\} \tag{9}$$

Nun wollen wir für den Fall $\nu = 3$, d. i. für einen elastisch-isotropen Stoff, das Kraftfeld des unendlich langen, gleichmäßig mit q_0 belasteten Streifens mit Hilfe der Gl. (6) genauer untersuchen.

Wir führen folgende Abkürzungen ein:

$$\left.\begin{aligned} \beta_2 - \beta_1 &= 2\varepsilon \\ \beta_2 + \beta_1 &= 2\psi \end{aligned}\right\} \tag{10}$$

Dann lassen sich die Gleichungen (6) nach leichter Umformung wie folgt schreiben:

$$\left.\begin{aligned} \bar{\sigma}_z &= \frac{q_0}{\pi}\{\sin 2\varepsilon \,.\, \cos 2\psi + 2\varepsilon\} \\ \bar{\sigma}_h &= \frac{q_0}{\pi}\{-\sin 2\varepsilon \,.\, \cos 2\psi + 2\varepsilon\} \\ \bar{\tau} &= \frac{q_0}{\pi}\sin 2\varepsilon \sin 2\psi \end{aligned}\right\} \tag{11}$$

Dies sind die 3 Spannungen, die den Spannungszustand des Punktes M in Abb. 14 bestimmen. Um die Hauptspannungen $\bar{\sigma}_1$ und $\bar{\sigma}_2$ in M zu finden, wenden wir die bekannten Gleichungen:

$$\left.\begin{aligned} \bar{\sigma}_1 &= \frac{1}{2}\left\{(\bar{\sigma}_z + \bar{\sigma}_h) + \sqrt{(\bar{\sigma}_z - \bar{\sigma}_h)^2 + 4\bar{\tau}^2}\right\} \\ \bar{\sigma}_2 &= \frac{1}{2}\left\{(\bar{\sigma}_z + \bar{\sigma}_h) - \sqrt{(\bar{\sigma}_z - \bar{\sigma}_h)^2 + 4\bar{\tau}^2}\right\} \end{aligned}\right\} \tag{12}$$

an. Durch Einsetzen der Werte (11) in (12) ergibt sich:

$$\left.\begin{aligned}\bar{\sigma}_1 &= \frac{q_0}{\pi}\left\{2\,\varepsilon + \sin 2\,\varepsilon\right\}\\ \bar{\sigma}_2 &= \frac{q_0}{\pi}\left\{2\,\varepsilon - \sin 2\,\varepsilon\right\}\end{aligned}\right\} \tag{13}$$

Wie man sieht, ist der Winkel $\psi = \frac{1}{2}(\beta_2 + \beta_1)$ aus der Rechnung verschwunden. Gl. (13) sagen aus, daß für einen konstanten Winkel $2\,\varepsilon$ die Hauptspannungen $\bar{\sigma}_1$ und $\bar{\sigma}_2$ unveränderlich sind. Damit ist auch der Unterschied der beiden Hauptspannungen unveränderlich, wenn der Winkel $2\,\varepsilon$ sich nicht ändert,

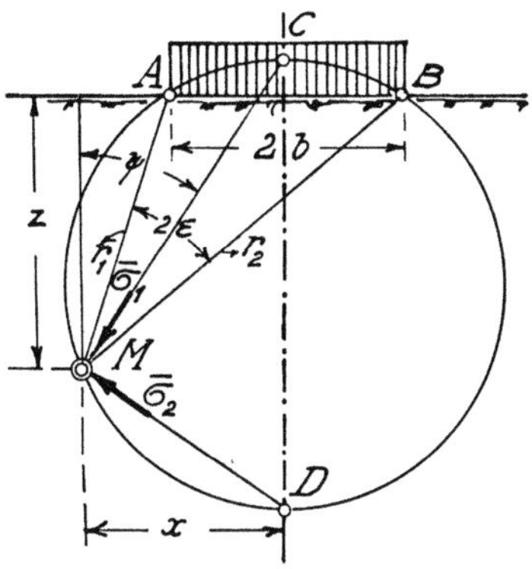

Abb. 14. Die Hauptspannungen $\bar{\sigma}_1$ und $\bar{\sigma}_2$, hervorgerufen durch eine Streifenbelastung.

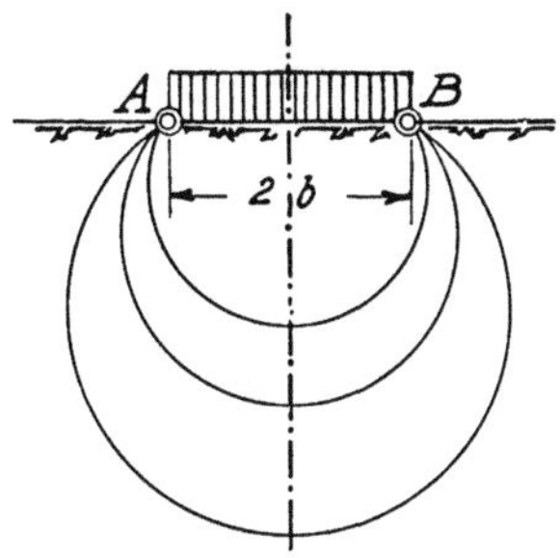

Abb. 15. Isochromen des Spannungsfeldes unter einer gleichmäßigen Streifenlast.

also $\bar{\sigma}_1 - \bar{\sigma}_2 =$ konst. Da nun alle Punkte M mit konstantem Winkel $2\,\varepsilon$ einen Kreis erfüllen, gilt der Satz:

Die Isochromen des Kraftfeldes für die Spannungsverteilung dritter Ordnung unter einem gleichmäßig belasteten, unendlich langen Streifen sind Kreise, die durch die Randpunkte A, B des Streifens gehen (Abb. 15).

Um den Spannungszustand des Punktes M noch näher kennenzulernen, muß man die Richtungen von $\bar{\sigma}_1$ und $\bar{\sigma}_2$ aufsuchen. Der Winkel Φ, den $\bar{\sigma}_1$ mit der Lotrechten durch M, einschließt, ist bestimmt durch die Gleichung:

$$\operatorname{tg} 2\,\Phi = \frac{2\,\bar{\tau}}{\bar{\sigma}_z - \bar{\sigma}_h}. \tag{14}$$

Setzt man die Werte aus (11) in (14) ein, dann folgt:

$$\operatorname{tg} 2\,\Phi = \frac{\sin 2\,\psi}{\cos 2\,\psi}$$

oder

$$\Phi = \psi. \tag{15}$$

Nach (10) ist jedoch $\psi = \frac{1}{2}(\beta_2 + \beta_1)$, woraus hervorgeht, daß die Richtung von $\bar{\sigma}_1$ den Winkel $A\,M\,B$ in Abb. 14 halbiert. Nach einem bekannten Lehrsatze über Kegelschnitte halbieren die Tangente und die Normale in einem Punkte der Hyperbel oder Ellipse die Winkel, welche die Brennstrahlen nach diesem Punkte miteinander bilden. Wir können daher sofort aussagen:

Die Hauptspannungstrajektorien des Kraftfeldes für die Spannungsverteilung dritter Ordnung unter einem gleichmäßig belasteten, unendlich langen Streifen bestehen aus einer Schar Hyperbeln ($\bar{\sigma}_1$) und einer konfokalen Schar Ellipsen ($\bar{\sigma}_2$), deren gemeinsame Brennpunkte mit den Randpunkten des Laststreifens zusammenfallen (Abb. 16).

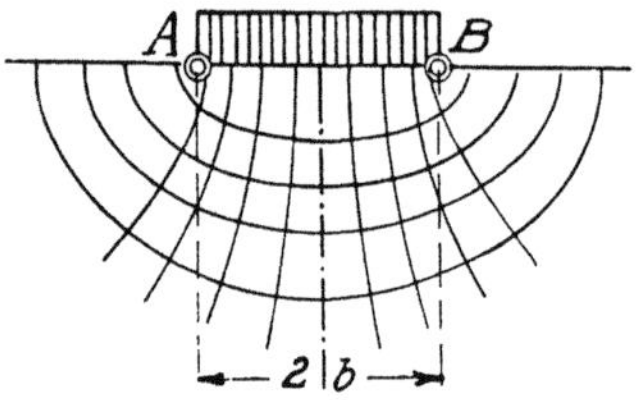

Abb. 16. Hauptspannungstrajektorien des Spannungsfeldes unter einer gleichmäßigen Streifenlast.

Um den Zusammenhang unserer Ableitungen mit denen der Elastizitätstheorie anzudeuten, sei erwähnt, daß die Gl. (11) von J. H. Michell [8] aus der Airyschen Spannungsfunktion

$$F = \frac{q_0}{2\pi}(r_2^2\,\beta_2 - r_1^2\,\beta_1)$$

gewonnen wurden. Hierin bedeuten r_2 und r_1 die Längen der Brennstrahlen $\overline{M\,B}$ und $\overline{M\,A}$ in Abb. 14.

Die Gleichungen (13) der Hauptspannungen gelten unabhängig von der Streifenbreite. Sie müssen daher auch in dem Sonderfalle gültig bleiben, wenn der Punkt B in Abb. 14 nach rechts bis ins Unendliche verschoben wird. Dann ist eine Hälfte der Oberfläche des Halbraumes mit q_0 gleichmäßig belastet. Der Randpunkt B ist jedoch, wie oben bewiesen wurde, ein Brennpunkt der konfokalen Hyperbel- und Ellipsenscharen. Nun ist bekannt, daß sowohl Hyperbel als auch Ellipse in eine Parabel degenerieren, wenn einer der Brennpunkte ins Unendliche rückt. Bei dieser Verschiebung degenerieren gleichzeitig die Kreise $A\;B\;M$ (Abb. 14) in ein Strahlenbüschel mit dem Ausgangspunkt A. Wir können daher ohne weitere analytische Entwicklungen den obigen Sätzen die folgenden hinzufügen:

Die Isochromen des Kraftfeldes, welches durch die Belastung der halben Oberfläche des Halbraumes mit q_0 unter Zugrundelegung der Spannungsverteilung $\nu = 3$ hervorgerufen wird, sind Strahlen, die vom Randpunkt A nach allen Richtungen des Halbraumes ausgehen.

Und weiter:

Die Hauptspannungstrajektorien in diesem Sonderfalle bestehen aus 2 Scharen konfokaler Parabeln mit dem Randpunkt A des unendlichen Laststreifens als Brennpunkt und dem Rand der Halbebene als Achse (Abb. 17).

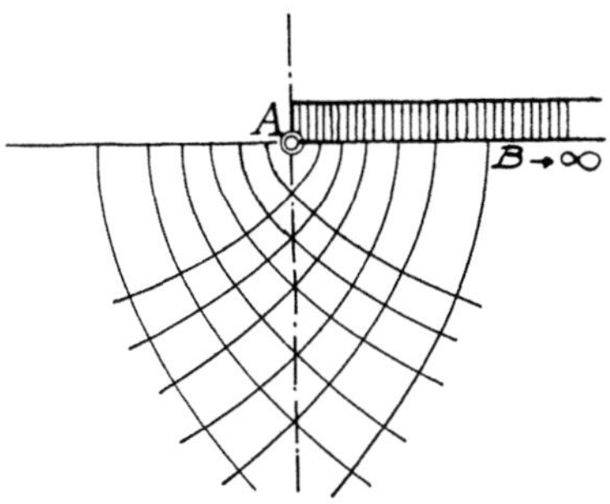

Abb. 17. Hauptspannungstrajektorien des Kraftfeldes, hervorgerufen durch gleichmäßige Belastung der halben Oberfläche des Halbraumes.

Die Spannungsbilder für die Ordnungszahlen $\nu = 4$, 5, 6 usw. lassen sich analytisch nicht in derselben einfachen Weise verfolgen, wie im Falle $\nu = 3$. Isochromen und Hauptspannungstrajektorien sind dann keine Kegelschnitte mehr. Das allgemeine Bild bleibt jedoch im Wesen gleich.

18. Parabolische Sohldruckverteilung beim Laststreifen.

Bezeichnungen (Abb. 18):

q_{max} ... Sohldruck in der Streifenachse;
q_0 ..... gedachter mittlerer Sohldruck;
q ...... Sohldruck im Abstande x von der Streifenachse;
$2\,b$ .... Streifenbreite;
$2\,\beta$ .... Winkel, den die beiden Verbindungsgeraden eines Punktes der Streifenachse mit den Randpunkten miteinander einschließen;
ϑ ...... Winkel, den die Verbindungsgerade eines Punktes der Streifenachse mit einem Sohlpunkt im Abstande x von der Achse mit dieser einschließt.

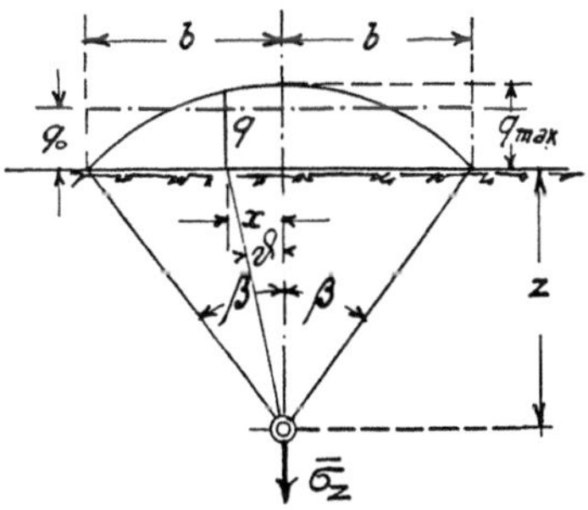

Abb. 18. Parabolische Sohldruckverteilung unter dem Laststreifen.

Für parabolische Sohldruckverteilung gilt:

$$q = q_{max}\left(1 - \frac{x^2}{b^2}\right) = \frac{3}{2}\,q_0\left(1 - \frac{x^2}{b^2}\right). \quad (1)$$

Wir wollen zuerst den Verlauf der lotrechten Normalspannung $\bar{\sigma}_z$ in der Streifenachse für $\nu = 3$ untersuchen.

Nach Tabelle I, Spalte 3, für $\nu = 3$ folgt:

$$\bar{\sigma}_z = 2\,\frac{2}{\pi}\int\limits_{x=0}^{x=b}\frac{3}{2}\,q_0\left(1 - \frac{x^2}{b^2}\right)dx\,\frac{1}{r}\cos^3\vartheta. \quad (2)$$

Mit $\frac{1}{r} = \frac{1}{z}\cos\vartheta$ und $dx = z\,\frac{d\vartheta}{\cos^2\vartheta}$ wird:

$$\bar{\sigma}_z = \frac{6}{\pi} q_0 \left\{ \int_0^\beta \cos^2\vartheta\, d\vartheta - \frac{z^2}{b^2} \int_0^\beta \sin^2\vartheta\, d\vartheta \right\} \tag{2a}$$

und nach Ausführung der Integration, mit Berücksichtigung von $\frac{z}{b} = \operatorname{cotg}\beta$:

$$\bar{\sigma}_z = \frac{3}{\pi} q_0 \left\{ \operatorname{cotg}\beta + \beta\,(1 - \operatorname{cotg}^2\beta) \right\}. \tag{2b}$$

Zum Vergleich schreiben wir noch 17—(6) die Formel für die lotrechte Normalspannung $\bar{\sigma}_z$ in einem Achspunkte für gleichmäßig verteilten Sohldruck an:

$$\bar{\sigma}_z = \frac{2}{\pi} q_0 \left\{ \sin\beta\cos\beta + \beta \right\}. \tag{3}$$

Drückt man die Spannung $\bar{\sigma}_z$ in Hundertteilen der gedachten mittleren Belastung q_0 aus, dann erhält man für die gleichmäßig verteilte Belastung:

$$\bar{\sigma}_z = \frac{200}{\pi} (\sin\beta\cos\beta + \beta)\ \% \tag{3a}$$

und für die parabolische Sohldruckverteilung:

$$\bar{\sigma}_z = \frac{300}{\pi} \left\{ \operatorname{cotg}\beta + \beta\,(1 - \operatorname{cotg}^2\beta) \right\}\ \%. \tag{4}$$

In der Tabelle III sind die lotrechten Normalspannungen eines Achspunktes in verschiedenen Tiefen unter der Gründungssohle zusammengestellt.

Die waagrechte Normalspannung in einem Achspunkte findet man auf ganz ähnliche Weise. Das Ergebnis für parabolischen Sohldruck lautet:

$$\bar{\sigma}_h = \frac{3}{\pi} q_0 \left\{ \beta - \sin\beta\cos\beta - \operatorname{cotg}\beta\,(2 - 3\,\beta\operatorname{cotg}\beta + \cos^2\beta) \right\}. \tag{4}$$

Zum Vergleiche schreiben wir die durch 17—(6) gegebene waagrechte Normalspannung eines Achspunktes bei gleichmäßig verteiltem Sohldruck an:

$$\bar{\sigma}_h = \frac{2}{\pi} q_0 \left\{ \beta - \sin\beta\cos\beta \right\}. \tag{5}$$

Diese Gleichungen führen für $\beta = \frac{\pi}{2}$ auf:

$$\bar{\sigma}_h = \frac{3}{2} q_0 \tag{4a}$$

bzw.

$$\bar{\sigma}_h = q_0. \tag{5a}$$

Das Hauptspannungsverhältnis in der Sohlmitte ist also sowohl für gleichmäßige als auch für parabolische Sohldruckverteilung gleich Eins. Für $\beta = 0$ ergibt sich $\bar{\sigma}_h$ nach (4) und (5) zu Null, wie zu erwarten war.

Nun sollen noch die allgemeinen Gleichungen für die Hauptspannungen $\overline{\sigma}_z$ und $\overline{\sigma}_h$ eines Achspunktes für parabolische Streifenlast angegeben werden, in denen die Ordnungszahl ν der Spannungsverteilung vorkommt.

Lotrechte Normalspannung:

$$\overline{\sigma}_z = 2\,\bar{f}_\nu\, q_{\max} \left\{ (1 + \operatorname{cotg}^2 \beta_0) \int\limits_0^{\beta_0} \cos^{\nu-1} \beta \, d\beta - \operatorname{cotg}^2 \beta_0 \int\limits_0^{\beta_0} \cos^{\nu-3} \beta \, d\beta \right\}. \quad (6)$$

Waagrechte Normalspannung:

$$\overline{\sigma}_h = 2\,\bar{f}_\nu\, q_{\max} \left\{ (1 + 2\operatorname{cotg}^2 \beta_0) \int\limits_0^{\beta_0} \cos^{\nu-3} \beta \, d\beta - \right.$$

$$\left. - (1 + \operatorname{cotg}^2 \beta_0) \int\limits_0^{\beta_0} \cos^{\nu-1} \beta \, d\beta - \operatorname{cotg}^2 \beta_0 \int\limits_0^{\beta_0} \cos^{\nu-5} \beta \, d\beta \right\}. \quad (7)$$

Hier bedeutet $\bar{f}_\nu$ einen der Werte, die in Abschnitt IV, Ziffer 11 für ν von 1 bis 6 ausgerechnet sind.

19. Glockenförmige Sohldruckverteilung beim Laststreifen.

Es gibt unendlich viele Kurven mit glockenförmiger Gestalt, nach denen man den Sohldruck über die Streifenbreite verteilen könnte. Wir nehmen den sich unmittelbar darbietenden Ansatz für die Sohldruckverteilungskurve:

$$q = \frac{2}{\pi} \frac{q}{r} \cos^3 \vartheta \quad (1)$$

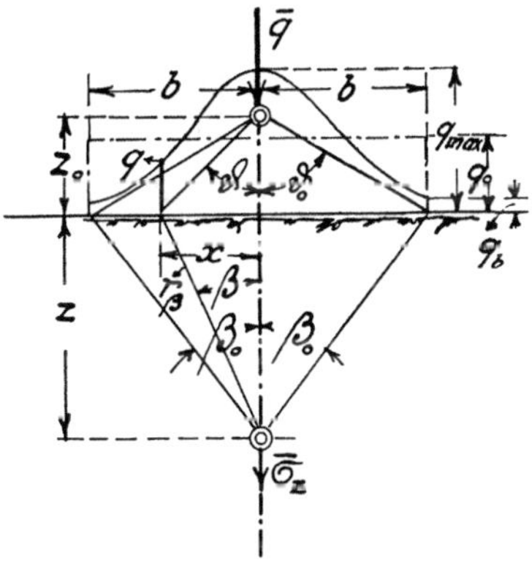

Abb. 19. Glockenförmige Sohldruckverteilung unter dem Laststreifen.

aus Tabelle I., Spalte 3, für $\nu = 3$ mit den Bezeichnungen der Abb. 19. Wir denken uns eine Linienlast $\bar{q}$ in der Höhe z_0 über der Steifenfläche; diese Höhe ist durch den Winkel ϑ_0 bestimmt, der so groß gewählt werden muß, daß der Gesamtbetrag $\overline{Q}$ aller Spannungen q von dem als gegeben zu betrachtenden Werte $2\, b\, q_0$ nur ganz wenig abweicht.

Nach Abb. 19 ergibt sich $\overline{Q}$ aus

$$\overline{Q} = 2 \int\limits_{x=0}^{x=b} q \, dx. \quad (2)$$

Durch Einsetzen von q aus (1) und mit $\frac{dx}{r} = \frac{d\vartheta}{\cos\vartheta}$ wird

$$\overline{Q} = \frac{4\,\overline{q}}{\pi}\int_0^{\vartheta_0} \cos^2\vartheta\, d\vartheta = \frac{2}{\pi}\,\overline{q}\,(\sin\vartheta_0 \cos\vartheta_0 + \vartheta_0). \tag{2a}$$

Die Linienlast $\overline{q}$ ist gegeben durch:

$$\overline{q} = 2\,b\,q_o. \tag{3}$$

Da $\overline{Q}$ von $2\,b\,q_0$ nicht stark abweichen soll, muß

$$\frac{\overline{Q}}{2\,b\,q_0} = \frac{\overline{Q}}{\overline{q}} = \frac{2}{\pi}\,(\sin\vartheta_0 \cos\vartheta_0 + \vartheta_0)$$

nahe bei 1,0 liegen. Wählt man beispielsweise $\vartheta_0 = 75^0$, dann ist:

$$\frac{2}{\pi}\,(\sin\vartheta_0 \cos\vartheta_0 + \vartheta_0) = 0{,}992.$$

Der Unterschied gegen die Einheit ist also nur 0,8%. Man kann daher näherungsweise auch schreiben:

$$\overline{Q} = 2\,b\,q_0 = \overline{q}. \tag{3a}$$

Die Höhe z_0 der Linienlast $\overline{q}$ über der Sohle ist $z_0 = b \operatorname{cotg}\vartheta_0$, also für $\vartheta_0 = 75^0$: $z_0 = 0{,}268\,b$.

Die Randspannung q_b sollte strenge genommen Null sein; nach Gleichung (1) und mit $\vartheta = \vartheta_0 = 75^0$ und $r = \frac{b}{\sin\vartheta_0}$ ist:

$$q_b = \frac{4}{\pi}\,q_0 \sin\vartheta_0 \cos^3\vartheta_0 = 0{,}02\,q_0. \tag{4}$$

Die größte Spannung in der Streifenachse, also die Höhe der „Spannungsglocke“ ist:

$$q_{\max} = \frac{4}{\pi}\,q_0 \operatorname{tg}\vartheta_0 = 4{,}755\,q_0 = 475{,}5\%\ \text{von}\ q_0. \tag{5}$$

Um nun die lotrechte Normalspannung in einer gewissen Tiefe z unter der Streifensohle zu finden, wollen wir zwei Wege einschlagen, die zu etwas verschiedenen Ergebnissen führen. Die in der Höhe z_0 über der Sohle angenommene Linienlast $\overline{q} = 2\,b\,q_0$ ruft in der Sohlfläche nicht nur Normalspannungen q, sondern auch Schubspannungen s hervor, die auf die Masse des Halbraumes wirkend, nach außen gerichtet sind. Ihre Größe ist:

$$s = \frac{2}{\pi}\,\frac{\overline{q}}{r}\sin\vartheta\cos^2\vartheta, \tag{6}$$

wie man aus Tabelle I unter $\overline{\tau}$ und $\nu = 3$ findet. Diese Schubspannungen sind in der Achse Null, wachsen mit zunehmender Entfernung x bis zu einem Größtwert an und werden für $x = b$ sehr klein:

$$s_b = \frac{4}{\pi}\,q_0 \sin^2\vartheta_0 \cos^2\vartheta_0 = 0{,}08\,q_0. \tag{6a}$$

Die lotrechte Normalspannung in einem Achspunkte unter Einwirkung der glockenförmigen Sohldruckverteilung nach Gl. (1) und gleichzeitiger Wirkung der Schubspannungen s nach Gl. (6) ist sehr einfach zu finden: sie beträgt nach der mehrmals benützten Tabelle I:

$$\bar{\sigma}_z = \frac{2}{\pi}\frac{\bar{q}}{z+z_0} = \frac{4}{\pi}\frac{q_0}{\operatorname{cotg}\beta_0 + \operatorname{cotg}\vartheta_0}. \tag{7}$$

In Hundertteilen von q_0 ausgedrückt, ist dieser Wert gegeben durch:

$$\bar{\sigma}_z = \frac{400}{\pi(\operatorname{cotg}\beta_0 + \operatorname{cotg}\vartheta_0)}\,\%. \tag{7a}$$

Um die Größe der Schubspannungen s zu verdeutlichen, kann man das Verhältnis „Sohlschub : Sohldruck" bilden. Der Sohlschub des halben Laststreifens ist, wie man leicht findet, angenähert:

$$\int_0^b s\,dx = \frac{2\,b\,q_0}{\pi}; \tag{8}$$

der Sohldruck, wie bekannt, $\frac{q}{2} = b\,q_0$. Das gesuchte Verhältnis, das der Reibungsziffer $\operatorname{tg}\varphi$ zwischen Lastfläche und Masse des Halbraumes mindestens gleich sein muß, ist also:

$$\operatorname{tg}\varphi = \frac{2}{\pi}. \tag{9}$$

Der mittlere Reibungswinkel müßte also mindestens

$$\varphi = 32^0\,30'$$

betragen, um die Schubspannungen s nach Gl. (6) auf den Halbraum übertragen zu können.

Nun soll der zweite Weg eingeschlagen werden, um zu dem Verlauf der lotrechten Normalspannungen in der Streifenachse zu gelangen. Wir fassen die Sohlspannungen q nach Gl. (1) als äußere Lasten auf und bestimmen ihre Gesamtwirkung auf einen Achspunkt in der Tiefe z.

Mit den Bezeichnungen der Abb. 19 können wir schreiben:

$$d\,\bar{\sigma}_z = \frac{2}{\pi}\,q\,\frac{dx}{r_\beta}\cos^3\beta. \tag{10}$$

Benützt man noch Gl. (1) und die Beziehungen:

$$x = z_0\operatorname{tg}\vartheta,\quad dx = z_0\,d\operatorname{tg}\vartheta,\quad r = \frac{z_0}{\cos\vartheta},\quad r_\beta = \frac{z}{\cos\beta},$$

dann wird:

$$d\,\bar{\sigma}_z = \frac{4}{\pi^2}\frac{\bar{q}}{z}\cos^4\vartheta\cos^4\beta\,d\operatorname{tg}\vartheta. \tag{11}$$

Aus Abb. 19 ersieht man ferner, daß:

$$\frac{z}{z_0} = \frac{\operatorname{tg}\vartheta}{\operatorname{tg}\beta} = \frac{\operatorname{tg}\vartheta_0}{\operatorname{tg}\beta_0}.$$

Setzt man den Wert $\frac{z}{z_0} = \frac{\operatorname{tg}\vartheta_0}{\operatorname{tg}\beta_0} = v$ und $\operatorname{tg}\vartheta = \zeta$, dann führt Gl. (11) auf:

$$\bar{\sigma}_z = \frac{8}{\pi^2}\frac{\bar{q}}{z} v^4 \int\limits_{\zeta=0}^{\zeta=\operatorname{tg}\vartheta_0} \frac{d\zeta}{(\zeta^2+1)^2(\zeta^2+v^2)^2}. \tag{12}$$

Der Wert des bestimmten Integrals ändert sich nur ganz unbedeutend, wenn in der oberen Grenze statt $\vartheta_0 = 75^0 : \vartheta_0 = \frac{\pi}{2}$ gesetzt wird. Die Berechnung des Integrals vereinfacht sich jedoch durch diese Änderung wesentlich; sie ergibt unter Anwendung der Methode der Zerlegung in Teilbrüche:

$$\int\limits_0^{\frac{\pi}{2}} \frac{d\zeta}{(\zeta^2+1)^2(\zeta^2+v^2)^2} = \frac{\pi}{4}\,\frac{v^3(v^2-5)+5v^2-1}{v^3(v^2-1)^3}$$

und mit $\bar{q} = 2\,b\,q_0$, $v = \frac{z}{z_0}$, $\frac{b}{z_0} = \operatorname{tg}\vartheta_0$:

$$\bar{\sigma}_z = \frac{4}{\pi} q_0 \operatorname{tg}\vartheta_0 \frac{v^3(v^2-5)+5v^2-1}{(v^2-1)^3} \tag{13}$$

Im Sonderfalle $v = 1$ wird der Bruch in (13) unbestimmt. Der Wert lautet dann, wie man leicht einsieht:

$$\bar{\sigma}_{z,\,v=1} = \frac{5}{2\pi} q_0 \operatorname{tg}\vartheta_0. \tag{14}$$

Mittels Gl. (5) lassen sich (13) und (14) folgendermaßen schreiben:

$$\bar{\sigma}_z = \frac{v^3(v^2-5)+5v^2-1}{(v^2-1)^3} q_{\max}. \tag{13a}$$

$$\sigma_{z,\,v=1} = \frac{5}{8} q_{\max}. \tag{14a}$$

Ausdrücklich möge hier noch betont werden, daß diese Gleichungen die Wirkung einer glockenförmigen Sohldruckverteilung ohne Schubspannungen in der Lastfläche darstellen. Auf den Einfluß der Schubspannungen (Sohlreibung) soll im Abschnitt VII näher eingegangen werden.

Mit Hilfe der Gl. (7a), (13a) und (14a) wurde die unter Ziffer 18 genannte Tabelle III ergänzt. Diese Tabelle gibt den Einfluß der Sohldruckverteilung auf die lotrechte Normalspannung in der Streifenachse für die oben behandelten wichtigsten Fälle wieder. Man sieht, daß in einer Tiefe von $z = \operatorname{cotg} 15^0 \,.\, b = 3{,}732\, b$ der Einfluß der Sohldruckverteilung fast verschwindet, jedoch in einer Tiefe gleich der halben Streifenbreite noch bedeutend ist.

Tabelle III.

Einfluß der Sohldruckverteilung bei streifenförmiger Lastfläche auf die lotrechte Normalspannung eines Achspunktes.

$\bar{\sigma}_z$ in Hundertteilen von q_0.

$\frac{z}{b}$	β	Gleichmäßiger Sohldruck 18 — (3a)	Parabolischer Sohldruck 18 — (4)	Glockenförm. Sohldruck mit nach außen gerichteten Schubspannungen 19 — (7a)	Glockenförm. Sohldruck ohne Schubspannungen 19 — (13), (14)	Glockenförm. Sohldruck mit nach innen gerichteten Schubspannungen
0	90	100	150	475,5	475,5	475,5
0,268	75	99,2	141,6	238,0	297,0	356,0
0,577	60	94,2	121,8	150,8	183,8	216,8
1	45	81,8	95,5	100,4	117,4	134,4
1,732	30	60,9	65,3	63,7	71,2	78,7
3,732	15	32,6	32,9	32,0	33,9	35,8
∞	0	0	0	0	0	0

Was nun die waagrechte Normalspannung $\bar{\sigma}_h$ in einem Achspunkte der glockenförmigen Streifenlast für $\nu = 3$ betrifft, so ist diese bei nach außen gerichteten Schubspannungen s laut Gl. (6) natürlich überall gleich Null. Sind hingegen in der Streifensohle keine Schubspannungen vorhanden, dann ergibt eine ähnliche Berechnung, wie die, welche zu Gl. (12) führte, für $\nu = 3$:

$$\bar{\sigma}_h = \frac{4}{\pi} q_{\max} v \int\limits_{\zeta=0}^{\zeta=\infty} \frac{\zeta^2 \, d\zeta}{(\zeta^2 + 1)^2 (\zeta^2 + v^2)^2}. \tag{15}$$

Die Integration ist in geschlossener Form ausführbar; hier soll jedoch von dieser Berechnung abgesehen werden.

Bisher wurde nur von der Ordnungszahl $\nu = 3$ Gebrauch gemacht. Läßt man ν allgemein, dann lautet die lotrechte Normalspannung in einem Achspunkte eines glockenförmig belasteten Streifens mit nach auswärts gerichteten Schubspannungen s (laut Gl. (6))

$$\bar{\sigma}_z = \frac{1}{1 + v} q_{\max}, \tag{16}$$

worin $v = z : z_0$ bedeutet, und die dazu gehörige waagrechte Normalspannung

$$\bar{\sigma}_h = 0. \tag{17}$$

$q_{\max}$ ist allgemein gegeben durch:

$$q_{\max} = 2 \bar{f}_\nu q_0 \frac{b}{z_0} = 2 \bar{f}_\nu q_0 \operatorname{tg} \vartheta_0, \tag{18}$$

wobei die Werte $\bar{f}_\nu$ in Abschnitt IV, Ziffer 11, für ν von 1 bis 6 zu finden sind.

Für $\nu = 3$ führt (16) mit (18) und $\bar{f}_{\nu=3} = \frac{2}{\pi}$ auf:

$$\bar{\sigma}_{z,\,\nu=3} = \frac{1}{1+v} \frac{4}{\pi} q_0 \operatorname{tg} \vartheta_0 = \frac{4}{\pi} \frac{q_0}{\operatorname{cotg} \vartheta_0 + \operatorname{cotg} \beta_0},$$

also auf den Wert der Gl. (7).

Auch die Hauptspannungen $\bar{\sigma}_z$ und $\bar{\sigma}_h$ in einem Achspunkte des glockenförmig belasteten Streifens, für den Fall, daß die Schubspannungen in der Streifenfläche Null sind, lassen sich für einen allgemeinen Wert der Ordnungszahl ν der Spannungsverteilung übersichtlich anschreiben; es gilt dann:

$$\bar{\sigma}_z = 2\bar{f}_\nu\, q_{\max}\, v^\nu \int\limits_{\zeta=0}^{\zeta=\infty} \frac{d\zeta}{(\zeta^2+1)^{\frac{\nu+1}{2}} (\zeta^2+v^2)^{\frac{\nu+1}{2}}}. \tag{19}$$

$$\bar{\sigma}_h = 2\bar{f}_\nu\, q_{\max}\, v^{\nu-2} \int\limits_{\zeta=0}^{\zeta=\infty} \frac{\zeta^2\, d\zeta}{(\zeta^2+1)^{\frac{\nu+1}{2}} (\zeta^2+v^2)^{\frac{\nu+1}{2}}}. \tag{20}$$

Für $\nu = 3$ führt (19) mit $\bar{f}_\nu = \frac{2}{\pi}$ auf (12) und (20) auf (15). Aus den letzten beiden Beziehungen ersieht man auch, daß geschlossene Formeln für die Spannungen $\bar{\sigma}_z$ und $\bar{\sigma}_h$ nur für ungerade Werte von ν möglich sind.

B. Die kreisförmige Lastfläche.

20. Kreisfläche mit gleichmäßiger Sohldruckverteilung.

Während es im Falle der gleichmäßigen Streifenbelastung (siehe 17) möglich war, den Spannungszustand eines beliebigen Punktes des Halbraumes durch allgemeine Formeln zu kennzeichnen, führt eine analoge Berechnung für die gleichmäßig belastete Kreisfläche zu ziemlich verwickelten Ausdrücken, die nur in Reihenform dargestellt werden können. Wir werden uns aus diesem Grunde damit begnügen, die Spannungen in der Lastflächenachse zu bestimmen, die auch für unsere weiteren Schlußfolgerungen ausreichen.

a) Die Hauptspannungen in der Lastflächenachse der gleichmäßig belasteten Kreisfläche für den elastisch-isotropen Halbraum.

In Abschnitt III, Ziffer 7, wurden die Ausdrücke der mathematischen Elastizitätslehre für σ_z und σ_h gegeben, die wir zu der folgenden Berechnung benötigen.

Die lotrechte Normalspannung eines Achspunktes, der in der Spitze eines geraden Kreiskegels liegt, dessen Basis die Kreisfläche und dessen halber Öffnungswinkel α ist, ergibt sich aus dem Ansatz:

$$\sigma_z = \frac{q_0}{2\pi} \int\limits_{\varphi=0}^{\varphi=2\pi} \int\limits_{\vartheta=0}^{\vartheta=\alpha} 3\cos^3\vartheta \,.\, \operatorname{tg}\vartheta \, d\vartheta \, d\varphi. \tag{1}$$

Hierin ist φ das Azimut des in der Kreisfläche gelegenen Lastelementes $q_0 \varrho \, d\varphi \, d\varrho$ von irgendeiner festen waagrechten Richtung aus gerechnet. ϱ ist der Abstand des Lastelementes vom Mittelpunkt und ϑ die dazu gehörige Neigung der Verbindungsstrecke r des Achspunktes mit dem Lastelement zur Kegelachse. Man ersieht leicht, daß $\frac{\varrho \, d\varrho}{r^2} = \operatorname{tg}\vartheta \, d\vartheta$ ist, woraus sich Gleichung (1) ergibt. Die Integration führt auf:

$$\sigma_z = q_0 (1 - \cos^3\alpha), \tag{2}$$

ein Ergebnis, das in dem Schrifttum über Druckverteilung im Baugrunde lange bekannt ist*.

Analog erhält man die waagrechte Normalspannung σ_h des Achspunktes aus:

$$\sigma_h = \frac{q_0}{2\pi} \int\limits_{\varphi=0}^{\varphi=2\pi} \int\limits_{\vartheta=0}^{\vartheta=\alpha} \left\{ \left[3\cos\vartheta \sin^2\vartheta - \frac{m-2}{2} \frac{1}{1+\cos\vartheta} \right] \cos^2\varphi - \right.$$

$$\left. - \frac{m-2}{m} \left[\cos\vartheta - \frac{1}{1+\cos\vartheta} \right] \sin^2\varphi \right\} \operatorname{tg}\vartheta \, d\vartheta \, d\varphi \tag{3}$$

worin die Symbole die oben angegebene Bedeutung besitzen. Die Ausrechnung liefert:

$$\sigma_h = \frac{q_0}{2} \left\{ 2 - 3\cos\alpha + \cos^3\alpha - \frac{m-2}{m} (1 - \cos\alpha) \right\} \tag{4}$$

σ_z ist nach Gl. (2) von der Poissonzahl m unabhängig, während diese Zahl auf σ_h von Einfluß ist. Das Hauptspannungsverhältnis muß daher von m abhängig sein. Dieses Verhältnis $\zeta = \frac{\sigma_h}{\sigma_z}$ besitzt in der Lastfläche selbst den Wert:

$$\zeta = \left(\frac{\sigma_h}{\sigma_z} \right)_{\alpha = \frac{\pi}{2}} = \frac{m+2}{2m}. \tag{5}$$

Besondere Werte hierfür sind:

$m =$	2	3	4	5	6
$\zeta =$	1	0,833	0,750	0,700	0,667

* Siehe Anhang, zu VI. B, 20.

b) Die Hauptspannungen in der Lastflächenachse der gleichmäßig belasteten Kreisfläche nach dem Prinzip der geradlinigen Kraftausbreitung.

Wir benützen Gl. 10—(7a) für σ_z und σ_h. Genau wie vorstehend, Gl. (1), ergibt sich hier:

$$\sigma_z = \frac{q_0}{2\pi} \int\limits_{\varphi=0}^{\varphi=2\pi} \int\limits_{\vartheta=0}^{\vartheta=\alpha} \left\{\nu \cos^\nu \vartheta\right\} \operatorname{tg}\vartheta \, d\vartheta \, d\varphi \tag{6}$$

und nach Ausführung der Integration:

$$\sigma_z = q_0 (1 - \cos^\nu \alpha). \tag{7}$$

Die waagrechte Normalspannung σ_h folgt aus dem Ansatz:

$$\sigma_h = \frac{q_0}{2\pi} \int\limits_{\varphi=0}^{\varphi=2\pi} \int\limits_{\vartheta=0}^{\vartheta=\alpha} \left\{\nu \cos^{\nu-2}\vartheta \sin^2\vartheta\right\} \operatorname{tg}\vartheta \, d\vartheta \, d\varphi. \tag{8}$$

Eine einfache Ausrechnung liefert:

$$\sigma_h = \frac{q_0}{2}\left\{\frac{2}{\nu-2} - \frac{\nu}{\nu-2}\cos^{\nu-2}\alpha + \cos^\nu \alpha\right\}. \tag{9}$$

Setzt man in dieser Gleichung $\nu = 3$, so folgt:

$$\sigma_{h,\nu=3} = \frac{q_0}{2}\left\{2 - 3\cos\alpha + \cos^3\alpha\right\}. \tag{9a}$$

Dieser Wert ergibt sich auch aus (4), wenn man dort $m = 2$ einführt; damit ist der Zusammenhang mit dem elastisch-isotropen Halbraum hergestellt.

Das Hauptspannungsverhältnis $\zeta = \frac{\sigma_h}{\sigma_z}$ ist abhängig von dem Konzentrationsfaktor (Ordnungszahl) ν. Für $\alpha = \frac{\pi}{2}$, also in der Lastfläche, ist:

$$\zeta = \left(\frac{\sigma_h}{\sigma_z}\right)_{\alpha=\frac{\pi}{2}} = \frac{1}{\nu-2}. \tag{10}$$

Besondere Werte hierfür sind:

$\nu = 3$	4	5	6
$\zeta = 1$	0,5	0,333	0,250

21. Kreisfläche mit parabolischer Sohldruckverteilung.

Der Sohldruck im Abstand ϱ vom Kreismittelpunkt lautet:

$$q = q_{\max}\left(1 - \frac{\varrho^2}{r_0^2}\right). \tag{1}$$

Die Summe $\int\limits_{\varphi=0}^{\varphi=2\pi} \int\limits_{\varrho=0}^{\varrho=r_0} q\,\varrho\,d\varphi\,d\varrho$ gleich $q_0\,r_0^2\,\pi$ gesetzt, liefert:

$$q_{\max} = 2\,q_0. \tag{2}$$

a) Die Hauptspannungen in der Lastflächenachse der parabolisch belasteten Kreisfläche für den elastisch-isotropen Halbraum.

Die lotrechte Normalspannung für den elastisch-isotropen Halbraum ergibt sich aus dem Ansatz:

$$\sigma_z = \int\limits_{\varphi=0}^{\varphi=2\pi} \int\limits_{\vartheta=0}^{\vartheta=\alpha} \frac{3}{2\,\pi}\,q \cdot \frac{\varrho\,d\varphi\,d\varrho}{r^2} \,.\, \cos^3\vartheta. \tag{3}$$

Mit den Zwischenwerten $\frac{\varrho\,d\,\varrho}{r^2} = \operatorname{tg}\vartheta\,d\vartheta$ und $\frac{\varrho}{r_0} = \operatorname{tg}\vartheta \operatorname{cotg}\alpha$ ergibt die Rechnung:

$$\sigma_z = 2\,q_0 \left\{(1 - \cos^3\alpha) - \operatorname{cotg}^2\alpha\,(2 - \cos\alpha + \cos^3\alpha)\right\}. \tag{4}$$

Der Ansatz für die waagrechte Normalspannung σ_h lautet:

$$\sigma_h = \frac{q_{\max}}{2\,\pi} \int\limits_{\varphi=0}^{\varphi=2\pi} \int\limits_{\vartheta=0}^{\vartheta=\alpha} (1 - \operatorname{tg}^2\vartheta \operatorname{cotg}^2\alpha) \left\{\left[3\cos\vartheta\sin^2\vartheta - \right.\right.$$
$$\left. - \frac{m-2}{2}\,\frac{1}{1+\cos\vartheta}\right] \cos^2\varphi - \frac{m-2}{m}\left[\cos\vartheta - \right.$$
$$\left.\left. - \frac{1}{1+\cos\vartheta}\right] \sin^2\varphi\right\} \operatorname{tg}\vartheta\,d\vartheta\,d\varphi. \tag{5}$$

Die Durchrechnung führt auf folgende Form:

$$\sigma_h = q_o \left\{2 - 3\cos\alpha + \cos^3\alpha - \frac{m-2}{m}(1 - \cos\alpha)\right\} -$$
$$- q_o \operatorname{cotg}^2\alpha \left\{\frac{3}{\cos\alpha} + 6\cos\alpha - \cos^3\alpha - 8 - \frac{m-2}{2}\int\limits_0^\alpha \frac{\operatorname{tg}^3\vartheta}{\cos\vartheta}\,d\vartheta - \right.$$
$$\left. - \frac{m-2}{m}\int\limits_0^\alpha \cos\vartheta\operatorname{tg}^3\vartheta\,d\vartheta + \frac{m-2}{m}\int\limits_0^\alpha \frac{\operatorname{tg}^3\vartheta\,d\vartheta}{1+\cos\vartheta}\right\}. \tag{6}$$

Da die wichtigsten Anwendungen dieser Formel mit $m = 2$ vorgenommen werden, wurden die Integrale nicht weiter ausgewertet; die betreffenden Glieder verschwinden für $m = 2$. Über die Durchführung der Integration siehe unter b.

b) Die Hauptspannungen in der Lastflächenachse der parabolisch belasteten Kreisfläche nach dem Prinzipe der geradlinigen Kraftausbreitung.

Mit Hilfe von Gl. (1) und 10 — (7a) erhält man:

$$\sigma_z = \frac{\nu}{2\pi} q_{\max} \int\limits_{\varphi=0}^{\varphi=2\pi} \int\limits_{\vartheta=0}^{\vartheta=\alpha} (1 - \operatorname{cotg}^2 \alpha \operatorname{tg}^2 \vartheta) \operatorname{tg} \vartheta \cos^\nu \vartheta \, d\vartheta \, d\varphi \qquad (7)$$

und nach teilweiser Ausrechnung:

$$\sigma_z = q_{\max} \left\{(1 - \cos^\nu \alpha) - \nu \operatorname{cotg}^2 \alpha \int\limits_{\vartheta=0}^{\vartheta=\alpha} \cos^\nu \vartheta \operatorname{tg}^3 \vartheta \, d\vartheta \right\}. \qquad (8)$$

Ebenso ist der Ansatz für die waagrechte Normalspannung:

$$\sigma_h = \frac{\nu}{2\pi} q_{\max} \int\limits_{\varphi=0}^{\varphi=2\pi} \int\limits_{\vartheta=0}^{\vartheta=\alpha} (1 - \operatorname{cotg}^2 \alpha \operatorname{tg}^2 \vartheta) \operatorname{tg}^3 \vartheta \cos^\nu \vartheta \cos^2 \varphi \, d\vartheta \, d\varphi \qquad (9)$$

und nach einiger Gruppierung:

$$\sigma_h = q_{\max} \left\{ \frac{1}{\nu - 2} - \frac{\nu}{2(\nu - 2)} \cos^{\nu-2} \alpha + \frac{1}{2} \cos^\nu \alpha - \right.$$

$$\left. - \frac{\nu}{2} \operatorname{cotg}^2 \alpha \int\limits_0^\alpha \operatorname{tg}^5 \vartheta \cos^\nu \vartheta \, d\vartheta \right\}. \qquad (10)$$

Die Ausdrücke für beide Hauptspannungen bestehen aus zwei Teilen, von denen der erste genau so aufgebaut ist wie für die gleichmäßig verteilte Belastung. Siehe Gl. 20 — (7) und 20 — (9). Der zweite Teil enthält Integrale, die sich leicht in geschlossener Form auswerten lassen.

Alle in den Gleichungen (6), (8) und (10) vorkommenden Integrale haben die Form:

$$\int \cos^\nu \vartheta \operatorname{tg}^3 \vartheta \, d\vartheta = - \int \cos^{\nu-3} \vartheta \, d \cos \vartheta + \int \cos^{\nu-1} \vartheta \, d \cos \vartheta;$$

auch jene, in deren Nenner $(1 + \cos \vartheta)$ vorkommt, lassen sich auf diese Form bringen; die Ausrechnung derselben ist also sehr einfach und soll hier übergangen werden.

22. Kreisfläche mit glockenförmiger Sohldruckverteilung.

Wir beschränken uns hier auf die Spannungsverteilungen nach dem Prinzip der geradlinigen Kraftausbreitung. Genau so wie beim Laststreifen (Ziffer 19) gelangt man bei der kreisförmigen Lastfläche zu einer einfachen glockenförmigen Sohldruckverteilung, wenn man sich eine Last P im Abstande z_0 über der Kreisfläche wirkend denkt. Die

Sohlspannung im Abstand $\varrho = z_0 \operatorname{tg} \vartheta$ vom Kreismittelpunkt lautet dann nach Gl. 10 — (7a) (siehe Abb. 20):

$$q = \frac{\nu P}{2\pi r^2} \cos^\nu \vartheta. \tag{1}$$

In der Lastfläche werden jedoch auch nach außen wirkende Schubspannungen

$$s = \frac{\nu P}{2\pi r^2} \cos^{\nu-1} \vartheta \sin \vartheta \tag{2}$$

erzeugt, deren Anwesenheit von Einfluß ist für die Verteilung der Spannungen unter der Kreisfläche. Bezeichnet man nach Abb. 20 den Öffnungswinkel des geraden Kreiskegels, mit der Lastfläche als Basis und dem betrachteten Achspunkt als Spitze mit $2\alpha_0$, dann ist der Kreishalbmesser $r_0 = z_0 \operatorname{tg} \vartheta_0 = z \operatorname{tg} \alpha_0$. Wie unter Ziffer 19 sei:

$$v = \frac{z}{z_0} = \frac{\operatorname{tg} \vartheta_0}{\operatorname{tg} \alpha_0} = \frac{\operatorname{tg} \vartheta}{\operatorname{tg} \alpha}. \tag{3}$$

Die Größtordinate der Spannungsglocke ist nach (1):

$$q_{\max} = \frac{\nu P}{2\pi z_0^2}. \tag{4}$$

Schreiben wir $r_0^2 \pi q_0 = P$, dann wird:

$$q_{\max} = \frac{\nu}{2} \frac{r_0^2}{z_0^2} q_0 \tag{4a}$$

und mit (1):

$$q = q_{\max} \cos^{\nu+2} \vartheta. \tag{5}$$

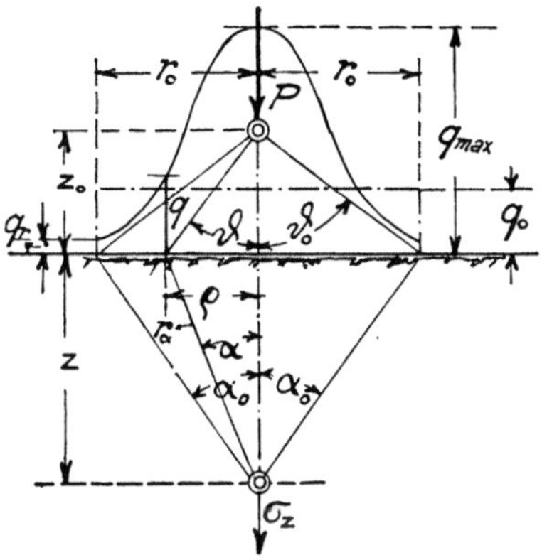

Abb. 20. Glockenförmige Sohldruckverteilung unter der Kreisfläche.

Die lotrechte Normalspannung in dem Achspunkte, dessen Lage durch α_0 gekennzeichnet ist, beträgt:

$$\sigma_z = \frac{\nu P}{2\pi (z_0 + z)^2} = \frac{\nu P}{2\pi z_0^2} \cdot \frac{1}{(1+v)^2} \tag{6}$$

oder

$$\sigma_z = q_{\max} \frac{1}{(1+v)^2}. \tag{6a}$$

Die waagrechte Normalspannung ist infolge der ungestörten geradlinigen Kraftausbreitung:

$$\sigma_h = 0. \tag{7}$$

Läßt man nur die lotrechten Sohldrücke q auf den Halbraum wirken, also ohne die Schubspannungen s nach Gl. (2), dann ergibt sich folgender Ansatz für die lotrechte Normalspannung σ_z in dem betrachteten Achspunkte (Abb. 20):

$$\sigma_z = \frac{\nu}{2\pi} \int\limits_{\varphi=0}^{\varphi=2\pi} \int\limits_{\alpha=0}^{\alpha=\alpha_0} q \frac{\varrho \, d\varphi \, d\varrho}{r_\alpha^2} \cos^\nu \alpha. \tag{8}$$

Die waagrechte Normalspannung σ_h lautet:

$$\sigma_h = \frac{\nu}{2\pi} \int\limits_{\varphi=0}^{\varphi=2\pi} \int\limits_{\alpha=0}^{\alpha=\alpha_0} q \frac{\varrho\, d\varphi\, d\varrho}{r_a^2} \cos^{\nu-2}\alpha \sin^2\alpha \cos^2\varphi. \tag{9}$$

Es ist $\frac{\varrho\, d\varrho}{r_a^2} = \frac{z_0^2}{z^2} \cos^2\alpha \operatorname{tg}\vartheta\, d \operatorname{tg}\vartheta$ und $\operatorname{tg}\alpha = \frac{1}{v} \operatorname{tg}\vartheta$.

Mit $\operatorname{tg}\vartheta = \zeta$ wird $\cos^2\alpha = \frac{v^2}{\zeta^2 + v^2}$, $\sin^2\alpha = \frac{\zeta^2}{\zeta^2 + v^2}$, $\cos^2\vartheta = \frac{1}{\zeta^2 + 1}$ und $q = q_{\max} \frac{1}{(\zeta^2+1)^{\frac{\nu+2}{2}}}$.

Die Ausrechnung von (8) und (9) liefert:

$$\sigma_z = \nu\, q_{\max}\, v^{\nu+2} \int\limits_{\zeta=0}^{\zeta=\infty} \frac{\zeta\, d\zeta}{(\zeta^2+1)^{\frac{\nu+2}{2}} (\zeta^2+v^2)^{\frac{\nu+2}{2}}}, \tag{8a}$$

$$\sigma_h = \frac{1}{2} \nu\, q_{\max}\, v^{\nu} \int\limits_{\zeta=0}^{\zeta=\infty} \frac{\zeta^3\, d\zeta}{(\zeta^2+1)^{\frac{\nu+2}{2}} (\zeta^2+v^2)^{\frac{\nu+2}{2}}} \tag{9a}$$

Falls der Konzentrationsfaktor ν der Spannungsverteilung eine gerade Zahl ist, dann lassen sich (8a) und (9a) in geschlossener Form entwickeln.

Um den Einfluß, den die Sohldruckverteilung bei der kreisförmigen Lastfläche auf die lotrechte Normalspannung ausübt, zu übersehen, wurden besondere Werte für die gleichmäßige und parabolische Verteilung ausgerechnet und in Tabelle IV zusammengestellt:

Tabelle IV.

Einfluß der Sohldruckverteilung bei der kreisförmigen Lastfläche auf die lotrechte Normalspannung eines Achspunktes.

$\frac{z}{r_0}$	α	Gleichmäßig verteilter Sohldruck $100\,(1 - \cos^3\alpha)$ %	Parabolischer Sohldruck $200\,[(1 - \cos^3\alpha) - \cot g^2\alpha\,(2 - \cos\alpha + \cos^3\alpha)]$ %
0	90	100	200
0,268	75	98,3	178,4
0,577	60	87,5	133,4
1,000	45	64,2	82,0
1,732	30	35,1	39,6
3,732	15	9,9	11,6
∞	0	0,0	0,0

VII. Der Einfluß von Schubspannungen, die in der Oberfläche des Halbraumes wirken, auf den Verlauf der lotrechten Normalspannungen.

23. Zentrisch-symmetrisches, waagrechtes Kraftsystem in der Oberfläche des elastisch-isotropen Halbraumes.

Wie wir später sehen werden, weichen die in künstlichen Schüttungen gemessenen lotrechten Normalspannungen, hervorgerufen durch eine örtliche Belastung der Schüttungsoberfläche, von den streng nach der mathematischen Elastizitätslehre berechneten Spannungen $\sigma_z = \frac{3}{2} \frac{P}{\pi r^2} \cos^3 \vartheta$ infolge einer Einzellast P wesentlich ab, und zwar sind die wirklichen Spannungen lotrecht unter der Last größer als die theoretischen, d. h. für den elastisch-isotropen Halbraum geltenden. Es ist nun naheliegend, zumindest einen Teil dieser Abweichung auf die Reibungskräfte zurückzuführen, die, wie einwandfrei festgestellt wurde, an der Unterseite der Druckplatten auftreten [36].

Die Reibungskräfte in einer beispielsweise kreisförmigen Lastfläche sind — auf die Schüttung wirkend — nach innen gerichtet, da die Körner der Schüttung am Lastflächenrand nach außen gepreßt werden.

Wir wollen daher in erster Linie die Wirkung zentrisch-symmetrischer, in der Oberfläche des elastisch-isotropen Halbraumes gelegener Kraftsysteme auf die lotrechten Normalspannungen untersuchen.

Als Ausgangspunkt für diese Betrachtung wählen wir ein Ergebnis der mathematischen Elastizitätslehre, welches Boussinesq [3] auf S. 107 seines bekannten Werkes unter 83ter gibt:

$$\left.\begin{aligned} \tau_x &= \frac{P}{2\pi r^2}\,\frac{x}{r} \\ \tau_y &= \frac{P}{2\pi r^2}\,\frac{y}{r} \\ \sigma_z &= \frac{P}{2\pi r^2}\,\frac{z}{r} \end{aligned}\right\} \qquad (1)$$

τ_x, τ_y, σ_z sind die 3 Spannungskomponenten eines waagrechten Flächenelementes nach den 3 rechtwinkligen Koordinatenachsen X, Y, Z, deren Ursprung O im Angriffspunkt der lotrechten Einzellast P in der Oberfläche des elastisch-isotropen Halbraumes liegt. Außer P sind noch in der Oberfläche zentrisch-symmetrische Schubspannungen s_ϱ vorhanden von der Größe:

$$s_\varrho = \frac{P}{2\pi\varrho^2}, \qquad (2)$$

wobei ϱ den Abstand eines Punktes der Oberfläche vom Ursprung O bedeutet. Bildet man nach (1)

$$\sqrt{\tau_x^2 + \tau_y^2} = \frac{P}{2\pi r^2}\,\frac{\sqrt{x^2+y^2}}{r}$$

und berücksichtigt, daß für einen Punkt der Oberfläche $r = \varrho$ und auch $\sqrt{x^2 + y^2} = \varrho$ wird, dann findet man die Gleichung (2) bewahrheitet.

Die lotrechte Normalspannung bei Vorhandensein von nach außen gerichteten Schubspannungen s_ϱ ist nach (1)

$$\sigma_{z,\,sa} = \frac{P}{2\pi r^2} \cos\vartheta. \tag{3}$$

Wir wissen, daß die lotrechte Normalspannung durch P allein verursacht (also ohne Schubspannungen)

$$\sigma_{z,\,0} = \frac{3\,P}{2\pi r^2} \cos^3\vartheta \tag{4}$$

beträgt.

Hieraus ersehen wir, daß nach außen gerichtete Schubspannungen die lotrechten Normalspannungen innerhalb einer gewissen Grenze von ϑ vermindern um:

$$\varDelta\,\sigma_z = \frac{P}{2\pi r^2} \cos\vartheta\,(3\cos^2\vartheta - 1). \tag{5}$$

Sind die Schubspannungen nach innen gerichtet, dann müssen sie deshalb die lotrechten Normalspannungen um dasselbe Maß laut (5) erhöhen.

Für $\vartheta = 0$, d. i. $r = z$ (also unterhalb der Last) ist der Einfluß der Schubspannungen auf die lotrechte Normalspannung:

$$\varDelta\,\sigma_{z,\vartheta=0} = \frac{P}{\pi z^2}. \tag{5a}$$

Dieses Ergebnis wollen wir auf eine andere Weise herleiten, um es zu überprüfen. — Nach Tabelle II (Abschnitt IV) ist die lotrechte Normalspannung für $\nu = 3$:

$$\sigma_{z,\,w} = \frac{3}{2\pi} \frac{P_w}{r^2} \cos^2\vartheta \sin\vartheta. \tag{6}$$

Setzen wir anstatt P_w die Schubspannung s_ϱ, die auf ein Oberflächenelement $\varrho\, d\varphi\, d\varrho$ wirkt, dann erhalten wir die Summe aller elementaren lotrechten Normalspannungen in einem Punkte der Z-Achse

$$\varDelta\,\sigma_z = \frac{3}{2\pi} \int\limits_{\varphi=0}^{\varphi=2\pi} \int\limits_{\vartheta=0}^{\vartheta=\frac{\pi}{2}} \frac{s_\varrho\,\varrho\,d\varrho\,d\varphi}{r^2} \cos^2\vartheta \sin\vartheta \tag{7}$$

und mit (2):

$$\varDelta\,\sigma_z = \frac{3\,P}{2\,\pi} \int\limits_{\vartheta=0}^{\vartheta=\frac{\pi}{2}} \frac{\varrho\,d\varrho}{r^2\,\varrho^2} \cos^2\vartheta \sin\vartheta. \tag{7a}$$

Es ist $\frac{\varrho\, d\varrho}{r^2} = \operatorname{tg}\vartheta\, d\vartheta$ und $\frac{1}{\varrho^2} = \frac{1}{z^2}\operatorname{cotg}^2\vartheta$; damit wird:

$$\Delta\,\sigma_z = \frac{3\,P}{2\,\pi}\,\frac{1}{z^2}\int\limits_0^{\frac{\pi}{2}}\cos^3\vartheta\, d\,\vartheta = \frac{P}{\pi\, z^2}. \tag{7b}$$

Dies ist nichts anderes als Gl. (5a).

Nun können wir die lotrechte Normalspannung infolge einer lotrechten Einzellast P und nach **innen** gerichteten Schubspannungen s_ϱ bestimmen: wir haben zu diesem Zwecke nur Gl. (4) und (5) zu addieren:

$$\sigma_{z,\,si} = \frac{P}{2\,\pi\, r^2}\cos\vartheta\,(6\cos^2\vartheta - 1). \tag{8}$$

Diese Gleichung besagt, daß für einen gewissen Wert $\vartheta = \vartheta_1$ die lotrechte Normalspannung Null wird. Dieser Wert ist bestimmt durch $\cos\vartheta_1 = \frac{1}{\sqrt{6}}$ oder $\vartheta_1 = 65^0\,55'$. In Abb. 21 ist der Verlauf von $\sigma_{z,\,si}$ veranschaulicht und mit

$$\sigma_{z,\,\nu=5} = \frac{P}{2\,\pi\, r^2}\,5\cos^5\vartheta \tag{9}$$

verglichen.

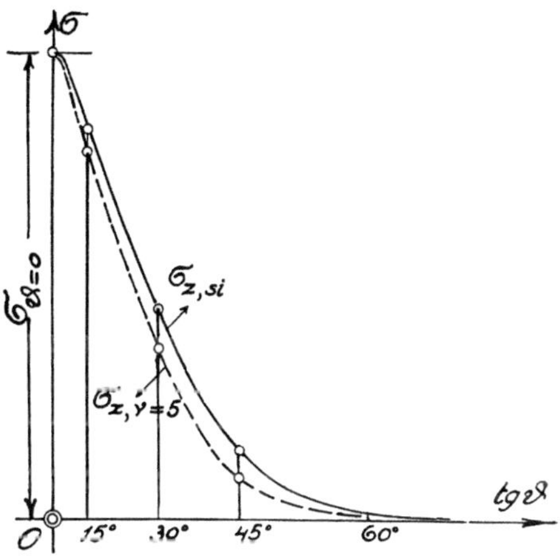

Abb. 21. Einfluß zentrisch-symmetrischer, in der Oberfläche des Halbraumes wirkender Kraftsysteme auf den Verlauf der lotrechten Normalspannung σ_z.

Aus diesem Spannungsverlauf läßt sich folgern, daß zentrisch-symmetrische, nach innen gerichtete Kraftsysteme, die in der Oberfläche des Halbraumes liegen, eine ähnliche Wirkung auf die lotrechten Normalspannungen ausüben wie eine Erhöhung des Konzentrationsfaktors oder der Ordnungszahl ν der Spannungsverteilung.

In dem oben behandelten Sonderfalle wird ν von 3 auf ungefähr 5 erhöht. Die in der Oberfläche angreifenden, nach innen gerichteten Schubkräfte haben eine Konzentration der lotrechten Normalspannungen um die lotrechte Symmetrieachse des Spannungsbildes zur Folge. Die in künstlichen Schüttungen gemessenen lotrechten Normalspannungen werden daher schon infolge der an der Unterseite der Druckplatte auftretenden Reibungskräfte allein, nicht durch die Spannungsverteilung $\nu = 3$, sondern durch ein Gesetz $\nu > 3$ wiedergegeben werden. Die Verteilung dieser Spannungen ist jedoch noch von einem anderen wichtigen

Faktor beeinflußt, der später eingehender behandelt werden soll: nämlich von dem Auftreten plastischer Erscheinungen in der Nähe der belasteten Stelle der Schüttungsoberfläche.

24. Parallele waagrechte Schubkräfte in der Oberfläche des elastisch-isotropen Halbraumes.

Denken wir uns in der Oberfläche des Halbraumes mit der X-Achse parallele Schubspannungen s_x wirken, die durch die Gleichung

$$s_x = \frac{1}{\pi} \frac{\overline{q}}{x} \tag{1}$$

gegeben sind, wobei $\overline{q}$ eine konstante Last je Längeneinheit bedeutet, dann haben wir das zu Ziffer 23 gehörige ebene Problem. Wirkt in der Y-Achse die lotrechte Linienlast $\overline{q}$ und sind die Kräfte s_x beiderseits der Y-Achse nach außen gerichtet, dann lauten die lotrechte Normalspannung $\overline{\sigma}_{z.\,sa}$ und die dazu gehörige Schubspannung $\overline{\tau}_x$ irgendeines Punktes im Halbraum:

$$\left.\begin{aligned} \overline{\sigma}_{z.\,sa} &= \frac{1}{\pi} \frac{\overline{q}}{r} \frac{z}{r} \\ \overline{\tau}_x &= \frac{1}{\pi} \frac{\overline{q}}{r} \frac{x}{r} \end{aligned}\right\} \tag{2}$$

Die Spannung $\overline{\tau}_y$ ist natürlich Null, da ein zweidimensionaler Belastungsfall vorliegt. Für einen Punkt der Oberfläche ist $r = x$ und daher

$$\overline{\tau}_{x,\,z=0} = \frac{1}{\pi} \frac{\overline{q}}{x}. \tag{2a}$$

Dieser Wert stimmt mit s_x nach Gl. (1) überein. Sind keine Schubspannungen vorhanden, dann lautet, wie bekannt, die lotrechte Normalspannung infolge einer Linienlast $\overline{q}$ im elastisch-isotropen Halbraum:

$$\overline{\sigma}_{z,\,0} = \frac{2}{\pi} \frac{\overline{q}}{r} \cos^3 \vartheta. \tag{3}$$

Nach (2) ist:

$$\overline{\sigma}_{z,\,sa} = \frac{1}{\pi} \frac{\overline{q}}{r} \cos \vartheta. \tag{4}$$

Der Unterschied $\Delta \overline{\sigma}_z$ wird durch die Schubspannungen allein verursacht und lautet:

$$\Delta \overline{\sigma}_z = \frac{1}{\pi} \frac{\overline{q}}{r} \cos \vartheta \, (2 \cos^2 \vartheta - 1). \tag{5}$$

Unter der Linienlast (Y-Achse), also für $\vartheta = 0$, $r = z$, wird:

$$\Delta \overline{\sigma}_{z,\,\vartheta=0} = \frac{1}{\pi} \frac{\overline{q}}{z}. \tag{5a}$$

Diesen Wert wollen wir auf eine andere Weise herleiten, um ihn zu überprüfen. Nach Tabelle II (Abschnitt IV) ist die lotrechte Normalspannung für $\nu = 3$:

$$\bar{\sigma}_{z,w} = \frac{2}{\pi} \frac{\bar{q}_w}{r} \cos^2\vartheta \sin\vartheta. \tag{6}$$

Statt $\bar{q}_w$ haben wir hier s_x einzuführen, das auf das Flächenelement $1 . dx$ wirkt. Für einen Punkt in der YZ-Ebene (also unter der Y-Achse) ist:

$$\Delta \bar{\sigma}_z = 2 . \frac{2}{\pi} \int\limits_{x=0}^{x=\infty} \frac{s_x dx}{r} \cos^2\vartheta \sin\vartheta. \tag{7}$$

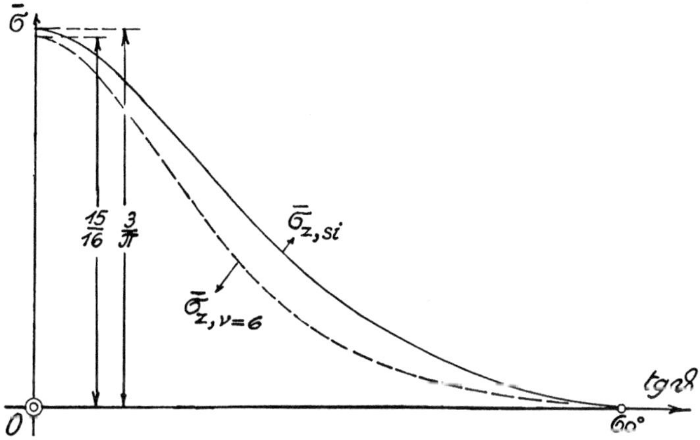

Abb. 22. Einfluß paralleler, in der Oberfläche des Halbraumes wirkender Kräfte auf den Verlauf der lotrechten Normalspannungen.

Mit Hilfe von (1) wird:

$$\Delta \bar{\sigma}_z = \frac{4}{\pi^2} \bar{q} \int\limits_{\vartheta=0}^{\vartheta=\frac{\pi}{2}} \frac{dx}{xr} \cos^2\vartheta \sin\vartheta. \tag{7a}$$

Es ist: $\frac{dx}{xr} = \frac{1}{z} \frac{d\vartheta}{\sin\vartheta}$; daher:

$$\Delta \bar{\sigma}_z = \frac{4}{\pi^2} \frac{\bar{q}}{z} \int\limits_0^{\frac{\pi}{2}} \cos^2\vartheta \, d\vartheta = \frac{1}{\pi} \frac{\bar{q}}{z}. \tag{7b}$$

Damit ist Gl. (5a) kontrolliert.

Sind die Schubspannungen s_x nach innen, also nach der Y-Achse zu gerichtet, dann erhalten wir die lotrechte Normalspannung $\bar{\sigma}_{z,si}$ durch Addition von (3) und (5):

$$\bar{\sigma}_{z,si} = \frac{1}{\pi} \frac{\bar{q}}{r} \cos\vartheta \, (4\cos^2\vartheta - 1). \tag{8}$$

Setzt man den Klammerausdruck gleich Null, dann ergibt sich $\cos\vartheta_1 = \frac{1}{2}$ oder $\vartheta_1 = 60^0$. Das ist jener Punkt, in welchem $\overline{\sigma}_{z,\,si} = 0$ wird. Um den Verlauf dieser Spannung genauer kennenzulernen, wurde das Schaubild Abb. 22 konstruiert, in dem auch die Kurve

$$\overline{\sigma}_{z,\,\nu=6} = \frac{15}{16}\,\frac{\overline{q}}{r}\cos^6\vartheta \tag{9}$$

eingetragen ist.

Die Werte von $\overline{\sigma}_{z,\,si}$ liegen überall noch über $\overline{\sigma}_{z,\,\nu=6}$, obwohl die Summe aller lotrechten Normalspannungen in beiden Fällen $\overline{q}$ ist. Der Grund hierfür ist darin zu suchen, daß Gl. (8) für $\vartheta > \vartheta_1$ negative Werte liefert, die den Unterschied

$$\overline{\sigma}_{z,\,si} - \overline{\sigma}_{z,\,\nu=6}$$

gerade aufheben.

Wie in Ziffer 23 erkennt man auch hier die konzentrierende Wirkung der nach innen gerichteten Schubspannung, die angenähert durch eine Erhöhung des Faktors ν der Spannungsverteilung wiedergegeben werden kann.

25. Sohlreibung bei streifenförmiger Lastfläche.

In Ziffer 24 wurden Schubspannungen über die ganze Oberfläche des Halbraumes verteilt angenommen, allerdings nahmen diese Spannungen nach einem Hyperbelgesetz von der Lastlinie $\overline{q}$ ab, so daß sie in einiger Entfernung x schon als Null angesehen werden können.

Hat man es mit einem Laststreifen von der Breite $2\,b$ zu tun, dann kann man die nach innen gerichteten Reibungsspannungen dem an jeder Stelle herrschenden Sohldruck verhältnisgleich setzen:

$$s_x = q\,\mathrm{tg}\,\delta, \tag{1}$$

wobei δ der Reibungswinkel in der Sohle sein möge.

a) Gleichmäßige Sohldruckverteilung.

In diesem Falle wird $q = q_0$ und

$$s_x = q_0\,\mathrm{tg}\,\delta. \tag{1a}$$

Die lotrechte Normalspannung $\overline{\sigma}_{z,\,s}$ in einem Punkte der lotrechten Symmetrieebene rechnet sich (für $\nu = 3$) aus:

$$\overline{\sigma}_{z,\,s} = 2\cdot\frac{2}{\pi}\int\limits_{x=0}^{x=b} q_0\,\mathrm{tg}\,\delta\,\frac{dx}{r}\cos^2\vartheta\sin\vartheta. \tag{2}$$

Die Ausrechnung liefert:

$$\overline{\sigma}_{z,\,s} = \frac{2}{\pi}\,q_0\,\mathrm{tg}\,\delta\,\sin^2\beta. \tag{3}$$

b) Parabolische Sohldruckverteilung.

Der Sohldruck ist nun:

$$q_x = \frac{3}{2} q_0 \left(1 - \frac{x^2}{b^2}\right) \tag{4}$$

und die Sohlreibungsspannung:

$$s_x = q_x \,.\, \mathrm{tg}\, \delta. \tag{1b}$$

Die Berechnung der lotrechten Normalspannung in der Symmetrieebene führt auf:

$$\overline{\sigma}_{z,\,s} = \frac{3}{\pi} q_0 \,\mathrm{tg}\, \delta\, (2 \,\mathrm{cotg}^2 \beta \, ln \cos \beta + 1). \tag{5}$$

Die Spannung in der Sohle, also für $\beta = \frac{\pi}{2}$ lautet mit Berücksichtigung von $\lim\limits_{\beta=\frac{\pi}{2}} \frac{ln \cos \beta}{\mathrm{tg}^2 \beta} = 0$

$$\overline{\sigma}_{z,\,s,\,\beta=\frac{\pi}{2}} = \frac{3}{\pi} q_0 \,\mathrm{tg}\, \delta. \tag{5a}$$

c) Glockenförmiger Sohldruck.

Im Abschnitt VI unter Ziffer 19 wurde die glockenförmige Sohldruckverteilung behandelt. Für das Gesetz $s_x = \frac{2}{\pi} \frac{q}{r} \sin \vartheta \cos^2 \vartheta$ wurde Gl. 19 — (7a) der lotrechten Normalspannung abgeleitet, wobei die Reibungsspannungen nach außen wirkten. Gl. 19 — (13) gibt diese Spannung, falls in der Sohle keine Reibungskräfte vorhanden sind. Will man die Wirkung von nach innen gerichteten Reibungskräften s_x kennenlernen, dann hat man nur den Unterschied der beiden soeben genannten Spannungen zu den Werten der Gl. 19 — (13) zuzuschlagen. Dies ist in Tabelle III, Abschnitt VI, in der letzten Spalte durchgeführt. Man sieht, daß der Einfluß der Sohlreibung in einer Tiefe ungefähr gleich der doppelten Streifenbreite ($z = 4\, b$) nahezu verschwindet.

26. Sohlreibung bei kreisförmiger Lastfläche.

a) Gleichförmige Sohldruckverteilung.

Analog wie unter 25 a findet man hier für $\nu = 3$ und $s_\varrho = q_0 \,\mathrm{tg}\, \delta$:

$$\sigma_{z,\,s} = \frac{3}{2\,\pi} \int\limits_{\varphi=0}^{\varphi=2\pi} \int\limits_{\varrho=0}^{\varrho=r_0} q_0 \,\mathrm{tg}\, \delta \frac{\varrho\, d\varrho}{r^2} \, d\varphi \cos^2 \vartheta \sin \vartheta \tag{1}$$

und durch Integration von $\vartheta = 0$ bis $\vartheta = \alpha$:

$$\sigma_{z,\,s} = q_0 \,\mathrm{tg}\, \delta \,.\, \sin^3 \alpha. \tag{1a}$$

b) Parabolische Sohldruckverteilung.

Hier ist:

$$s_\varrho = 2\, q_0 \operatorname{tg} \delta \left(1 - \frac{\varrho^2}{r_0^2}\right). \tag{2}$$

Die lotrechte Normalspannung in der Lastflächenachse wird hier:

$$\sigma_{z,s} = \frac{3}{2\pi} \int\limits_{\varphi=0}^{\varphi=2\pi} \int\limits_{\varrho=0}^{\varrho=r_0} 2\, q_0 \operatorname{tg} \delta \left(1 - \frac{\varrho^2}{r_0^2}\right) \frac{\varrho\, d\varrho}{r^2}\, d\varphi \cos^2 \vartheta \sin \vartheta \tag{3}$$

und nach Integration von $\vartheta = 0$ bis $\vartheta = \alpha$:

$$\sigma_{z,s} = 2\, q_0 \operatorname{tg} \delta \left\{ \sin^3 \alpha - \operatorname{cotg}^2 \alpha \left[3\, ln \operatorname{tg} \left(\frac{\pi}{4} + \frac{\alpha}{2} \right) - \right.\right.$$

$$\left.\left. - 3 \sin \alpha - \sin^3 \alpha \right] \right\}. \tag{3a}$$

In der Sohle, d. h. für $\alpha = \frac{\pi}{2}$ ist:

$$\sigma_{z,\, s,\, \alpha = \frac{\pi}{2}} = 2\, q_0 \operatorname{tg} \delta. \tag{3b}$$

Die folgende Tabelle gibt eine Übersicht über den Einfluß der Sohlreibung auf die lotrechte Normalspannung in der Lastflächenachse für gleichförmige und parabolische Sohldruckverteilung. Der Wert von δ wurde dabei mit $\operatorname{tg} \delta = 0{,}5$ angenommen. Die Zahlen der Tabelle bedeuten Hundertteile des gedachten mittleren Sohldruckes.

Tabelle V.

Einfluß der Sohlreibung bei streifenförmiger und kreisförmiger Lastfläche auf die lotrechte Normalspannung in der Lastflächenachse.
($\nu = 3$.)

β bzw. α	Streifenförmige Lastfläche				Kreisförmige Lastfläche			
	Gleichmäßiger Sohldruck		Parabolischer Sohldruck		Gleichmäßiger Sohldruck		Parabolischer Sohldruck	
	$\bar{\sigma}_z$	$\bar{\sigma}_{z,s}$	$\bar{\sigma}_z$	$\bar{\sigma}_{z,s}$	σ_z	$\sigma_{z,s}$	σ_z	$\sigma_{z,s}$
90	100	31,8	150	47,7	100	50	200	100
75	99,2	29,7	141,6	38,3	98,3	45,1	178,4	73,4
60	94,2	23,9	121,8	25,7	87,5	32,5	133,4	41,5
45	81,8	15,9	95,5	14,6	64,2	17,7	82,0	18,7
30	60,9	8,0	65,3	6,5	35,1	6,3	39,6	6,8
15	32,6	2,1	32,9	1,2	9,9	0,9	11,6	1,7
0	0	0	0	0	0	0	0	0

VIII. Gleichgewichtsstörungen in kohäsionslosen und bindigen Böden.

27. Fließbedingung für verschiedene Bodenarten.

In der Einleitung, unter Ziffer 3, wurde der Begriff der Fließbedingung erwähnt, wie er in der mathematischen Plastizitätslehre heute definiert wird. Für unsere Zwecke genügt es, den Einfluß der mittleren Hauptspannung σ_2 auf das Eintreten des Fließens zu vernachlässigen und einen zweidimensionalen Spannungszustand vorauszusetzen.

Wir wollen einen Stoff behandeln, der sowohl mit einer gewissen Kohäsion p_k als auch mit innerer Reibung φ_r ausgestattet ist. Für die Betrachtung des ebenen Spannungszustandes verwenden wir die bekannte Mohrsche Darstellung Abb. 23. Die beiden durch äußere Be-

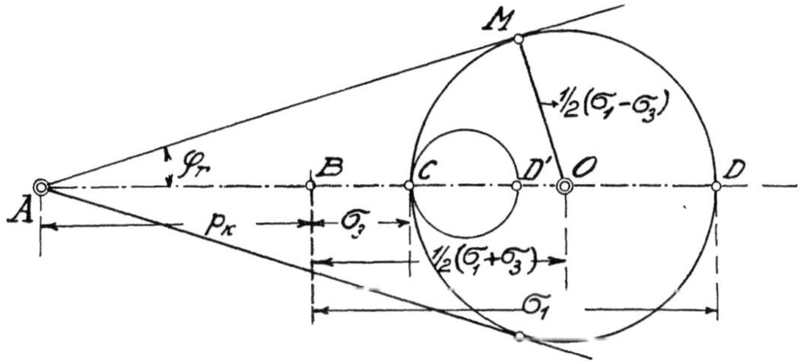

Abb. 23. Mohrsche Darstellung des ebenen Spannungszustandes.

lastung hervorgebrachten Hauptspannungen eines Punktes seien σ_1 und σ_3, wobei $\sigma_1 \geq \sigma_3$; der allseitig vorhandene Innendruck (Kohäsion) sei p_k. Nimmt man diese beiden Kraftwirkungen zusammen, dann ist die große Halbachse der Spannungsellipse des betrachteten Punktes $p_k + \sigma_1 = \sigma_1'$, die kleine Halbachse: $p_k + \sigma_3 = \sigma_3'$. Denkt man sich den Spannungszustand des Körperpunktes anfänglich derart, daß $\sigma_1 = \sigma_3 = \overline{BC}$ ist, dann entspricht dem Spannungsbild in der Mohrschen Ebene (Abb. 23) der Punkt C; wird $\sigma_1 > \sigma_3$, also beispielsweise $\sigma_1 = \overline{BD'}$, dann erhalten wir den kleinen Kreis über $\overline{CD'}$; wächst endlich σ_1 auf $\overline{BD}$ an, dann berührt der Spannungskreis mit dem Durchmesser $\overline{CD}$ eine Gerade, die durch A geht und unter φ_r gegen $\overline{AB}$ geneigt ist, im Punkte M. Für diese Größe von σ_1 ist in einer Ebene des betrachteten Körperpunktes, der sogenannten Gleitebene, die mit der großen Achse der Spannungsellipse den Winkel $\left(45^0 - \frac{\varphi_r}{2}\right)$ einschließt,* die Spannungsneigung zur Flächennormale gerade φ_r geworden. Bei

* Beweis siehe S. 70.

dem geringsten weiteren Anwachsen von σ_1 tritt Gleiten in dieser Ebene ein: nach der Auffassung der Plastizitätslehre ist dies der Fließbeginn. Die Beziehung, die in diesem Augenblicke zwischen den Hauptspannungen σ_1, σ_3 und den Stoffkonstanten herrscht, heißt die Fließbedingung.

Aus $\triangle\, A\,O\,M$ der Abb. 23 lesen wir unmittelbar ab:

$$\overline{O\,M} = \overline{O\,A} \sin \varphi_r. \tag{1}$$

Da $\overline{O\,M} = \frac{1}{2}(\sigma_1 - \sigma_3)$, $\sin \varphi_r = k = \text{konst.}$ und $\overline{O\,A} = p_k + \frac{1}{2}(\sigma_1 + \sigma_3)$, so können wir schreiben:

$$\sigma_1 - \sigma_3 = 2\,k \left\{p_k + \frac{1}{2}(\sigma_1 + \sigma_3)\right\}. \tag{2}$$

Das ist die Fließbedingung (Plastizitätsbedingung) für bindige Böden (Tone), und zwar für langsame Lastaufbringung oder nach erfolgtem Ausgleich der hydrodynamischen Spannungen, also zur Zeit $T = \infty$.

Ist die Kohäsion Null, also $p_k = 0$, dann erhalten wir aus (2):

$$\frac{\sigma_1 - \sigma_3}{\sigma_1 + \sigma_3} = k = \text{konst.} \tag{3}$$

die Fließbedingung für kohäsionslose Massen (Sande).

Ist endlich die Kohäsion p_k sehr groß im Vergleich zu den durch die äußere Belastung aufgedrückten Spannungen σ_1 und σ_3, dann kann man das zweite Glied des Klammerausdruckes in (2) vernachlässigen und erhält:

$$\sigma_1 - \sigma_3 = 2\,k\,p_k = \text{konst.} \tag{4}$$

die Fließbedingung für viele feste Körper, wie z. B. die meisten Metalle. Für unsere Zwecke ist es jedoch wichtiger, daß diese letzte Fließbedingung auch für bindige Böden (Tone) gilt, und zwar für rasche Lastaufbringung oder vor dem hydrodynamischen Spannungsausgleich, also zur Zeit $T = 0$. Der Beweis hierfür ist durch Versuche von v. Terzaghi [49] erbracht. Der Festwert in (4) lautet dann allerdings etwas abweichend, nämlich: $\frac{2\,k\,p_k}{1-k}$.

Gl. (2) kann die allgemeine Mohrsche Fließbedingung genannt werden. Gl. (4) ist unter verschiedenen Namen bekannt, und zwar Fließbedingung von Coulomb, Guest und de St. Venant. In dieser Abhandlung soll sie nach dem ältesten Forscher Coulomb benannt werden. Schließlich bleibt noch Gl. (3), die wir die Rankinesche Fließbedingung nennen wollen, da der Ausdruck auf der linken Seite dieser Gleichung den Kern der Rankineschen Theorie der kohäsionslosen Massen darstellt und jedem Ingenieur von der klassischen Erddrucklehre her geläufig ist.

Die Fließbedingungen von Coulomb (4) und von Rankine (3) sind, wie wir gesehen haben, Sonderfälle der allgemeinen Mohrschen Fließbedingung (2).

Es ist von Interesse festzustellen, daß die Mohrsche Fließbedingung auch auf die Form der Gl. (3) gebracht werden kann. Setzt man

$$p_k + \sigma_1 = \sigma_1'$$

und

$$p_k + \sigma_3 = \sigma_3',$$

dann lautet (2), wie man sofort einsieht:

$$\frac{\sigma_1' - \sigma_3'}{\sigma_1' + \sigma_3'} = k. \tag{5}$$

Hierdurch gewinnen alle Betrachtungen, die auf Grund der Rankineschen Fließbedingung angestellt werden, auch Bedeutung für bindige Böden, und zwar für den Zustand nach erfolgtem Ausgleich der hydrodynamischen Spannungserscheinungen, also für den Zeitpunkt $T = \infty$. Nennt man das Verhältnis $\sigma_1' : \sigma_3'$ das kritische Hauptspannungsverhältnis und bezeichnet dasselbe mit $n_{\text{krit.}}$, dann ergibt sich aus (5):

$$\frac{n_{\text{krit.}} - 1}{n_{\text{krit.}} + 1} = k \quad \text{oder} \quad n_{\text{krit.}} = \frac{1 + k}{1 - k}. \tag{6}$$

Dies ist eine andere Form der allgemeinen Mohrschen Fließbedingung, welche die wichtige Tatsache betont, daß das Hauptspannungsverhältnis an der Fließgrenze unabhängig ist von der Kohäsion p_k, wenn diese in die Hauptspannungen σ_1', σ_3' einbezogen wird.

In dem einschlägigen Schrifttum wird das Eintreten des Gleitens oder Fließens als Gleichgewichtsstörung bezeichnet, eine Vorstellung, die an sich vollkommen gerechtfertigt ist — jedoch ist bei erdartigen Körpern diese Gleichgewichtsstörung nicht dauernd, weil das elastische Gleichgewicht in ein plastisches übergeht. Es bilden sich in dem betrachteten Körper Gebiete, in denen eine der Fließbedingungen (2), (3) oder (4) zu Recht besteht; jeder Punkt dieser Gebiete befindet sich in einem Grenzzustand des Gleichgewichts nach Abb. 23. Wir wollen diese Gebiete: plastische Bereiche nennen. Zur Bestimmung der Spannungen in diesen Bereichen dienen die statischen Gleichgewichtsbedingungen zusammen mit der betreffenden Fließbedingung an Stelle eines Elastizitätsgesetzes. In dieser Weise lassen sich die Erscheinungen, die mit der örtlichen Belastung erdartiger Körper verbunden sind, in ihren hervorstechendsten Zügen rechnerisch erfassen. Wir wissen, daß die Berechnung der plastischen Formänderungen selbst auf theoretischem Wege noch nicht möglich ist; diesbezüglich müssen wir uns noch mit groben Schätzungen auf Grund von Erfahrungsdaten begnügen.

28. Brucherscheinungen in Erdprismen.

Manche Konsistenzformen bindiger Böden ermöglichen eine Untersuchung der Brucherscheinungen an Probewürfeln in ganz ähnlicher Weise, wie dies für feste Körper (Metalle, natürliche und künstliche Steine) seit langem üblich ist. Diese Probewürfel werden durch Druck beansprucht bis zum schließlich erfolgenden Bruch. Für Zugversuche (Zerreißproben) sind an Stelle von Würfeln die bekannten Probekörperformen mit einem geringeren Querschnitt in der Mitte in Gebrauch.

Kohäsionslose Massen, wie z. B. trockener Sand, lassen sich in dieser Weise ohne weiteres nicht behandeln. In letzter Zeit hat man jedoch auch für trockenen Sand, dem die flüssige Konsistenzform zukommt, eine Methode gefunden, um ihn auf ähnliche Weise wie feste Körper Druck- und Zugversuchen zu unterwerfen. Der Sand wird in eine zylindrische Gummizelle eingeschlossen und diese einem allseitigen äußeren Druck ausgesetzt; dabei kann Flüssigkeitsdruck oder Luftdruck verwendet werden. Die Beschreibung eines solchen Apparates findet man in [49]. Eine sehr originelle Methode, um Sandprismen zu untersuchen, hat Prof. A. S. Buisman, Delft [32], angegeben: er benützte feuchten Sand, um den allseitigen Innendruck p_k auf eine sehr natürliche Weise, nämlich durch Kapillarwirkungen, zu erhalten.

Die beiden Stoffeigenschaften, die für das Festigkeitsverhalten von erdartigen Körpern maßgebend sind, haben wir in Ziffer 27 mit p_k (Kohäsion) und φ_r (innere Reibung) bezeichnet.

Beide Größen bleiben im allgemeinen während der Einwirkung äußerer Kräfte auf den Probewürfel oder die Sandzelle (das feuchte Sandprisma) nicht konstant. Die Darstellung in Abb. 23 ist jedoch in üblicher Weise auf der Konstanz von p_k und φ_r aufgebaut. Bei den Anwendungen dieses Schaubildes muß daher die Veränderlichkeit dieser beiden Größen im Auge behalten werden. Insbesondere gilt dies für Ton, dessen Druckäquivalent p_k der Konsistenzform eine Funktion der Belastungsdauer, also der Zeit ist.

Bei Druck- und Zugversuchen fester Körper wurde festgestellt, daß die Fließgrenze, d. i. jene Normalspannung in einem einachsigen Spannungszustand, bei welcher die Formänderung viel schneller zunimmt als die Spannung, mit der Bruchgrenze oder Festigkeit des untersuchten Körpers oft nicht übereinstimmt. Das diesbezügliche Intervall in einem Schaubild zwischen Spannungen und Dehnungen (Verkürzungen) entspricht dem plastischen Verhalten des betreffenden Stoffes. Es ist nun naheliegend, nach einer die Bruchlast (Bruchspannung = Festigkeit) charakterisierenden Bedingung zu fragen, genau so wie man nach einer Fließbedingung fragte. Diese Bruchbedingung ist allgemein bekannt; ihre Formulierung in unserer Bezeichnungsweise lautet:

$$p_k = 0 \qquad (1)$$

und besagt nichts anderes, als daß der Bruch nur dann eintreten kann, wenn in einer oder mehreren Flächen (Bruchflächen) der Wert der Kohäsion von p_k auf Null abfällt. Die Größe der Bruchspannung (Festigkeit) erhält man aus der dem Körper entsprechenden Fließbedingung, wenn man die kurz vor dem Eintreten des Bruches geltenden Werte von p_k und φ_r in die Fließbedingung einführt. Nach erfolgtem Bruch, wenn also die Kohäsion überwunden ist, gilt die Fließbedingung nicht mehr für den Probekörper als Ganzes, sondern nur für seine durch den Bruch erzeugten Teile.

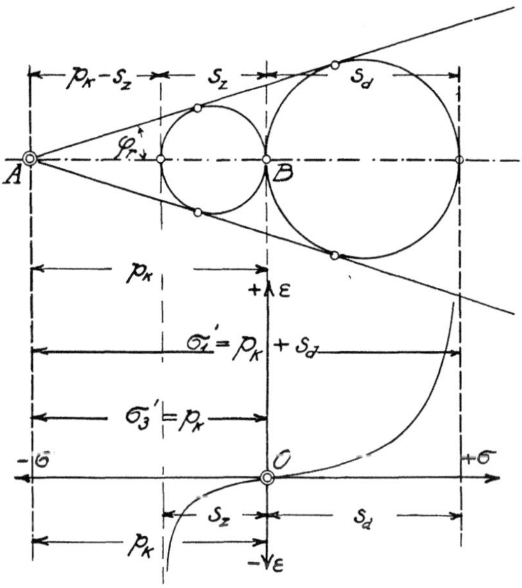

Abb. 24. Zusammenhang der Hauptspannungen an der Fließgrenze mit den Stoffwerten φ_r und p_k für einachsigen Druck und Zug.

Das Intervall zwischen Fließbeginn und Bruch ist bei verschiedenen Stoffen verschieden groß. Fällt der Bruch mit dem Fließbeginn zusammen, dann spricht man von spröden Stoffen; ihre innere Reibung ist gewöhnlich verhältnismäßig hoch. Ist das Intervall hingegen bedeutend, wie bei vielen Metallen, dann bezeichnet man diese Stoffe als dehnbar, bildsam oder plastisch: ihre innere Reibung ist gewöhnlich sehr gering.

Gl. (1) wirft ein scharfes Licht auf die Festigkeitseigenschaften kohäsionsloser Massen. Diese sind dadurch gekennzeichnet, daß von vorneherein

$$p_k = 0$$

ist. Daraus folgt sofort:

Kohäsionslose Massen besitzen keine Bruchgrenze, sondern nur eine Fließgrenze.

Aus diesem Grunde können Sandzellenversuche, bei welchen p_k künstlich erzeugt und ständig aufrecht erhalten wird, nur Angaben über die Fließgrenze liefern: ein Bruch kann nicht stattfinden.

Auch bei der örtlichen Belastung von künstlichen Schüttungen gibt es keine Bruchbedingung, da p_k von vorneherein Null ist. Der Begriff der Tragfähigkeit kann daher für Schüttungen nur auf die plastischen Erscheinungen aufgebaut werden, da es eine Bruchlast dafür nicht gibt.

Anders liegt diese Sache bei bindigen Böden. Hier gibt es einen Endwert der Kohäsion p_k, deshalb läßt sich auch eine Bruchlast (Druckfestigkeit, Zugfestigkeit) berechnen, wenn man die Werte p_k und φ_r im Augenblicke des Bruches kennt.

In Abb. 24 ist ein Schaubild des Zusammenhanges der Hauptspannung eines einachsigen Spannungszustandes an der Fließgrenze mit den als konstant angenommenen Stoffwerten p_k und φ_r dargestellt, wobei auch auf das Auftreten von Zugspannungen Rücksicht genommen ist.

Bezeichnet man mit:

s_d ... die Hauptspannung an der Fließgrenze im Falle eines einachsigen Druckzustandes;

s_z ... die Hauptspannung an der Fließgrenze im Falle eines einachsigen Zugzustandes;

p_k ... die Kohäsion;

φ_r ... den Winkel der inneren Reibung ($\sin \varphi_r = k$);

dann gibt die Mohrsche Fließbedingung Gl. 27 — (2) mit $\sigma_3 = 0$ und $\sigma_1 = s_d$:

$$s_d = \frac{2\,k}{1 - k}\, p_k \tag{2}$$

und mit $\sigma_1 = 0$ und $\sigma_3 = -s_z$:

$$s_z = \frac{2\,k}{1 + k}\, p_k. \tag{3}$$

Diese Gleichungen geben auch zugleich die Druck- und die Zugfestigkeit eines Tonwürfels, wenn man unter p_k das Druckäquivalent der Konsistenzform und unter φ_r den Winkel der inneren Reibung kurz vor dem Bruche versteht.

Will man Gl. (2) und (3) auf feste Körper, z. B. Metalle, anwenden, dann hat man zu beachten, daß für diese die Kohäsion p_k sehr groß, die innere Reibung φ_r hingegen sehr klein ist. Man kann dann $k = \sin \varphi_r$ gegenüber der Einheit vernachlässigen und erhält näherungsweise:

$$s_d = s_z = 2\,k\,p_k.$$

Die Druckfestigkeit ist also für Stoffe, die sich durch sehr geringe innere Reibung auszeichnen, annähernd gleich der Zugfestigkeit, und zwar gleich dem doppelten Produkt aus Kohäsion und innerer Reibung. (Für kleine Werte von φ_r kann man bekanntlich $\sin \varphi_r, = \sim \varphi_r$ also $k = \varphi_r$ setzen.)

Dasselbe Ergebnis erhält man aus der Fließbedingung für Metalle Gl. 27 — (4), wenn man diese auf den einachsigen Druck- oder Zugspannungszustand, und zwar auf den Augenblick des Bruches anwendet. Dann ist $\sigma_1 = s_d$ bzw. $(\sigma_1 = s_z)$ und $\sigma_3 = 0$; daher:

$$s_d = s_z = 2\,k\,p_k.$$

Das Eisen hat beispielsweise einen molekularen Innendruck (Kohäsion) von rund 320.000 kg/cm² und eine Zugfestigkeit von etwa 4000 kg/cm². Daraus ergibt sich ein Wert der inneren Reibung:

$$k = \varphi_r = \frac{1}{160} = 0{,}00625$$

oder im Gradmaß:

$$\varphi_r = 0^0\,21'\,30''.$$

Auch auf Grund elastizitätstheoretischer Betrachtungen läßt sich der sehr geringe Wert der inneren Reibung der Metalle ableiten [25].

Schließlich sind diese Gleichungen auch für die zylindrische Sandzelle maßgebend, jedoch ist in diesem Falle p_k der künstlich erzeugte allseitige Druck oder die Differenz zwischen der axialen und der radialen Hauptspannung. In Abb. 24 ist auch das zu den einachsigen Spannungszuständen gehörige Spannungs—Dehnungs-Schaubild eingetragen. Die Längsverkürzungen ε sind von O nach oben, die Längsdehnungen nach unten aufgetragen. Bezeichnet man das kritische Hauptspannungsverhältnis, d. i. das Verhältnis der beiden in einem Punkte der Zelle wirkenden Gesamtspannungen im Fließzustande mit $n_{\text{krit.}}$, dann lassen sich folgende Beziehungen anschreiben:

$$n_{\text{krit.}} = \frac{\sigma_1'}{\sigma_3'}, \tag{4}$$

$$\frac{n_{\text{krit.}} - 1}{n_{\text{krit.}} + 1} = k \quad \text{oder} \quad n_{\text{krit.}} = \frac{1 + k}{1 - k}, \tag{5}$$

$$n_{\text{krit.}} = \frac{p_k}{p_k - s_z}, \tag{6}$$

$$n_{\text{krit.}} = \frac{p_k + s_d}{p_k}, \tag{7}$$

$$n_{\text{krit.}} = \frac{s_d}{s_z}, \tag{8}$$

$$n_{\text{krit.}} = \frac{p_k + \frac{1}{2}\,s_d}{p_k - \frac{1}{2}\,s_z}. \tag{9}$$

Von diesen aus Abb. 23 und 24 unmittelbar ablesbaren Gleichungen ist (8) von besonderem Interesse: Das Verhältnis der Druck- zur Zugfestigkeit ist gleich dem kritischen Hauptspannungsverhältnis. Es ist unabhängig von dem Werte p_k, also eine reine Funktion der inneren Reibung φ_r.

Die innere Reibung läßt sich sonach aus dem Verhältnis der beiden Werte s_d und s_z bestimmen. So fand Buisman [32] für feuchte Sandprismen bei verschiedenen Feuchtigkeitsgraden angenähert: $n_{\text{krit.}} = s_d : s_z = 4$.

Hieraus folgt nach (5) $\sin \varphi_r = \frac{4-1}{4+1} = \frac{3}{5}$ oder

$$\varphi_r = 36^0\,50'.$$

Es möge nochmals betont werden, daß bei der obigen Überlegung sowohl p_k als auch φ_r während der gesamten Belastungsdauer bis zum Fließbeginn als konstant angenommen wurden.

Auf dieser Grundlage läßt sich auch die Richtung berechnen, in welcher das Gleiten in einem Punkt des Fließbereiches eintritt. Als Orientierung dient dabei das Liniennetz der Hauptspannungstrajektorien. Die Richtung der Gleitflächen soll demnach durch die Neigung ψ_0 dieser Flächen gegen eine der beiden Hauptspannungstrajektorien (z. B. gegen die Trajektorie σ_1) des betreffenden Punktes festgelegt werden.

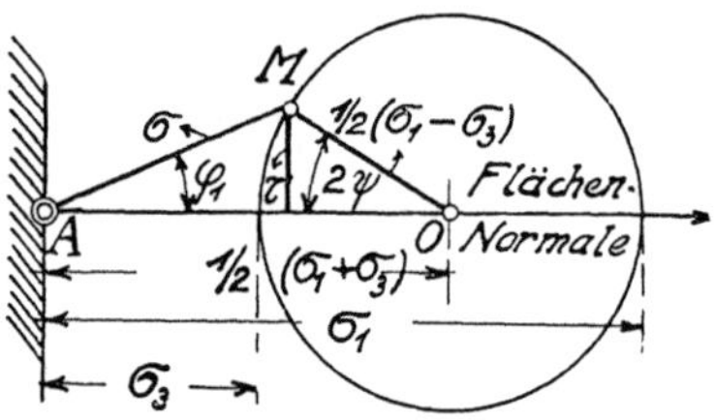

Abb. 25. Zusammenhang zwischen Spannungsneigung φ_1 zur Flächennormale und Flächenneigung ψ zur größeren Hauptspannung beim ebenen Spannungszustand.

Im Falle des ebenen Spannungsproblems steht der Winkel φ_1, den eine auf ein beliebiges Flächenelement wirkende Spannung σ mit der Flächennormalen einschließt, in einer einfachen Beziehung zu dem Winkel ψ, den das Flächenelement mit der Richtung der größeren der beiden Hauptspannungen, σ_1, bildet. Diese Beziehung folgt unmittelbar aus Abb. 25:

$$\frac{\sigma_1 - \sigma_3}{\sigma_1 + \sigma_3} = \sin \varphi_r = \frac{\sin \varphi_1}{\sin(\varphi_1 + 2\psi)}. \tag{10}$$

Um den Winkel ψ_0 zu finden, den eine Gleitfläche mit der Richtung der größeren Hauptspannung einschließt, erinnere man sich daran, daß in der Gleitfläche

$$\varphi_1 = \varphi_r,$$

also mit Rücksicht auf (10):

$$\sin(\varphi_1 + 2\,\psi_0) = 1$$

werden muß. Daraus folgt

$$\varphi_r + 2\,\psi_0 = \frac{\pi}{2}$$

oder

$$\psi_0 = \frac{\pi}{4} - \frac{\varphi_r}{2}. \tag{11}$$

Die Gleitflächen schließen mit der Richtung der größeren Hauptspannung den Winkel $\left(\frac{\pi}{4}-\frac{\varphi_r}{2}\right)$ ein, der unabhängig ist vom Werte p_k.

Ist die innere Reibung sehr klein, wie z. B. bei den Metallen, dann kann man $\varphi_r = 0$ setzen und erhält den Gleitwinkel annähernd mit $\psi_0 = 45^0$.

Die Lage der Gleitflächen für $\varphi_r > 0$ ist in Abb. 26 für einen Druckversuch und einen Zerreißversuch dargestellt. Auch die Lage der Spannungsellipsen für diese beiden Fälle unter Berücksichtigung der Kohäsion p_k sind in der Abb. 26 angegeben.

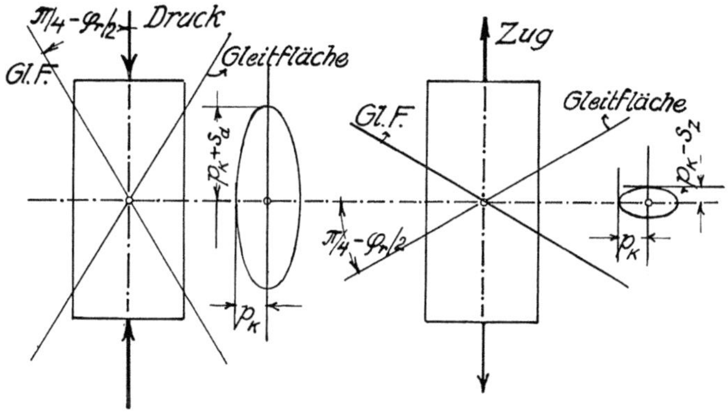

Abb. 26. Gleitflächenneigung zur Druck- bzw. Zugrichtung beim Druck- bzw. Zerreißversuch.

Die Tatsache, daß die Lage der Gleitflächen unabhängig ist von der Größe des allseitigen Innendruckes (p_k), gibt uns ein weiteres Mittel, die innere Reibung eines Stoffes durch Druck- und Zerreißversuche zu schätzen. Um z. B. den Wert von φ_r für eine bestimmte Sandart zu erhalten, wäre es erforderlich, ein Bindemittel zwischen die Sandkörner zu bringen, welches selbst die innere Reibung Null besitzt. Ein solches Bindemittel ist Wasser. Die Bindekraft ist allerdings sehr klein: sie besteht in der Kapillarspannung p_k. Wir kommen auf diese Weise wieder zu den schon erwähnten Versuchen **Buismans**. Der Wert von $\varphi_r = 36^0\,50'$ führt auf einen Winkel $\psi_0 = 26^0\,35'$. Der Winkel der Bruchfläche gegen die Prismenachse müßte daher $63^0\,25'$ betragen. Eine solche Neigung wurde bei den Versuchen tatsächlich annähernd festgestellt.

IX. Die Grenzflächen zwischen dem elastischen und plastischen Gebiet des örtlich belasteten Halbraumes.

29. Lotrechte Einzellast *P*.

Der den Halbraum erfüllende Stoff besitze eine gewisse Kohäsion p_k und eine gewisse innere Reibung φ_r: sein Raumgewicht sei γ. Das Eigengewichtsfeld, dessen Trajektorien aus lotrechten und waagrechten Geraden bestehen, ist durch die einfachen Beziehungen

$$\left.\begin{aligned} \sigma_{z,g} &= \gamma z \\ \sigma_{h,g} &= \zeta \gamma z \end{aligned}\right\} \tag{1}$$

gekennzeichnet, worin ζ die „Ruhedruckziffer" bedeutet.

Die in einem Punkte O der Oberfläche angreifende Last P verursache nach dem Prinzipe der geradlinigen Druckausbreitung in einem Punkte des Halbraumes mit den Koordinaten r, ϑ die drei Hauptspannungen:

$$\sigma_r = \frac{\nu P}{2 \pi r^2} \cos^{\nu - 2} \vartheta, \quad \sigma_s = 0, \quad \sigma_t = 0. \tag{2}$$

Die Trajektorien der Hauptspannung σ_r bilden ein räumliches Strahlenbüschel mit der Spitze in O. (Siehe Abschnitt IV, Ziffer 10.) Die unmittelbare Nähe der Lastangriffsstelle muß, da wir über die Lastfläche keinerlei Aussage machen, von unserer Betrachtung etwa durch eine kleine Halbkugel mit dem Halbmesser r_0 ausgeschaltet werden.

Die beiden Spannungsfelder (1) und (2) können zu einem einzigen resultierenden Feld zusammengesetzt werden. Wenn in diesem resultierenden Felde plastische Erscheinungen auftreten, dann können diese nur durch die Last P verursacht sein: sie müssen daher in der Umgebung von O gesucht werden. In größerer Entfernung von O, wo die Wirkung der Last P entsprechend gering geworden ist, können die elastischen Verhältnisse des Eigengewichts-Kraftfeldes nicht gestört sein. Es muß daher eine Umdrehungsfläche geben, deren Achse mit der Lotrechten durch O zusammenfällt und die den elastisch gebliebenen Bereich von dem plastisch gewordenen Teil trennt.

Wir stellen uns nun die Aufgabe, die Form und Lage dieser Grenzfläche zu bestimmen.

Zur Vereinfachung der rechnerischen Entwicklung wollen wir in (1) den Ruhedruckkoeffizienten $\zeta = 1$ einführen; dadurch wird

$$\sigma_{z,g} = \sigma_{h,g} = \gamma z. \tag{1a}$$

Das aus (1a) und (2) resultierende Kraftfeld ist nun dadurch gekennzeichnet, daß die große Achse des Spannungsellipsoides in einem beliebigen Punkte des Halbraumes mit der Richtung des Fahrstrahles zusammenfällt. Die drei Hauptspannungen dieses Kraftfeldes lauten:

$$\sigma_1 = \frac{\nu P}{2 \pi r^2} \cos^{\nu - 2} \vartheta + \gamma z, \quad \sigma_2 = \sigma_3 = \gamma z. \tag{3}$$

Wenden wir die Mohrsche Fließbedingung 27—(2) an, dann erhalten wir:

$$\frac{\nu P}{2\pi r^2}\cos^{\nu-2}\vartheta = 2k\left\{p_k + \frac{1}{2}\left(\frac{\nu P}{2\pi r^2}\cos^{\nu-2}\vartheta + 2\gamma z\right)\right\}. \tag{4}$$

Mit $z = r\cos\vartheta$ wird:

$$\frac{\nu P}{2\pi r^2}\cos^{\nu-2}\vartheta = k\left\{2p_k + \frac{\nu P}{2\pi r^2}\cos^{\nu-2}\vartheta + 2\gamma r\cos\vartheta\right\}. \tag{4a}$$

Diese Gleichung zwischen den Variablen r und ϑ ist die Polargleichung der Meridiankurve der gesuchten Grenzfläche zwischen dem elastischen und dem plastischen Gebiet.

Setzt man zur Abkürzung:

$$\frac{2\pi\gamma}{\nu P} = c_\nu, \tag{5}$$

dann läßt sich (4a) auf die Form:

$$r^3 + \frac{p_k}{\gamma}\frac{1}{\cos\vartheta}\cdot r^2 = \frac{\cos^{\nu-3}\vartheta}{2c_\nu}\frac{1-k}{k} \tag{6}$$

bringen.

Für den Fall einer kohäsionslosen Masse wird $p_k = 0$ und damit:

$$r = \cos^{\frac{\nu-3}{3}}\vartheta\cdot\sqrt[3]{\frac{1}{2c_\nu}\frac{1-k}{k}}. \tag{7}$$

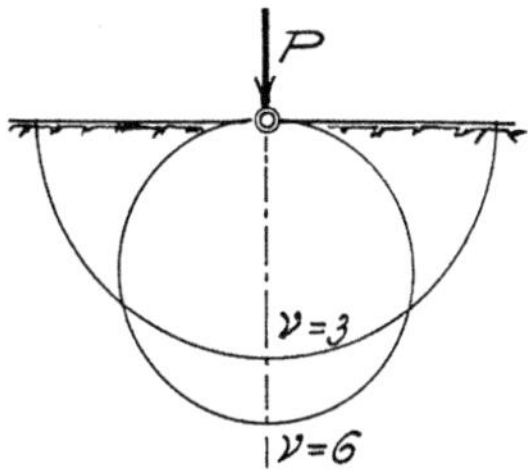

Abb. 27. Grenzflächen des Fließbereiches, hervorgerufen durch eine Punktlast P für $\nu = 3$ und $\nu = 6$.

Sonderfälle:

$\nu = 3$ ergibt:

$$r = \sqrt[3]{\frac{1}{2c_3}\cdot\frac{1-k}{k}}, \tag{7a}$$

wobei $c_3 = \frac{2\pi}{3P}\gamma$; die Grenzfläche ist in diesem Falle also eine Halbkugel (Abb. 27), deren Mittelpunkt in O liegt. Dieses Sonderergebnis findet man im Schrifttum bereits vor [16].

$\nu = 6$ liefert:

$$r = \cos\vartheta\sqrt[3]{\frac{1}{2c_6}\frac{1-k}{k}}, \tag{7b}$$

wobei $c_6 = \frac{\pi}{3P}\gamma$; die Grenzfläche in diesem Falle ist eine Kugel mit dem Durchmesser $\sqrt[3]{\frac{3P}{2\pi}\frac{1}{\gamma}\frac{1-k}{k}}$, die die Oberfläche in O berührt. (Abb. 27.)

Bisher wurde vorausgesetzt, daß die Einzellast P in einem Punkte O der Oberfläche angreife. Befindet sich nun die Last in einer Tiefe t (Gründungstiefe) unter der Oberfläche und hält man an dem Prinzipe der geradlinigen Kraftausbreitung fest, dann gilt Gl. (6) auch hier; nur hat man statt p_k die Größe $(p_k + \gamma t)$ zu setzen.

Im Falle einer kohäsionslosen Masse ($p_k = 0$) lautet die Polargleichung des Grenzflächenmeridians somit:

$$r^3 + \frac{t}{\cos\vartheta} r^2 = \frac{\cos^{\nu-3}\vartheta}{2 c_\nu} \frac{1-k}{k}. \tag{8}$$

In Abb. 28 wurde Gl. (8) mit $P = 1$ kg, $\gamma = 0{,}0015$ kg/cm³, $\varphi_r = 30^0$, also $k = 0{,}5$, für $t = 0$, 10 und 100 cm und $\nu = 3$ ausgewertet.

Abb. 29 gibt das Bild dieser Gleichung für $\nu = 4$ mit denselben Werten wie vorhin. Man ersieht hieraus den Einfluß der Gründungstiefe auf die Größe des plastischen Gebietes.

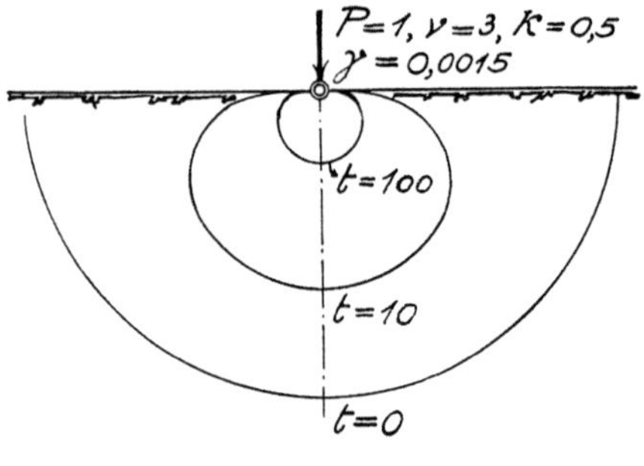

Abb. 28. Einfluß der Gründungstiefe auf die Größe des Fließbereiches für $\nu = 3$.

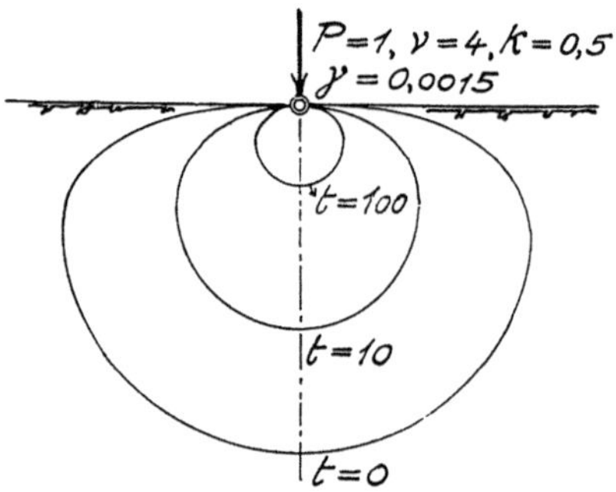

Abb. 29. Einfluß der Gründungstiefe auf die Größe des Fließbereiches für $\nu = 4$.

30. Lotrechte Linienlast $\bar{q}$.

Besteht die Belastung des Halbraumes aus einer Linienlast $\bar{q}$, die in der Oberfläche desselben angreift, dann muß die Grenzfläche zwischen dem elastischen und dem plastischen Gebiet eine Zylinderfläche sein, deren Achse mit der $\bar{q}$-Linie zusammenfällt. Das Eigengewichtsfeld mit der Ruhedruckziffer $\zeta = 1$ ist gegeben durch:

$$\bar{\sigma}_{z,g} = \bar{\sigma}_{h,g} = \gamma\, z. \tag{1}$$

Das durch $\bar{q}$ hervorgerufene Spannungsfeld ist bestimmt durch die beiden Hauptspannungen:

$$\bar{\sigma}_r = \bar{f} \frac{\bar{q}}{r} \cos^{\nu-2}\vartheta, \quad \bar{\sigma}_s = 0 \tag{2}$$

in einem Punkte des Halbraumes (Halbebene) mit den Koordinaten r, ϑ. (Siehe Abschnitt IV, Ziffer 11.)

Das resultierende Spannungsfeld dieses ebenen Problems ist dadurch gekennzeichnet, daß die große Achse der Spannungsellipse eines beliebigen

Punktes r, ϑ polar gerichtet ist. Die Hauptspannungen dieses Feldes lauten:

$$\bar{\sigma}_1 = \bar{f}\,\frac{\bar{q}}{r}\cos^{\nu-2}\vartheta + \gamma z, \quad \bar{\sigma}_3 = \gamma z. \tag{3}$$

(Die Querstriche über den Symbolen σ deuten an, daß es sich um ein ebenes Problem handelt.)

Setzt man die Werte (3) in die allgemeine Mohrsche Fließbedingung 27 — (2) ein, dann erhält man:

$$\bar{f}\,\frac{\bar{q}}{r}\cos^{\nu-2}\vartheta = 2\,k\left(p_k + \frac{1}{2}\bar{f}\,\frac{\bar{q}}{r}\cos^{\nu-2}\vartheta + \gamma z\right). \tag{4}$$

Nach einiger Umformung und mit Berücksichtigung von $z = r\cos\vartheta$ sowie der Abkürzung $\frac{\gamma}{\bar{f}\,\bar{q}} = \bar{c}_\nu$ ergibt sich die Polargleichung der Grenzlinie zwischen dem elastischen und dem plastischen Gebiet (Basislinie des oben erwähnten Zylinders):

$$r^2 + \frac{p_k}{\gamma}\,\frac{1}{\cos\vartheta}\,r = \frac{\cos^{\nu-3}\vartheta}{2\,\bar{c}_\nu}\cdot\frac{1-k}{k}. \tag{5}$$

Der Aufbau dieser Gleichung ist ganz analog dem der Gl. 29 — (6) für das räumliche Problem, nur ist der Potenzexponent von r überall um Eins geringer.

Für kohäsionslose Massen ist $p_k = 0$ zu setzen und es wird:

$$r = \cos^{\frac{\nu-3}{2}}\vartheta\cdot\sqrt{\frac{1}{2\,\bar{c}_\nu}\,\frac{1-k}{k}}. \tag{6}$$

Sonderfälle:

$\nu = 3$ ergibt:

$$r = \sqrt{\frac{1}{2\,\bar{c}_3}\,\frac{1-k}{k}}, \tag{6 a}$$

wobei $\bar{c}_3 = \frac{\pi}{2}\,\frac{\gamma}{\bar{q}}$; diese Grenzlinie ist also ein Halbkreis, dessen Mittelpunkt in O liegt. (Abb. 30.)

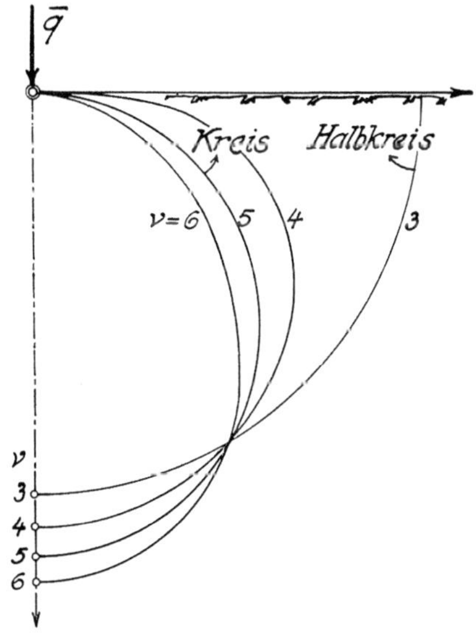

Abb. 30. Grenzflächen des Fließbereiches, hervorgerufen durch eine Linienlast $\bar{q}$ für $\nu = 3$, 4, 5 und 6.

$\nu = 5$ liefert:

$$r = \cos\vartheta\sqrt{\frac{1}{2\,\bar{c}_5}\,\frac{1-k}{k}}, \tag{6b}$$

wobei $\bar{c}_5 = \frac{3\,\pi}{8}\,\frac{\gamma}{\bar{q}}$; die Grenzlinie ist hier ein Kreis mit dem Durchmesser $\sqrt{\frac{4}{3\,\pi}\,\frac{q}{\gamma}\,\frac{1-k}{k}}$, der die Waagrechte durch O in diesem Punkte berührt.

(Abb. 30.) In dieser Abbildung sind auch die Grenzlinien für $\nu = 4$ und $\nu = 6$ eingetragen.

Will man den Einfluß der Tiefe t (Gründungstiefe) auf die Form und Größe des plastischen Gebietes studieren, dann hat man in Gl. (5) nur an Stelle p_k die Größe $(p_k + \gamma t)$ zu setzen. Für kohäsionslose Massen tritt an Stelle von p_k sinngemäß γt. Man erhält so die Polargleichung der Grenzlinie des plastischen Gebietes:

$$r^2 + \frac{t}{\cos\vartheta} r = \frac{\cos^{\nu-3}\vartheta}{2\,\bar{c}_\nu} \cdot \frac{1-k}{k}. \tag{7}$$

Sonderfall: $\nu = 3$, $\bar{c}_{\nu=3} = \frac{\pi}{2} \cdot \frac{\gamma}{\bar{q}}$

$$r^2 + \frac{t}{\cos\vartheta} r = \frac{\bar{q}}{\pi\gamma} \frac{1-k}{k}. \tag{7a}$$

Beschränkt man sich nur auf die Feststellung der Tiefe des plastischen Gebietes $r_{\vartheta=0} = T$, dann folgt diese aus Gl. (7a):

$$T^2 + t\,T = C, \tag{7b}$$

worin $C = \frac{\bar{q}}{\pi\gamma} \frac{1-k}{k}$ bedeutet.

Für die besonderen Werte $\bar{q} = 1$ kg/cm, $\gamma = 0{,}0015$ kg/cm³, $k = \sin 30^0 = \frac{1}{2}$ wird $C = 215$ cm² und

$$T = \frac{1}{2}\left(\sqrt{t^2 + 860} - t\right). \tag{7c}$$

Hieraus rechnet sich für einige Gründungstiefen:

$t =$	0	10	100 cm
$T =$	14,7	10,5	2,1 cm

Vergrößert man also in dem betrachteten Sonderfall die Gründungstiefe von 10 auf 100, d. i. das Zehnfache, dann sinkt die Hauptabmessung des plastischen Gebietes ungefähr auf ein Fünftel.

31. Die gleichmäßige Streifenbelastung.

In den vorhergehenden Ziffern 29 und 30 wurde die unmittelbare Nähe der örtlichen Belastung P bzw. $\bar{q}$ von der Betrachtung ausgeschaltet. Nun soll die Lastfläche selbst in die Rechnung eingeführt werden. Wenn wir die Ruhedruckziffer $\zeta = 1$ und den Konzentrationsfaktor der Spannungsverteilung $\nu = 3$ setzen, dann verläuft die Berechnung ziemlich einfach und man kann das resultierende Spannungsfeld in jedem beliebigen Punkte des Halbraumes durch einfache analytische Ausdrücke beschreiben.

Die Eigengewichtsspannungen lauten wie unter 30:

$$\sigma_{z,g} = \sigma_{h,g} = \gamma z. \tag{1}$$

Das durch den gleichmäßig verteilten Sohldruck q hervorgerufene Spannungsfeld ist zweidimensional und durch die beiden Hauptspannungen in jedem Punkte der Querschnittsebene gekennzeichnet:

$$\left.\begin{aligned}\sigma_1 &= \frac{q}{\pi}(2\,\varepsilon + \sin 2\,\varepsilon)\\ \sigma_2 &= \frac{q}{\pi}(2\,\varepsilon - \sin 2\,\varepsilon)\end{aligned}\right\} \tag{2}$$

Diese Gleichungen wurden in Abschnitt VI, 17—(13) auf Grund der Annahme $\nu = 3$ abgeleitet. $2\,\varepsilon$ ist der Peripheriewinkel eines Kreises, der durch den betrachteten Punkt der Halbebene und durch die Randpunkte des Laststreifens bestimmt ist. (Abb. 14.) Die Trajektorien σ_1 sind konfokale Hyperbeln, die Trajektorien σ_2 konfokale Ellipsen, deren Brennpunkte mit den Endpunkten der Streifenbreite $2\,b$ zusammenfallen. (Abb. 16.)

Die beiden Hauptspannungen des aus (1) und (2) resultierenden Kraftfeldes lauten:

$$\left.\begin{aligned}\sigma_1' &= \frac{q}{\pi}(2\,\varepsilon + \sin 2\,\varepsilon) + \gamma\,z\\ \sigma_2' &= \frac{q}{\pi}(2\,\varepsilon - \sin 2\,\varepsilon) + \gamma\,z\end{aligned}\right\} \tag{3}$$

Wenden wir wieder die allgemeine Mohrsche Fließbedingung 27—(2) an, dann erhalten wir:

$$\frac{q}{\pi}\sin 2\,\varepsilon = k\left\{p_k + \frac{q}{\pi}\,2\,\varepsilon + \gamma\,z\right\}. \tag{4}$$

Dies ist die Gleichung der gesuchten Grenzlinie zwischen dem elastischen und dem plastischen Gebiet für eine gleichmäßige, an der Oberfläche des Halbraumes wirkende Streifenbelastung, wenn die den Halbraum erfüllende Masse die Kohäsion p_k und die innere Reibung $\sin\varphi_r = k$ besitzt; die Ruhedruckziffer beträgt dabei $\zeta = 1$ und die Ordnungszahl der Spannungsverteilung $\nu = 3$.

Für andere Werte von ζ und ν ist die Rechnung analog, jedoch viel weniger durchsichtig.

Betrachten wir nun eine kohäsionslose Schüttung, dann ist $p_k = 0$ und die Auflösung von (4) nach z liefert:

$$z = \frac{q}{\pi\,\gamma}\left\{\frac{\sin 2\,\varepsilon}{k} - 2\,\varepsilon\right\}. \tag{5}$$

Die Abszisse x (Abb. 14) eines Punktes der Grenzlinie erhält man aus der rein geometrischen Beziehung:

$$x = \sqrt{b^2 - z^2 + 2\,b\,z\operatorname{cotg} 2\,\varepsilon}. \tag{6}$$

Um den Schnittpunkt der Grenzlinie mit der Schüttungsoberfläche zu erhalten, hat man $z = 0$ und $\varepsilon = 0$ zu setzen. Das letzte Glied unter dem Wurzelzeichen der Gl. (6) läßt sich schreiben:

$$2\,b\,\frac{q}{\pi\,\gamma}\left\{\frac{\cos 2\,\varepsilon}{k} - 2\,\varepsilon \operatorname{cotg} 2\,\varepsilon\right\};$$

da $\lim\limits_{\varepsilon \to 0}\,[2\,\varepsilon - \operatorname{cotg} 2\,\varepsilon] = 1$ ist, erhält man:

$$x_{\varepsilon=0} = \sqrt{b^2 + 2\,\frac{b\,q}{\pi\,\gamma}\cdot\frac{1-k}{k}}. \tag{6a}$$

Um den Größtwert von z für die Grenzlinie zu bekommen, hat man

$$\frac{d\,z}{d\,\varepsilon} = 0$$

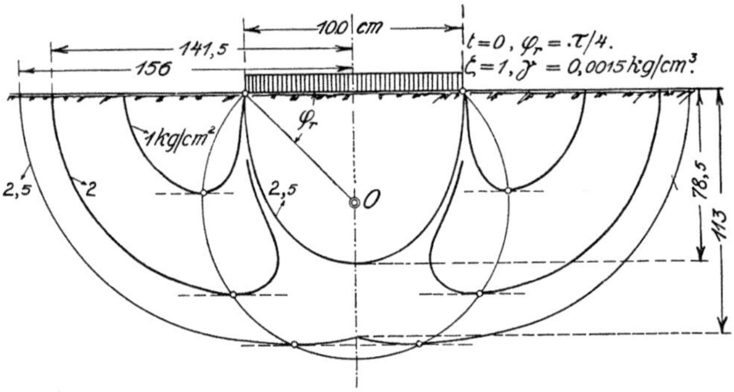

Abb. 31. Fließbereiche unter einer gleichmäßigen Streifenlast $q = 1$, 2 und 2,5 kg/cm² für $p_k = 0$, $\zeta = 1$, $t = 0$, $\nu = 3$, $\varphi_r = 45^0$, $\gamma = 0{,}0015$ kg/cm³.

zu setzen. Durch Differentiation von (5) und Nullsetzen der Ableitung folgt:

$$\frac{\cos 2\,\varepsilon_m}{k} = 1$$

und, da $k = \sin\varphi_r$ ist:

$$\cos 2\,\varepsilon_m = \sin\varphi_r$$

oder

$$2\,\varepsilon_m = \frac{\pi}{2} - \varphi_r. \tag{7}$$

Führt man diesen Wert von ε_m in (5) ein, dann ergibt sich der gesuchte Größtwert:

$$z_{\max} = \frac{q}{\pi\,\gamma}\left\{\operatorname{cotg}\varphi_r - \left(\frac{\pi}{2} - \varphi_r\right)\right\}. \tag{8}$$

Gl. (7) besagt, daß die tiefsten Punkte der Grenzlinien für verschiedene Belastungen q auf einem Kreise liegen, der durch die Endpunkte der Strecke $2\,b$ (Streifenbreite) geht und den Halbmesser

$$r_m = \frac{b}{\cos\varphi_r} \tag{9}$$

besitzt.

Für die Auswertung der Gl. (5) wurden die Größen $k = 0{,}707$, ($\varphi_r = 45^0$), $\gamma = 0{,}0015$ kg/cm³ und $2\,b = 100$ cm zugrunde gelegt.

In Abb. 31 sind die Grenzlinien der plastischen Gebiete für die Belastungen $q = 1$, 2 und 2,5 kg/cm² eingetragen. Man ersieht daraus, daß schon bei der geringsten Belastung der Oberfläche der Schüttung ($p_k = 0$) plastische Bereiche auftreten. Anfänglich bleiben die plastischen Teile des Halbraumes auf die Umgebung der Randpunkte des Laststreifens beschränkt. Mit größer werdender Belastung nähern sich die beiden getrennten plastischen Teile der Symmetrieachse ($q = 2$ kg/cm²) und fließen bei einer gewissen Größe von q in der Mitte zusammen. Diese Lastgröße wurde näherungsweise mit $q = 2{,}26$ kg/cm² bestimmt. Die Form

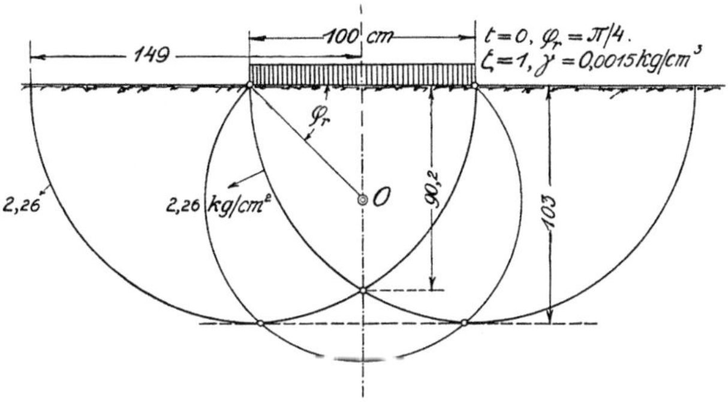

Abb. 32. Bildung des geschlossenen elastischen Kernes einer in der Oberfläche ($t = 0$) wirkenden gleichmäßigen Streifenlast.

des plastischen Gebietes ist in Abb. 32 dargestellt. In diesem Augenblick hat sich ein geschlossener **elastischer Kern** gebildet, dessen Größe mit zunehmender Belastung abnimmt ($q = 2{,}5$ kg/cm², Abb. 31).

Die Entstehung des elastischen Kernes bildet den wesentlichsten Unterschied zwischen der Form der plastischen Gebiete einerseits für konzentrierte Belastung $\overline{q}$ (Ziffer 30) und anderseits für Streifenbelastung mit einer gewissen Flächenbreite $2\,b$. Wird q sehr groß, dann werden die Grenzlinien für die Linienlast $\overline{q}$ und für die Streifenlast mit einander identisch. Dies läßt sich leicht einsehen, wenn man Gl. (5) auf sehr kleine Winkel ε für Achspunkte des Laststreifens anwendet; dann ist

$$\sin 2\,\varepsilon \sim = 2\,\varepsilon \sim = 2 \operatorname{tg} \varepsilon = \frac{2\,b}{z_0}.$$

Führt man diese Näherungswerte für $\sin 2\,\varepsilon$ und $2\,\varepsilon$ in Gl. (5) ein, so erhält man

$$z_0^2 = \frac{2\,q\,b}{\pi\,\gamma}\,\frac{1-k}{k}. \qquad (10)$$

Nun kann man $2\,q\,b = \bar{q}$ setzen, da dieser Wert die Belastung pro Längeneinheit des Streifens darstellt. Damit schreibt sich (10):

$$z_0 = \sqrt{\frac{\bar{q}}{\pi\gamma}\,\frac{1-k}{k}}. \tag{10a}$$

Setzt man weiter in Gl. (6a) die halbe Streifenbreite $b = 0$ und $2\,b\,q = \bar{q}$, dann ergibt sich

$$x_{\varepsilon=0} = \sqrt{\frac{\bar{q}}{\pi\gamma}\,\frac{1-k}{k}}. \tag{6b}$$

Es ist also $z_0 = x_{\varepsilon=0}$, d. h. die Grenzlinie des plastischen Gebietes

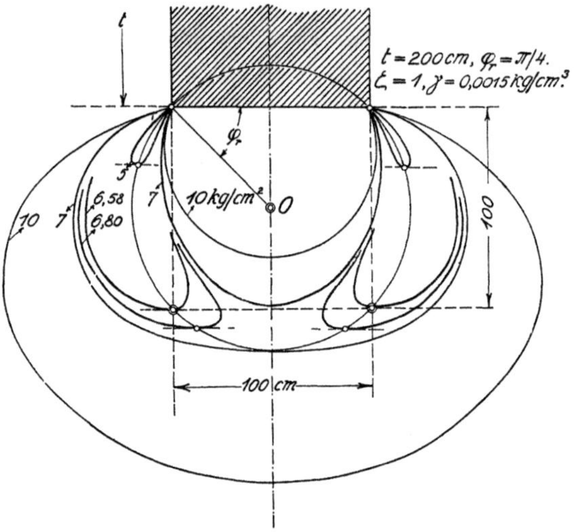

Abb. 33. Fließbereiche unter einer gleichmäßigen Streifenlast $q_t = 5{,}0$, 6,58, 6,80, 7,0 und 10 kg/cm² für $p_k = 0$, $\zeta = 1$, $t = 200$ cm, $\nu = 3$, $\varphi_r = 45^0$, $\gamma = 0{,}0015$ kg/cm³.

wird ein Halbkreis. Dies ist aber nichts anderes als das Ergebnis der Gl. 30 — (6a), wenn man den Wert $\bar{c}_3$ dort einführt:

$$r = \sqrt{\frac{\bar{q}}{\pi\gamma}\,\frac{1-k}{k}}.$$

Nun haben wir noch den Einfluß der Gründungstiefe t auf die Entwicklung des plastischen Gebietes für gleichmäßige Streifenbelastung zu untersuchen. Wir bleiben bei der Betrachtung kohäsionsloser Massen und haben daher in Gl. (4) an Stelle von p_k die Größe $\gamma\,t$ einzuführen. Die Auflösung dieser Gleichung nach z liefert dann:

$$z = \frac{q_t}{\pi\gamma}\left\{\frac{\sin 2\varepsilon}{k} - 2\,\varepsilon\right\} - t. \tag{11}$$

Dies ist die Gleichung der Grenzlinie des elastischen Gebietes für eine Streifenlast $2\,b\,q_t$ je Längeneinheit in der Tiefe t unter der Schüttungsoberfläche. Um die Schnittpunkte der Grenzlinie mit dem Niveau der Gründungssohle zu bestimmen, hat man $z = 0$ und $\varepsilon = 0$ zu setzen. Aus Gl. (11) ersieht man sofort, daß die Abszisse der Schnittpunkte nur

$$x_{\varepsilon=0} = \pm b \tag{12}$$

lauten kann, da Gl. (11) nur in den singulären Randpunkten des Streifens erfüllt ist. Abb. 33 zeigt die Grenzlinien für $q = 5$, 6,58, 6,8, 7,0 und 10 kg/cm² bei einer Gründungstiefe $t = 200$ cm. Die übrigen Angaben sind die gleichen wie für die Oberflächenbelastung, nämlich $\varphi_r = 45^0$, $\gamma = 0{,}0015$ kg/cm³, $2\,b = 100$ cm. Die Belastung $q = 6{,}58$ kg/cm² entspricht einem gegebenen Werte von $z_{\max} = 100$ cm. Die Gleichung für $z_{\max}$ lautet analog mit (8):

$$z_{\max} = \frac{q_t}{\pi\,\gamma}\left\{\operatorname{cotg}\varphi_r - \left(\frac{\pi}{2} - \varphi_r\right)\right\} - t. \tag{13}$$

In Abb. 34 ist der besondere Fall des plastischen Gebietes gezeichnet, wo sich die beiden bis dahin getrennten plastischen Bereiche gerade berühren; dies tritt ungefähr für eine Belastung von 6,89 kg/cm² ein; von diesem Augenblicke an gibt es eine innere und eine äußere Begrenzungslinie des plastischen Bereiches. Die innere Linie schließt zusammen mit der Gründungssohle den elastischen Kern ein.

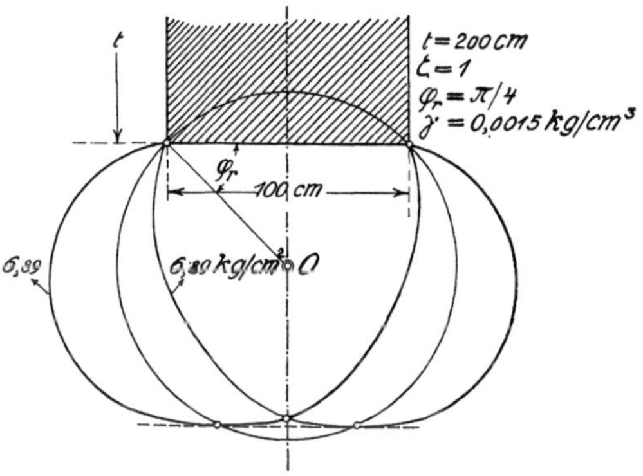

Abb. 34. Bildung des geschlossenen elastischen Kernes unter einer in der Tiefe $t = 200$ cm wirkenden gleichmäßigen Streifenlast.

Die beiden zuletzt genannten Abb. 33 und 34 geben auch die plastischen Bereiche für die Oberflächenbelastung eines bindigen Bodens, dessen Kohäsion oder Druckäquivalent der Konsistenzform p_k gleich $\gamma\,t = 0{,}0015 \times 200 = 0{,}30$ kg/cm² und dessen innere Reibung $\varphi_r = 45^0$ ist. Diese Formen der plastischen Gebiete zeigen eine gute Übereinstimmung mit den plastischen Erscheinungen bei festen Körpern (Eisen, Paraffin) unter Stempeleindrücken. Man vergleiche die Abb. Nr. 272, 274, 276 und 277 in dem bekannten Buche von Nádai [28] über den bildsamen Zustand der Werkstoffe.

Die Abb. 31 und 32 erinnern an die Ergebnisse der Berechnungen von Prandtl [22] betreffend die plastischen Bereiche unter Stempeldrücken des speziell-plastischen Körpers. In diesem Zusammenhang sei auch auf die Untersuchungen von Sachs [26] verwiesen.

32. Die gleichmäßig belastete Kreisfläche.

Die allgemeine Behandlung dieses Belastungsfalles stößt selbst unter den besonderen Voraussetzungen über die Ruhedruckziffer ($\zeta = 1$) und die Ordnungszahl der Spannungsverteilung ($\nu = 3$) auf bedeutende analytische Schwierigkeiten. Jedoch läßt sich die Betrachtung über die plastischen Erscheinungen für die Punkte der Symmetrieachse des resultierenden Kraftfeldes aus Eigengewicht und Auflast q noch leicht durchführen. Der Zweck dieser Berechnung besteht darin, die Höhe des elastischen Kernes und die Dicke des plastischen Gebietes in der Lastflächenachse zu bestimmen.

Das Eigengewichtsfeld ist durch die Gleichungen

$$\left.\begin{aligned} \sigma_{z,g} &= \gamma\,(z+t) \\ \sigma_{h,g} &= \zeta\,\gamma\,(z+t) \end{aligned}\right\} \tag{1}$$

gekennzeichnet, wobei t die Gründungstiefe und z die Tiefe des betreffenden Punktes unter der Lastfläche bedeutet.

Die gleichmäßige Belastung q der Kreisfläche mit dem Durchmesser $2\,r_0$ ruft nach dem Prinzip der geradlinigen Kraftausbreitung laut Abschnitt VI, Gl. 20 — (7) und Gl. 20 — (9) in einem Achspunkte die folgenden Hauptspannungen hervor:

$$\left.\begin{aligned} \sigma_1 &= q\,(1 - \cos^\nu \alpha) \\ \sigma_2 = \sigma_3 &= \frac{1}{2}\,q\left\{\frac{2}{\nu-2} - \frac{\nu}{\nu-2}\cos^{\nu-2}\alpha + \cos^\nu \alpha\right\} \end{aligned}\right\} \tag{2}$$

Die Fließbedingung Gl. 27 — (2) ergibt für das resultierende Feld (in der Lastflächenachse)

$$q\left\{\frac{\nu-3}{\nu-2} + \frac{\nu}{2\,(\nu-2)}\cos^{\nu-2}\alpha - \frac{3}{2}\cos^\nu \alpha\right\} + \gamma\,(z+t)\,(1-\zeta) =$$

$$= 2\,k\left\{p_k + \frac{1}{2}\,q\left[\frac{\nu-1}{\nu-2} - \frac{\nu}{2\,(\nu-2)}\cos^{\nu-2}\alpha - \frac{1}{2}\cos^\nu \alpha\right] + \right.$$

$$\left. + \frac{1}{2}\,\gamma\,(z+t)\,(1+\zeta)\right\}, \tag{3}$$

wobei $z = r_0 \operatorname{cotg} \alpha$; die einzige Unbekannte in dieser Gleichung: α bedeutet den halben Öffnungswinkel des geraden Kreiskegels, dessen Spitze der betrachtete Achspunkt und dessen Grundfläche die Lastfläche ist. Es ist klar, daß die Lösung dieser Gleichung nur mit konkreten Zahlen möglich ist. Wir kommen auf diesen Gegenstand noch unter Ziffer 43 zurück.

X. Der Beginn des Fließvorganges.

33. Die kritische Randbelastung.

Im vorhergehenden Abschnitt wurden für einige einfache Belastungsfälle die Grenzflächen des plastischen Gebietes bestimmt. Es wurde dabei angenommen, daß die vor Eintreten plastischer Erscheinungen herrschende Spannungsverteilung, gekennzeichnet durch die Ordnungszahl ν, auch weiter bestehen bleibe. Dies ist in Wirklichkeit nicht der Fall. Aus Versuchen ist bekannt, daß durch das seitliche Ausweichen der Körner einer Schüttung unter der Lastfläche eine Konzentration der lotrechten Normalspannungen σ_z, also eine Erhöhung von ν eintritt. Welchen Wert ν annimmt, hängt von der Größe der Lastfläche, oder, was dasselbe ist, von der Lastintensität q_0 ab. Für eine von Null zunehmende gleichförmig verteilte Belastung q_t einer in der Tiefe t gelegenen Lastfläche nimmt der Konzentrationsfaktor ν von ungefähr 3 mit wachsender Belastung bis ungefähr 6 zu. (Siehe Abschnitt XIII.) Wenn man daher die Grenzfläche des plastischen Bereiches mit einem konstanten Wert, z. B. $\nu = 3$, bestimmt, so ist das Ergebnis nur für die ersten Phasen der plastischen Erscheinungen zutreffend. Jedoch ist gerade der Beginn der Bildung plastischer Bereiche für die Anwendungen unserer Betrachtung auf den Grundbau von allergrößter Bedeutung. Das seitliche Ausweichen des Bodens unter einem Grundbaukörper, welches identisch ist mit dem Entstehen und dem Wachsen von Fließbereichen (Gebieten von Gleichgewichtsstörung) ist die Veranlassung des Auftretens bleibender Setzungen, die man im Gründungswesen möglichst zu vermeiden trachtet. Da jede Bodenart auch bei verhinderter Seitenausdehnung bleibende, bei der erstmaligen Belastung nicht zu umgehende Formänderungen aufweist, sollen jene bleibende Senkungen, die durch seitliches Ausweichen des Bodens (Fließen) entstehen, **plastische Setzungen** genannt werden.

Im folgenden wollen wir jene gleichmäßige Belastung einer streifenförmigen Lastfläche bestimmen, für welche der Inhalt des Fließbereiches gerade Null ist.

Zu diesem Zwecke gehen wir auf Gl. 31—(13) zurück, welche die Höchstordinate des plastischen Gebietes einer Streifenbelastung q_t in der Gründungstiefe t angibt:

$$z_{\max} = \frac{q_t}{\pi \gamma}\left\{\operatorname{cotg} \varphi_r - \left(\frac{\pi}{2} - \varphi_r\right)\right\} - t. \tag{1}$$

Wenn der Inhalt dieses plastischen Bereiches Null werden soll, dann muß $z_{\max}$ verschwinden. Führen wir die Bedingung $z_{\max} = 0$ in (1) ein und lösen die Gleichung nach q_t auf, dann erhalten wir die **kritische Randbelastung**:

$$q_{t,R} = \frac{\pi \gamma t}{\operatorname{cotg} \varphi_r - \left(\frac{\pi}{2} - \varphi_r\right)}, \tag{2}$$

worin

t ... die Gründungstiefe;
γ ... das Raumgewicht des Bodens über der Gründungssohle;
φ_r ... den Winkel der inneren Reibung des Bodens unter der Gründungssohle

bedeuten.

Diese Gleichung gilt unabhängig von der Streifenbreite $2\,b$. Sie wurde auf Grund des zweidimensionalen Spannungsproblems gewonnen. Da sie jedoch jenen Augenblick der plastischen Erscheinungen betrifft, in welchem das plastische Gebiet als unendlich klein angesehen werden kann, gilt sie ebenso für kreisförmige wie für streifenförmige Lastflächen; sie gilt unabhängig vom Flächendurchmesser, daher ist sie auch für elliptische oder rechteckige Lastflächen anwendbar. Selbst wenn die als gleichmäßig vorausgesetzte Belastung $q_{t,\,R}$ diesen Wert nur am Rande der Lastfläche besitzt und nach innen stetig zu- oder abnimmt, führt die Berechnung auf dasselbe Ergebnis. Deshalb wurde $q_{t,\,R}$ als kritische Randbelastung bezeichnet.

Das Raumgewicht γ des Bodens über der Gründungssohle hängt von dem wahren spezifischen Gewicht γ_K der Körner der Schüttung, ferner von dem Porenvolumen n der Raumeinheit und schließlich vom spezifischen Gewicht γ_F der die Poren erfüllenden Flüssigkeit ab; es ist:

$$\gamma = (\gamma_K - \gamma_F)\,(1 - n). \tag{3}$$

Mit diesem Ausdruck lautet die kritische Randbelastung für lose Massen wie folgt:

$$q_{t,R} = \frac{\pi\,(\gamma_K - \gamma_F)\,(1 - n)\,t}{\operatorname{cotg}\varphi_r - \left(\dfrac{\pi}{2} - \varphi_r\right)}. \tag{4}$$

Handelt es sich um bindige Böden mit einem Werte p_k des Druckäquivalentes der Konsistenzform, dann kann man sich statt des Druckes $\gamma\,t$, der in dem Niveau der Gründungssohle herrscht, den Gesamtdruck $(\gamma\,t + p_k)$ denken, da wir von einem Eigengewichtsfeld mit der Ruhedruckziffer $\zeta = 1$ ausgegangen sind.

Die kritische Randbelastung für bindige Böden lautet daher:

$$q_{t,R} = \frac{\pi\left\{(\gamma_K - \gamma_F)\,(1 - n)\,t + p_k\right\}}{\operatorname{cotg}\varphi_r - \left(\dfrac{\pi}{2} - \varphi_r\right)}. \tag{5}$$

Während Gl. (4) im Sonderfalle $t = 0$ auf $q_{0,\,R} = 0$ führt, was bedeutet, daß an der Oberfläche einer Schüttung selbst die geringste Belastung Fließerscheinungen hervorruft, liefert Gl. (5) in diesem Falle:

$$q_{0,\,R} = \frac{\pi\,p_k}{\operatorname{cotg}\varphi_r - \left(\dfrac{\pi}{2} - \varphi_r\right)}. \tag{5a}$$

Die plastischen Gebiete für Oberflächenbelastung von Schüttungen sind in Abb. 31 und 32 dargestellt; sie unterscheiden sich wesentlich von jenen der bindigen Böden bei Belastung an der Oberfläche; letztere sind in Abb. 33 und 34 veranschaulicht. Die plastischen Gebiete von an ihrer Oberfläche örtlich belasteten bindigen Böden sind im Anfangsstadium identisch mit den Fließbereichen loser Massen, die in einer Gründungstiefe $t = \frac{p_k}{\gamma}$ belastet werden und dieselbe innere Reibung φ_r besitzen, wie die betrachteten bindigen Böden.

Gl. (5) und (5a) gelten für rasche Lastaufbringung, wie diese bei Probebelastungen üblich sind; auch bei der Herstellung von Bauwerken auf Tonlagern kann man im allgemeinen von rascher Lastaufbringung sprechen, da die Bauzeit nur einen geringen Teil der oft Jahrzehnte lang währenden Setzungsperiode solcher Grundbaukörper ausmacht.

Es bereitet keinerlei Schwierigkeiten, die kritische Randbelastung für bindige Böden auch für langsame Lastaufbringung, d. h. für die Zeit $T = \infty$ zu entwickeln; jedoch hat eine solche Beziehung keinen besonderen praktischen Wert; die Zahlen $q_{t, R. T=\infty}$ sind naturgemäß viel größer als die Werte $q_{t, R, T=0}$ für rasche Lastaufbringung.

Auf die praktische Bedeutung der kritischen Randbelastung als Anhaltspunkt für die sogenannte zulässige Bodenpressung soll im Abschnitt XIV näher eingegangen werden.

Bisher wurde nur von den Grenzflächen des plastischen Gebietes in der Nähe örtlicher Belastungen des Halbraumes (Oberfläche oder Tiefe t) gesprochen. Im vorliegenden Abschnitt wurde jener Belastung das Hauptaugenmerk zugewendet, bei welcher die plastischen Vorgänge eben beginnen. Nun drängt sich die Frage nach der Größe der Spannungen innerhalb der Grenzflächen des plastischen Gebietes auf. Hier gilt die Fließbedingung, die (im Falle des ebenen Problemes) eine Beziehung zwischen den Hauptspannungen σ_1, σ_3 und den Stoffkonstanten darstellt. Es liegen also zwei Unbekannte vor, die sich aus einer Gleichung allein nicht berechnen lassen. Da der Zusammenhang zwischen Spannung und Formänderung im plastischen Gebiet nicht bekannt ist, kann hier nur der Versuch einige Einsicht gewähren. Wenn man daher auf dem Versuchswege eine der beiden Hauptspannungen, z. B. σ_1, bestimmen kann, dann ist die andere, σ_2, infolge der Fließbedingung gegeben. Aus diesem Grunde ist die Messung von Spannungen in Schüttungen von außerordentlicher Wichtigkeit. Auf diese Verhältnisse soll im Abschnitt XIII näher eingegangen werden.

XI. Das elastische Verhalten der Böden.

34. Der mit der Tiefe zunehmende Elastizitätsmodul.

Während wir bei der Berechnung von Brücken- und Hochbauten von der Annahme ausgehen dürfen, daß die Konstruktionsteile unter der Einwirkung äußerer Lasten rein elastische Formänderungen erleiden, wobei die Spannung in linearen Spannungszuständen der spezifischen Verlängerung bzw. Verkürzung verhältnisgleich ist ($E =$ konst.), müssen wir bei den elastischen Erscheinungen, die örtliche Belastungen im

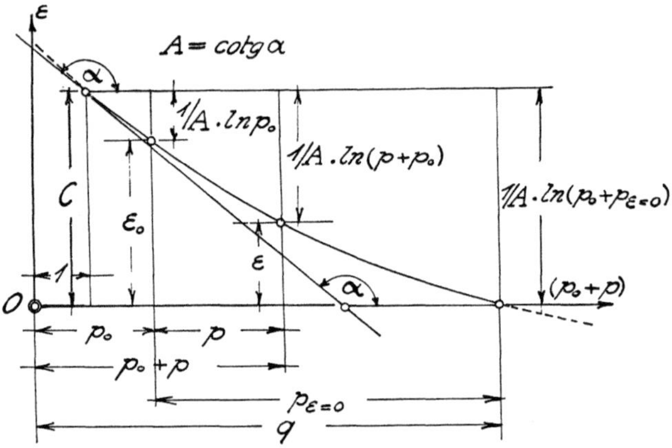

Abb. 35. Zusammenhang zwischen Porenziffer und Druck beim einachsigen Verformungszustand einer Bodenprobe.

Baugrunde (Halbraum) hervorrufen, zwei wichtige Erfahrungstatsachen im Auge behalten:

a) Der Elastizitätsmodul ist im allgemeinen nicht konstant;

b) die elastischen Zusammendrückungen sind im allgemeinen von bleibenden Zusammendrückungen begleitet.

Die erstgenannte Tatsache konnte aus den Versuchen von A. Föppl im Jahre 1897 [7] geschlossen werden; b) ergibt sich bei jeder Probebelastung eines Baugrundes und wurde für Sande und Tone eingehend von v. Terzaghi [25] bewiesen.

Unter Ziffer 2 (Einleitung) wurde die Beziehung mitgeteilt, die zwischen der Porenziffer ε eines in seiner seitlichen Ausdehnung verhinderten, auf Druck beanspruchten Bodenprismas und der Druckspannung p besteht, wenn nur reversible Formänderungen berücksichtigt werden:

$$\varepsilon = -\frac{1}{A} \ln (p + p_0) + C. \tag{1}$$

Die Größen A, p_0 und C sind Festwerte für eine bestimmte Sand- oder Tongattung. Die durch Gl. (1) gegebene Kurve (Druck-Porenziffer-diagramm) wurde von v. Terzaghi, ihrem Urheber, die „Schwellkurve für Tone und Sande" genannt. Die drei Festwerte können durch drei Beobachtungen des Wertepaares (ε, p) bestimmt werden.

Die Bedeutung der einzelnen in (1) vorkommenden Größen geht aus Abb. 35 deutlich hervor. In diesem Schaubild ist angenommen, daß $p_0 > 1$ ist; die diesem „Anfangsdruck" entsprechende „Anfangsporenziffer" ist ε_0. Sie ist gegeben durch:

$$\varepsilon_0 = -\frac{1}{A} \ln p_0 + C. \tag{1a}$$

Denkt man sich den Gesamtdruck $(p_0 + p)$ auf die Einheit herabgesetzt, dann wird die Porenziffer

$$\varepsilon_{p_0+p=1} = C. \tag{1b}$$

Die Konstante C ist daher die Porenziffer für den Gesamtdruck Eins. Fragt man nach dem Drucke $(p_0 + p_{\varepsilon=0}) = q$, für welchen der Porenraum verschwindet, dann erhält man aus (1)

$$\frac{1}{A} \ln (p_0 + p_{\varepsilon=0}) = C$$

oder

$$q = e^{AC}. \tag{1c}$$

Durch Differentiation von (1) nach p ergibt sich:

$$\frac{d\varepsilon}{dp} = -\frac{1}{A} \cdot \frac{1}{p + p_0} \tag{1d}$$

oder, wenn man $(p + p_0)$ wieder auf Eins bringt:

$$\left(\frac{d\varepsilon}{dp}\right)_{p+p_0=1} = -\frac{1}{A}. \tag{1e}$$

Die Konstante A ist also die Kotangente der Kurvenneigung im Punkte mit der Porenziffer C. ($A = \operatorname{cotg} \alpha$.)

Durch Subtraktion der Gl. (1a) von (1) erhält man:

$$\varepsilon = \varepsilon_0 - \frac{1}{A} \ln \left(\frac{p}{p_0} + 1\right), \tag{2}$$

worin die Konstante C nicht mehr vorkommt.

Um zu dem Begriff des Elastizitätsmoduls zu gelangen, brauchen wir noch die Dehnungsänderung als Funktion der Porenziffer. Letztere ist definitionsgemäß:

$$\varepsilon = \frac{n}{1-n} \quad \text{oder} \quad n = \frac{\varepsilon}{1+\varepsilon}, \tag{3}$$

wobei n das Porenvolumen der Raumeinheit bedeutet.

Wie man leicht einsieht, ist die Dehnungsänderung:

$$de = \frac{d\lambda}{\lambda} = \frac{d\varepsilon}{1+\varepsilon}, \tag{3a}$$

und damit der Elastizitätsmodul:

$$E = -\frac{d\,p}{d\,e} = -(1+\varepsilon)\frac{d\,p}{d\,\varepsilon}. \tag{4}$$

Gl. (1) liefert durch Differentiation:

$$\frac{d\,\varepsilon}{d\,p} = -\frac{1}{A}\,\frac{1}{p+p_0}. \tag{1d}$$

Dies gibt zusammen mit (4) und (2):

$$E = A\,(1+\varepsilon)\,(p+p_0) = A\left\{1+\varepsilon_0 - \frac{1}{A}\,ln\left(\frac{p}{p_0}+1\right)\right\}(p+p_0). \tag{4a}$$

Bisher befinden wir uns in strenger Übereinstimmung mit den Versuchsergebnissen. Um die rechnerische Erfassung der elastischen Erscheinungen in Böden etwas zu vereinfachen, wollen wir die Annahme machen, daß für die Porenziffer ε innerhalb der in der Baupraxis auftretenden Druckspannungsgrenzen ein konstanter Mittelwert ε_m eingeführt werden darf. Wir setzen daher

$$A\,(1+\varepsilon_m) = \frac{1}{\omega}, \tag{5}$$

wobei ω eine Elastizitätskonstante darstellt und erhalten einen einfachen Ausdruck für den Elastizitätsmodul E_b für Baugrund:

$$E_b = \frac{p+p_0}{\omega}. \tag{6}$$

Zur Überprüfung der soeben gemachten Annahme der Konstanz der Porenziffer ε wollen wir ein Beispiel mit besonderen, aus Versuchsergebnissen stammenden Zahlen durchrechnen.

Wir denken uns die dem Halbraum erfüllende Masse nur durch die Eigengewichtsspannungen beansprucht und berechnen den Elastizitätsmodul einmal nach der strengen empirischen Gleichung (4a), das andere Mal nach der einfachen Gleichung (6) mit unveränderlich angenommener Porenziffer.

Anfangsporenziffer $\varepsilon_0 = \frac{2}{3}$, Konstanten: $A = 100$, $p_0 = 1{,}5$ kg/cm², $\omega = \frac{1}{A\,(1+\varepsilon_0)} = 0{,}006$. Die Druckspannung p ist durch die Beziehung $p = \gamma\,z$, worin γ das Raumgewicht und z die Tiefe unter der Oberfläche bedeutet, gegeben. Mit $\gamma = 0{,}0015$ kg/cm³ erhält man folgende Zahlen:

$z =$	0	667	1333....	6667 cm
$p =$	0	1	2 ...	10 kg/cm²
E nach Gl. (4a):	250	415	581....	1895 „
E nach Gl. (6):	250	417	583....	1917 „

Hieraus ersieht man, daß der Unterschied zwischen dem strengen Elastizitätsmodul Gl. (4a) und dem angenäherten, Gl. (6), für einen nur seinem Eigengewicht unterworfenen Boden sehr gering ist, und daß Gl. (6) daher eine zulässige Näherung für den Elastizitätsmodul darstellt.

Setzt man in (6) allgemein

$$p = \sigma_z + \gamma z, \tag{7}$$

wobei σ_z die durch eine örtliche Belastung des Halbraumes hervorgerufene lotrechte Normalspannung bezeichnet, dann geht (6) über in:

$$E_b = \frac{\sigma_z + \gamma z + p_0}{\omega} \tag{8}$$

und durch Vernachlässigung von σ_z gegenüber $(\gamma z + p_0)$

$$E_b = \frac{\gamma z + p_0}{\omega}. \tag{9}$$

Diese letzte Formulierung, wonach der Elastizitätsmodul geradlinig mit der Tiefe zunimmt, ist um so zulässiger, je kleiner σ_z im Verhältnis zu $(\gamma z + p_0)$ ist, also je weiter sich der betrachtete Punkt von der Laststelle befindet. Die Konstante p_0 stellt die „Anfangsspannung" dar und ist bei bindigen Böden durch das Druckäquivalent p_k der Konsistenzform zu ersetzen. Ist p_k sehr groß, dann spielt das Glied γz keine wesentliche Rolle und (9) geht in das Hookesche Gesetz über:

$$E_b = E = \frac{p_k}{\omega} = \text{konst.} \tag{10}$$

Daraus ergibt sich, daß für bindige Böden mit großen Werten von p_k die Ergebnisse der mathematischen Elastizitätstheorie (Boussinesq, Michell) anwendbar sind.

Ist hingegen die Konstante p_0 sehr klein, so daß man ihren Wert gegenüber γz vernachlässigen darf, dann erhält man ein anderes Extrem:

$$E_b = \frac{\gamma z}{\omega}, \tag{11}$$

welches sich dadurch auszeichnet, daß der Elastizitätsmodul an der Oberfläche des Halbraumes Null ist und linear mit der Tiefe zunimmt.

Alle Vereinfachungen des strengen empirischen Elastizitätsgesetzes (4a) lassen sich auch auf die mit den elastischen Formänderungen bei verhinderter seitlicher Ausdehnung verbundenen Gesamtsetzungen anwenden. Man kommt dann zu dem Begriff des Zusammendrückungsmoduls M_b für Baugrund, der durch die Gleichung

$$M_b = \frac{p + p_M}{\omega_M} \tag{12}$$

gegeben ist. Wenn man daher anstatt der Werte p_0 und ω die Konstanten p_M und ω_M benützt, dann erhält man statt der elastischen die Gesamtsetzungen, jedoch stets unter der Voraussetzung, daß die seitliche Ausdehnung der belasteten Masse verhindert ist.

Die folgenden, unter Ziffer 36 ausgeführten Berechnungen der elastischen Setzungen gelten daher auch sinngemäß für die Gesamtsetzungen bei seitlich verhinderter Ausdehnung. Man hat nur die entsprechenden Festwerte p_M und ω_M anstatt p_0 und ω einzuführen.

35. Einfluß des elastischen Verhaltens einer Bodenart auf die Ordnungszahl der Spannungsverteilung.

Aus dem empirisch festgestellten elastischen Verhalten der Sande und Tone haben wir unter Ziffer 34 unter Benützung gewisser Vereinfachungen zwei Elastizitätsgesetze hergeleitet:

$$E = \frac{p_k}{\omega} = \text{konst.}, \tag{1}$$

welches für bindige Böden mit hohen Werten von p_k verwendet werden kann und mit dem Hookeschen Gesetz identisch ist.

Ferner:

$$E_b = \frac{\gamma z}{\omega}, \tag{2}$$

das für kleine p_0-Werte gilt und für lose Massen in Betracht kommt.

Diese beiden einfachsten Elastizitätsgesetze wollen wir dazu verwenden, um den Einfluß des elastischen Verhaltens auf die Ordnungszahl (Konzentrationsfaktor) ν der Spannungsverteilung zu untersuchen.

Fassen wir die Belastung des Halbraumes durch eine lotrechte Einzellast P ins Auge und kehren zu Abb. 4 zurück. Wir stellen den Ausdruck für die Formänderungsarbeit A für den Teil der zwischen den Halbkugelflächen r_1 und r_2 befindlichen Masse auf. Der Spannungszustand war linear und durch die Gleichung

$$\sigma_r = \frac{\nu P}{2\pi r^2} \cos^{\nu-2}\vartheta \tag{3}$$

gegeben.

Der Ausdruck für die Formänderungsarbeit lautet:

$$A = \frac{1}{2}\int_0^V \frac{\sigma_r^2}{E_b}\, dV. \tag{4}$$

Setzen wir $E_b = E$ nach Gl. (1), $dV = dF \,.\, dr = 2\pi r^2 \sin\vartheta\, d\vartheta$ und berücksichtigen wir, daß $z = r\cos\vartheta$, dann ergibt sich:

$$A = \frac{1}{2}\int_{r=r_1}^{r=r_2}\int_{\vartheta=0}^{\vartheta=\frac{\pi}{2}} \frac{\nu^2 P^2}{2\pi r^2}\,\frac{\omega}{p_k}\cos^{2\nu-4}\vartheta \sin\vartheta\, d\vartheta\, dr. \tag{5}$$

Nach Ausführung der Integration erhält man:

$$A = \frac{P^2}{4\pi} \frac{\omega}{p_k} \left[\frac{1}{r_1} - \frac{1}{r_2}\right] \frac{\nu^2}{(2\nu - 4) + 1}. \tag{5a}$$

Um nun zu erfahren, welcher Wert von ν den Ausdruck A nach (5a) zu einem Kleinstwert macht, hat man

$$\frac{dA}{d\nu} = 0 \tag{6}$$

zu setzen.

Die Differentiation liefert:

$$\nu = 3. \tag{7}$$

Ferner ist:

$$\left(\frac{d^2 A}{d\nu^2}\right)_{\nu=3} > 0. \tag{8}$$

Hieraus folgt, daß die Spannungsverteilung $\nu = 3$ sich nur dann einstellen kann, wenn das Elastizitätsgesetz (1), also das Hookesche Gesetz, für die Masse des Halbraumes gültig ist.

Benützt man die Gl. (2), also den mit der Tiefe linear zunehmenden Elastizitätsmodul, dann lautet die Formänderungsarbeit:

$$A = \frac{1}{2} \int_{r=r_1}^{r=r_2} \int_{\vartheta=0}^{\vartheta=\frac{\pi}{2}} \frac{\nu^2 P^2}{2\pi r^2} \frac{\omega}{\gamma} \frac{dr}{r} \cos^{2\nu-5}\vartheta \sin\vartheta \, d\vartheta. \tag{9}$$

Die Integration ergibt:

$$A = \frac{P^2}{8\pi} \frac{\omega}{\gamma} \left[\frac{1}{r_1^2} - \frac{1}{r_2^2}\right] \frac{\nu^2}{(2\nu - 5) + 1}. \tag{10}$$

Gl. (6) führt auf:

$$\nu = 4. \tag{11}$$

Auch hier ist:

$$\left(\frac{d^2 A}{d\nu^2}\right)_{\nu=4} > 0. \tag{12}$$

Die Spannungsverteilung $\nu = 4$ ist nur möglich, wenn die den Halbraum erfüllende Masse einen mit der Tiefe linear zunehmenden Elastizitätsmodul besitzt.

Der Einfluß des elastischen Verhaltens der den Halbraum erfüllenden Masse ist also an sich nicht bedeutend. Dadurch, daß E_b, anstatt unveränderlich zu bleiben, mit der Tiefe linear zunimmt, wird die Ordnungszahl ν, die wir in Ziffer 10 als statisch unbestimmte Größe bezeichnet haben, von 3 auf 4 erhöht. Die Höchstspannung unter der Last P in der Tiefe t steigt dadurch nach Tabelle I von $\frac{3}{2\pi} \frac{P}{t^2}$ auf

$\frac{2}{\pi}\frac{P}{t^2}$, also um $33^1/_3$%. In der Ableitung von Gl. (11) war vorausgesetzt, daß E_b an der Oberfläche mit dem Werte Null beginne; im allgemeinen wird das nicht zutreffen, wenn auch p_0 sehr klein sein kann. In diesem Falle kann die entstehende Spannungsverteilung den Faktor 4 nicht erreichen und wird durch $3 < \nu < 4$ charakterisiert sein. Die Spannungserhöhung in der Wirkungslinie der Last bleibt dann unter $33^1/_3$%*.

36. Elastische Senkungen in besonderen Belastungsfällen.

a) Die elastische Senkung eines Punktes der Oberfläche des Halbraumes in der Nähe einer lotrechten Einzellast P.

Die elastische Setzung w_e eines Punktes des Halbraumes in der Tiefe z bei unbehinderter Seitenausdehnung ist bestimmt durch:

$$w_e = \int_{\infty}^{z} \varepsilon\, dz, \tag{1}$$

worin ε die Zusammendrückung der Tiefeneinheit bedeutet, die zu der lotrechten Normalspannung σ_z des betreffenden Punktes und zum Elastizitätsmodul E_b in folgender Beziehung steht:

$$\sigma_z = \varepsilon\, E_b. \tag{2}$$

Der Elastizitätsmodul E_b lautet nach Gl. 34 — (9):

$$E_b = \frac{\gamma z + p_0}{\omega}. \tag{3}$$

Faßt man Gl. (1) bis (3) zusammen, dann wird:

$$w_e = \omega \int_{\infty}^{z} \frac{\sigma_z\, dz}{\gamma z + p_0} \tag{4}$$

Nach 15 — (5) lautet die lotrechte Normalspannung σ_z im Abstande x von einer Last P in einem Punkte mit den Polarkoordinaten (r, ϑ):

$$\sigma_z = \frac{\nu P}{2\pi}\frac{1}{x^2}\cos^{\nu}\vartheta \sin^2\vartheta. \tag{5}$$

(Siehe auch Abb. 8.) Führt man diesen Wert von σ_z in Gl. (4) ein und vernachlässigt man vorläufig den Wert p_0 gegenüber γz, so ergibt sich:

$$w_{e,x} = \frac{\nu P}{2\pi}\frac{\omega}{\gamma}\frac{1}{x^2}\int_{\vartheta=0}^{\vartheta=\frac{\pi}{2}} \cos^{\nu-1}\vartheta \sin\vartheta\, d\vartheta. \tag{6}$$

---

* Siehe Anhang, zu XI, 35.

Die Ausführung der Integration liefert:

$$w_{e,x} = \frac{P}{2\pi} \frac{\omega}{\gamma} \frac{1}{x^2}, \tag{7}$$

woraus folgt, daß die Einsenkung der Oberfläche in der Umgebung einer Einzellast P unabhängig ist von der Ordnungszahl der Spannungsverteilung, wenn die Konstante p_0 des Elastizitätsgesetzes als sehr klein angesehen wird.

Falls p_0 gegenüber γz nicht vernachlässigt werden darf, läßt sich die Integration nicht mehr für den allgemeinen Wert ν der Ordnungszahl durchführen, sondern man muß dieser Größe bestimmte Werte zuordnen.

Für $\nu = 3$ erhält man:

$$w_{e,x,\nu=3} = \frac{3P}{2\pi} \frac{\omega}{x} \int\limits_{\vartheta=0}^{\vartheta=\frac{\pi}{2}} \frac{\cos^3\vartheta\, d\vartheta}{\gamma x \operatorname{cotg}\vartheta + q_0}. \tag{8}$$

Führt man $\frac{p_0}{\gamma x} = \operatorname{tg}\alpha$ ein, dann ergibt die Integration:

$$w_{e,x,\nu=3} = \frac{3P}{8\pi} \frac{\omega}{\gamma} \frac{1}{x^2} \cos\alpha\,[I_1 + I_2], \tag{9}$$

wobei:

$$I_1 = \sin 2\alpha \left[2(\sin\alpha + \cos\alpha) + ln \operatorname{tg}\frac{\alpha}{2} \operatorname{tg}\left(\frac{\pi}{4} - \frac{\alpha}{2}\right)\right] - $$
$$- 2\cos 2\alpha\,(\sin\alpha - \cos\alpha)$$

und:

$$I_2 = \sin 4\alpha \left[-\frac{4}{3}(\sin^3\alpha + \cos^3\alpha) - \frac{1}{2} ln \operatorname{tg}\frac{\alpha}{2} \operatorname{tg}\left(\frac{\pi}{4} - \frac{\alpha}{2}\right)\right] +$$
$$+ 2\cos 4\alpha \left[\sin\alpha - \cos\alpha - \frac{2}{3}(\sin^3\alpha - \cos^3\alpha)\right].$$

Für $p_0 = 0$ wird $\alpha = 0$, $I_1 = 2$, $I_2 = -\frac{2}{3}$ und daher:

$$w_{e,x} = \frac{P}{2\pi} \frac{\omega}{\gamma} \frac{1}{x^2},$$

ein Wert, der mit Gl. (7) übereinstimmt.

Für $\nu = 4$ lautet die elastische Senkung im Falle $p_0 > 0$:

$$w_{e,x,\nu=4} = \frac{2P}{\pi} \frac{\omega}{x} \int\limits_{z=\infty}^{z=0} \frac{\cos^4\vartheta\, d\vartheta}{(\gamma z + p_0)}. \tag{10}$$

Setzt man $\frac{z}{x} = \zeta$ und $\frac{p_0}{x} = c$, dann ist:

$$\cos^2\vartheta = \frac{\zeta^2}{1+\zeta^2}, \quad d\vartheta = -\frac{d\zeta}{1+\zeta^2}$$

und es wird:

$$w_{e,\,x,\,\nu=4} = \frac{2\,P}{\pi}\,\frac{\omega}{\gamma}\,\frac{1}{x^2}\int\limits_{\zeta=0}^{\zeta=\infty}\frac{\zeta^4\,d\,\zeta}{(\zeta^2+1)^3\,(\zeta+c)}. \tag{11}$$

Die Integration durch Zerlegung in Teilbrüche liefert:

$$w_{e,\,x,\,\nu=4} = \frac{2\,P}{\pi}\,\frac{\omega}{\gamma}\,\frac{1}{x^2}\left\{-\frac{1}{8\,(1+c^2)}+\frac{3+7\,c^2}{8\,(1+c^2)^2}+\right.$$
$$\left.+\frac{\pi\,(3\,c^5-6\,c^3-c)}{16\,(1+c^2)^3}-\frac{c^4\,ln\,c}{(1+c^2)^3}\right\}. \tag{12}$$

Für $p_0 = 0$ wird $c = 0$ und $\lim\limits_{c=0}\left\{c^4\,ln\,c\right\} = 0$, daher bleibt in der Klammer: $-\frac{1}{8}+\frac{3}{8}=\frac{1}{4}$ und es wird:

$$w_{e,x} = \frac{P}{2\,\pi}\,\frac{\omega}{\gamma}\,\frac{1}{x^2},$$

in Übereinstimmung mit Gl. (7).

b) Die elastische Senkung der Oberfläche des Halbraumes in der Nähe einer linienförmigen Last $\overline{q}$.

Nach Gl. 16 — (4) ist die lotrechte Normalspannung in einem Punkte $(x,\,\vartheta)$ des Halbraumes, hervorgerufen durch $\overline{q}$:

$$\overline{\sigma}_z = \overline{f}\,\frac{\overline{q}}{x}\cos^\nu\vartheta\,\sin\vartheta. \tag{13}$$

Mit Gl. (4) unter Vernachlässigung von p_0 erhält man:

$$\overline{w}_{e,x} = \overline{f}\,\frac{\omega}{\gamma}\,\frac{\overline{q}}{x}\int\limits_{z=0}^{z=\infty}\frac{\cos^\nu\vartheta\,\sin\vartheta}{z}\,dz. \tag{14}$$

Es ist: $z = x\,\mathrm{cotg}\,\vartheta$ und $dz = -\,x\,\frac{d\,\vartheta}{\sin^2\vartheta}$, daher $\frac{dz}{z} = -\frac{d\,\vartheta}{\sin\vartheta\,\cos\vartheta}$ und:

$$\overline{w}_{e,x} = \overline{f}\,\frac{\omega}{\gamma}\,\frac{\overline{q}}{x}\int\limits_{0}^{\frac{\pi}{2}}\cos^{\nu-1}\vartheta\,d\vartheta. \tag{14 a}$$

Berücksichtigen wir Gl. 11 — (6), dann wird:

$$\overline{w}_{e,x} = \frac{1}{2}\,\frac{\omega}{\gamma}\,\frac{\overline{q}}{x}. \tag{14 b}$$

Es ergibt sich also auch hier, daß die Formänderung der Oberfläche unabhängig ist von der Ordnungszahl der Spannungsverteilung, wenn p_0 als sehr klein gegenüber $\gamma\,z$ angenommen werden darf.

Die Oberfläche wird durch eine linienförmige Last in diesem Falle nach einer Hyperbel verformt.

Ist die Vernachlässigung von p_0 nicht angängig, dann erhalten wir für $\nu = 3$:

$$\overline{w}_{e,\,x,\,\nu=3} = \frac{2}{\pi}\,\overline{q}\,\frac{\omega}{x}\int\limits_{z=0}^{z=\infty}\frac{\cos^3\vartheta\sin\vartheta}{\gamma z + p_0}\,dz. \tag{15}$$

Setzt man $\frac{p_0}{x} = \operatorname{tg}\alpha$, dann geht (15) über in:

$$\overline{w}_{e,\,x,\,\nu=3} = \frac{2}{\pi}\,\frac{\overline{q}}{x}\,\frac{\omega}{\gamma}\int\limits_{\vartheta=0}^{\vartheta=\frac{\pi}{2}}\frac{\cos^3\vartheta\,d\vartheta}{(\operatorname{cotg}\vartheta + \operatorname{tg}\alpha)\sin\vartheta}. \tag{15a}$$

Die Auswertung des Integrals ergibt:

$$\overline{w}_{e,\,x,\,\nu=3} = \frac{1}{2}\,\frac{\overline{q}}{x}\,\frac{\omega}{\gamma}\cos\alpha\Big[(1 + 2\sin^2\alpha)\cos\alpha + {}$$
$$+ \frac{4}{\pi}\sin^3\alpha\,ln\,\operatorname{tg}\alpha - \frac{2}{\pi}\sin\alpha\Big]. \tag{16}$$

Für $p_0 = 0$ wird $\operatorname{tg}\alpha = 0$ und mit dem Grenzwert:

$$\lim_{\alpha=0}\left\{\sin^3\alpha\,ln\,\operatorname{tg}\alpha\right\} = 0$$

geht Gl. (16) über in Gl. (14b).

Für $\nu = 4$ folgt aus Gl. (4) und (13):

$$\overline{w}_{e,\,x,\,\nu=4} = \frac{3}{4}\,\frac{\overline{q}}{x}\,\frac{\omega}{\gamma}\int\limits_{\vartheta=0}^{\vartheta=\frac{\pi}{2}}\frac{\cos^4\vartheta\,d\vartheta}{(\operatorname{cotg}\vartheta + \operatorname{tg}\alpha)\sin\vartheta}, \tag{17}$$

wobei $\operatorname{tg}\alpha = \frac{p_0}{\gamma x}$ bedeutet. Die Integration liefert:

$$\overline{w}_{e,\,x,\,\nu=4} = \frac{3}{4}\,\frac{\overline{q}}{x}\,\frac{\omega}{\gamma}\cos\alpha\Big\{\cos^4\alpha\,(\sin\alpha + \cos\alpha)\left(\frac{2}{3} + \frac{1}{3}\sin\alpha\cos\alpha\right) + {}$$
$$+ \frac{4}{3}\cos^3\alpha\sin\alpha\,(\sin^3\alpha - \cos^3\alpha) + 2\cos^2\alpha\sin^2\alpha\,(\sin^3\alpha + \cos^3\alpha) - {}$$
$$- 4\cos\alpha\sin^3\alpha\left[\cos\alpha - \sin\alpha + \frac{1}{3}(\sin^3\alpha - \cos^3\alpha)\right] + {}$$
$$+ \sin^4\alpha\Big[ln\,\operatorname{cotg}\frac{\alpha}{2}\operatorname{cotg}\left(\frac{\pi}{4} - \frac{\alpha}{2}\right) - (\cos\alpha + \sin\alpha) - {}$$
$$- \frac{1}{3}(\cos^3\alpha + \sin^3\alpha)\Big]\Big\}. \tag{18}$$

Für $p_0 = 0$ wird $\alpha = 0$ und die Gl. (18) geht über in Gl. (14b); dabei ist der Grenzwert

$$\lim_{\alpha=0}\left\{\sin^4\alpha\,ln\,\operatorname{cotg}\frac{\alpha}{2}\operatorname{cotg}\left(\frac{\pi}{4} - \frac{\alpha}{2}\right)\right\} = 0$$

zu berücksichtigen.

c) Die elastische Senkung des Mittelpunktes eines in der Bodenoberfläche liegenden Kreises, dessen Umfang gleichmäßig mit q je Längeneinheit belastet ist.

Die lotrechte Normalspannung eines Punktes der Lotrechten durch den Mittelpunkt des Kreises mit dem Halbmesser r_0 ist nach Gl. 10 — (7a):

$$\sigma_z = \frac{\nu q}{2\pi r^2}\int_0^{2\pi} r_0 \, d\varphi \, . \cos^\nu \vartheta = \frac{\nu q r_0}{r^2} \cos^\nu \vartheta. \tag{19}$$

Führt man $\frac{1}{r^2} = \frac{1}{r_0^2} \sin^2 \vartheta$ ein, dann wird:

$$\sigma_z = \frac{\nu q}{r_0} \cos^\nu \vartheta \sin^2 \vartheta. \tag{19a}$$

Unter Vernachlässigung von p_0 gibt Gl. (4):

$$w_e = \frac{\omega}{\gamma} \frac{\nu q}{r_0} \int_{z=0}^{z=\infty} \frac{\cos^\nu \vartheta \sin^2 \vartheta \, dz}{z} \tag{20}$$

oder mit: $\frac{dz}{z} = - \frac{d\vartheta}{\sin \vartheta \cos \vartheta}$

$$w_e = \frac{\nu q}{r_0} \frac{\omega}{\gamma} \int_{\vartheta=0}^{\vartheta=\frac{\pi}{2}} \cos^{\nu-1} \vartheta \sin \vartheta \, d\vartheta. \tag{20a}$$

Die Ausführung der Integration liefert:

$$w_e = \frac{q}{r_0} \frac{\omega}{\gamma}. \tag{21}$$

Die elastische Senkung des Mittelpunktes eines in der Oberfläche des Halbraumes liegenden Kreises, dessen Umfang gleichförmig mit q je Längeneinheit belastet ist, nimmt im selben Maße ab, wie der Halbmesser des Kreises wächst.

Der soeben behandelte Fall gibt einen interessanten Zusammenhang mit der elastischen Senkung durch eine Einzellast im Abstand x. Setzt man nämlich die Umfangslast $q \, . \, 2 r_0 \pi = P$ und führt $q = \frac{P}{2 r_0 \pi}$ in Gl. (21) ein, dann folgt:

$$w_e = \frac{P}{2\pi} \frac{\omega}{\gamma} \frac{1}{r_0^2}.$$

Dies ist jedoch nichts anderes als Gl. (7), wenn man statt $r_0 \ldots x$ setzt. In Worten lautet dieses Ergebnis:

Die elastische Senkung, die eine Einzellast P auf die Punkte eines Kreises ausübt, der mit dem Angriffspunkt von P als Mittelpunkt in der Bodenoberfläche mit dem Halbmesser r_0 beschrieben wird, ist genau so groß, wie die elastische Senkung, die der Mittelpunkt erfährt, wenn die Last P gleichmäßig über den Umfang des Kreises verteilt wird.

Für den idealisierten Boden mit dem Elastizitätsmodul $E_b = \frac{\gamma z}{\omega}$ gilt demnach der „Satz über die Gegenseitigkeit der Verschiebungen" (Betti-Maxwell), der in der Statik der Baukonstruktionen bei der Ableitung der „Elastizitätsgleichungen" für Tragwerke verwendet wird.

d) Die elastische Senkung der Mittellinie eines unendlich langen, gleichmäßig mit q_t belasteten Streifens mit der Breite $2b$ in der Gründungstiefe t.

Ordnungszahl: $\nu = 4$:

Setzt man in der ersten Gleichung der Gruppe 17 — (7) $\beta_2 = \beta$, $\beta_1 = -\beta$, dann erhält man die lotrechte Normalspannung $\bar{\sigma}_z$ in einem Achspunkte des Laststreifens:

$$\bar{\sigma}_z = \frac{3}{2} q_t \left[\sin\beta - \frac{1}{3}\sin^3\beta\right]. \tag{22}$$

Für die Gründungstiefe t lautet Gl. (4):

$$w_e = \omega \int_{z=0}^{z=\infty} \frac{\bar{\sigma}_z \, dz}{\gamma(z+t) + p_0}. \tag{23}$$

Mit $z = b \operatorname{cotg}\beta$, $dz = -b \frac{d\beta}{\sin^2\beta}$ und

$$\operatorname{tg}\alpha = \frac{1}{b}\left(t + \frac{p_0}{\gamma}\right) \tag{23 a}$$

wird:

$$w_e = \frac{3}{2}\frac{\omega}{\gamma} q_t \int_{\beta=0}^{\beta=\frac{\pi}{2}} \frac{\left[\sin\beta - \frac{1}{3}\sin^3\beta\right] d\beta}{(\operatorname{cotg}\beta + \operatorname{tg}\alpha)\sin^2\beta}, \tag{23 b}$$

deren Integration liefert:

$$w_e = \frac{3}{2}\frac{\omega}{\gamma} q_0 f_{\nu=4}(\alpha), \tag{24}$$

worin:

$$f_{\nu=4}(\alpha) = \cos\alpha \left\{\left(1 - \frac{1}{3}\cos^2\alpha\right) \ln \operatorname{cotg}\frac{\alpha}{2} \operatorname{cotg}\left(\frac{\pi}{4} - \frac{\alpha}{2}\right) - \right.$$

$$\left. - \frac{1}{3}(\sin\alpha - \cos\alpha)\right\}. \tag{24a}$$

Ordnungszahl: $\nu = 6$:

Aus der ersten Gleichung der Gruppe 17 — (9) folgt mit $\beta_2 = \beta$, $\beta_1 = -\beta$:

$$\bar{\sigma}_z = \frac{15}{8} q_t \left[\sin\beta - \frac{2}{3}\sin^3\beta + \frac{1}{5}\sin^5\beta\right] \tag{25}$$

und mit Hilfe von Gl. (23):

$$w_e = \frac{15}{8}\frac{\omega}{\gamma} q_t \int\limits_{\beta=0}^{\beta=\frac{\pi}{2}} \frac{\left[\sin\beta - \frac{2}{3}\sin^3\beta + \frac{1}{5}\sin^5\beta\right] d\beta}{(\operatorname{cotg}\beta + tg\,\alpha)\sin^2\beta}, \tag{26}$$

wobei:

$$\operatorname{tg}\alpha = \frac{1}{b}\left(t + \frac{p_0}{\gamma}\right). \tag{26a}$$

Die Integration von (26) liefert:

$$w_e = \frac{15}{8}\frac{\omega}{\gamma} q_t f_{\nu=6}(\alpha). \tag{27}$$

Es ist:

$$f_{\nu=6}(\alpha) = \cos\alpha\left\{\left(1 - \frac{2}{3}\cos^2\alpha + \frac{1}{5}\cos^4\alpha\right) ln \operatorname{cotg}\frac{\alpha}{2}\operatorname{cotg}\left(\frac{\pi}{4} - \frac{\alpha}{2}\right) - \right.$$
$$\left. - \frac{2}{3}(\sin\alpha - \cos\alpha) + \frac{1}{15}\Phi(\alpha)\right\} \tag{27a}$$

und:

$$\Phi(\alpha) = (\sin\alpha + \cos\alpha)\,[-4 + 6\sin^2\alpha + \sin\alpha\cos\alpha + 8\sin^2\alpha\cos^2\alpha -$$
$$- 8\sin^3\alpha\cos^3\alpha + 4\sin\alpha\cos\alpha(\sin\alpha - \cos\alpha)]\,(-1 - \cos^2\alpha +$$
$$+ \sin\alpha\cos\alpha\cos 2\alpha). \tag{27b}$$

e) Die elastische Senkung der Mittellinie eines unendlich langen „glockenförmig" belasteten Streifens mit der Breite $2b$ in der Gründungstiefe t.

Ordnungszahl: $\nu = 4$:

Ersetzt man ähnlich wie in Ziffer 19 die auf die Streifenbreite $2b$ entfallende Last je Längeneinheit des Streifens durch eine Linienlast, die in der Höhe z_0 über der Gründungssohle angreift, dann ist mit den Bezeichnungen der Abb. 19, S. 43:

$$q = \frac{3}{4}\frac{q}{r}\cos^4\vartheta. \tag{28}$$

Die Gesamtlast $\bar{Q}$ je Längeneinheit ergibt sich mit:

$$\bar{Q} = \frac{3}{2}\,\bar{q}\int_{0}^{\vartheta_b} \cos^3\vartheta\, d\vartheta \tag{29}$$

und nach Ausführung der Integration:

$$\bar{Q} = \frac{3}{2}\,\bar{q}\left[1 - \frac{1}{3}\,\frac{b^2}{b^2 + z_0^2}\right]\frac{b}{\sqrt{b^2 + z_0^2}}. \tag{29a}$$

Die gedachte mittlere Belastung ist:

$$q_t = \frac{\bar{Q}}{2\,b}. \tag{30}$$

Daher wird mit Hilfe von (29a) die Linienlast:

$$\bar{q} = 4\,q_t\,\frac{(b^2 + z_0^2)^{\frac{3}{2}}}{(2\,b^2 + 3\,z_0^2)}. \tag{31}$$

Aus (28) folgt $q_{\max}$ für $\vartheta = 0$:

$$q_{\max} = \frac{3}{4}\,\frac{\bar{q}}{z_0} = 3\,q_t\,\frac{(b^2 + z_0^2)^{\frac{3}{2}}}{z_0\,(2\,b^2 + 3\,z_0^2)} \tag{32}$$

und:

$$q_b = 3\,q_t\,\frac{z_0^4}{(b^2 + z_0^2)\,(2\,b^2 + 3\,z_0^2)}. \tag{33}$$

Gleichung (23) mit entsprechend geänderten Integrationsgrenzen lautet:

$$\bar{w}_e = \omega\int_{z=z_0}^{z=\infty}\frac{\bar{\sigma}_z\,dz}{\gamma\,(z + t) + p_0}. \tag{34}$$

Aus (28) ergibt sich für $\vartheta = 0$ und $r = z$:

$$\sigma_z = \frac{3}{4}\,\frac{\bar{q}}{z}. \tag{35}$$

Damit erhalten wir:

$$\bar{w}_e = \frac{3}{4}\,q\,\frac{\omega}{\gamma}\int_{z=z_0}^{z=\infty}\frac{dz}{z\,(z + c_0)}, \tag{34a}$$

worin $c_0 = t + \frac{p_0}{\gamma}$ bedeutet.

Die Integration von (34a) ergibt:

$$\bar{w}_e = \frac{3}{4}\,\bar{q}\,\frac{\omega}{\gamma}\,\frac{1}{c_0}\,ln\,\frac{z_0 + c_0}{z_0}. \tag{34b}$$

Setzt man noch $\frac{c_0}{b} = c$ und $z_0 = \frac{b}{\xi}$, wobei ξ ein noch zu bestimmender Faktor ist, dann läßt sich schreiben:

$$\bar{w}_e = \frac{3\,(\xi^2 + 1)^{\frac{3}{2}}}{(2\,\xi^2 + 3)}\,\frac{\omega}{\gamma}\,q_t\,\frac{1}{c}\,ln\,(1 + \xi\,c). \tag{34c}$$

Drückt man auch $q_{\max}$ und q_b durch ξ aus, dann lauten diese beiden Größen nach Gl. (32) und (33):

$$q_{\max} = 3\, q_t \frac{(\xi^2 + 1)^{\frac{3}{2}}}{(2\,\xi^2 + 3)} \tag{32a}$$

und

$$q_b = 3\, q_t \frac{1}{(\xi^2 + 1)(2\,\xi^2 + 3)}. \tag{33a}$$

Will man $q_b < 0{,}01\, q_t$ machen, dann hat man den Faktor ξ entsprechend zu wählen: z. B. ergibt $\xi = 3{,}5$:

$$\left.\begin{aligned} q_b &= 0{,}0089\, q_t \\ q_{\max} &= 5{,}25\quad q_t \\ \text{und}\quad \bar{Q} &= 0{,}993\quad \bar{q} \end{aligned}\right\} \tag{33b}$$

Führt man den Faktor $\xi = 3{,}5$, der nach dem vorstehenden gut brauchbar ist, in Gl. (34c) ein, dann folgt:

$$\bar{w}_e = \frac{3}{2}\frac{\omega}{\gamma} q_t \frac{1}{c} \ln(1 + 3{,}5\, c). \tag{36}$$

Hierin ist:

$$c = \frac{1}{b}\left(t + \frac{p_0}{\gamma}\right). \tag{36a}$$

Ordnungszahl: $\nu = 6$:

Eine ganz analoge Betrachtung wie die vorhergehende führt auf das Ergebnis:

$$\bar{w}_e = \frac{15}{8}\frac{\omega}{\gamma} q_t \frac{1}{c} \ln(1 + 1{,}67\, c), \tag{37}$$

wobei

$$c = \frac{1}{b}\left(t + \frac{p_0}{\gamma}\right). \tag{37a}$$

Die Glockenform ist in diesem Falle durch die Werte:

$$\left.\begin{aligned} q_b &= 0{,}01\quad q_t \\ q_{\max} &= 3{,}12\quad q_t \\ \bar{Q} &= 0{,}990\, \bar{q} \end{aligned}\right\} \tag{37b}$$

festgelegt.

f) Die elastische Senkung des Mittelpunktes einer gleichmäßig mit q_t belasteten Kreisfläche vom Halbmesser r_0 in der Gründungstiefe t.

Ordnungszahl: $\nu = 4$:

Die lotrechte Normalspannung σ_z eines Achspunktes der Kreisfläche lautet nach Gl. 20 — (7):

$$\sigma_z = q_t\,(1 - \cos^4 \alpha). \tag{38}$$

Benützt man Gl. (23), dann wird:

$$w_e = \omega\, q_t \int\limits_{z=0}^{z=\infty} \frac{(1 - \cos^4 \alpha)\, dz}{\gamma\,(z + t) + p_0}. \tag{39}$$

Setzt man $\frac{z}{r_0} = \zeta$, $dz = r_0\, d\zeta$,

$$c = \frac{1}{r_0}\left(t + \frac{p_0}{\gamma}\right), \tag{39 a}$$

dann kann man w_e schreiben:

$$w_e = \frac{\omega}{\gamma}\, q_t \int\limits_{\zeta=0}^{\zeta=\infty} \frac{1 + 2\,\zeta^2}{(\zeta^2 + 1)^2\,(\zeta + c)}\, d\zeta. \tag{39 b}$$

Die Integration durch Zerlegung in Teilbrüche ergibt:

$$w_e = \frac{1}{4}\,\frac{\omega}{\gamma}\, q_t\, F\,(c), \tag{40}$$

wobei:

$$F\,(c) = \frac{1}{(1 + c^2)^2}\left\{2\,(1 + c^2) + \pi\, c\,(1 + 3\, c^2) - 4\,(1 + 2\, c^2)\, ln\, c\right\}. \tag{40 a}$$

Ordnungszahl: $\nu = 6$:

Ganz analog lauten die hier in Betracht kommenden Gleichungen:

$$\sigma_z = q_t\,(1 - \cos^6 \alpha), \tag{41}$$

$$w_e = \omega\, q_t \int\limits_{z=0}^{z=\infty} \frac{(1 - \cos^6 \alpha)\, dz}{\gamma\,(t + z) + p_0}, \tag{42}$$

$$w_e = \frac{\omega}{\gamma}\, q_t \int\limits_{\zeta=0}^{\zeta=\infty} \frac{(3\,\zeta^4 + 3\,\zeta^2 + 1)\, d\,\zeta}{(\zeta^2 + 1)^3\,(\zeta + c)}, \tag{42 a}$$

wobei

$$c = \frac{1}{r_0}\left(t + \frac{p_0}{\gamma}\right). \tag{42 b}$$

Nach Ausführung der in (42 a) angedeuteten Integration wird:

$$w_e = \frac{1}{16}\,\frac{\omega}{\gamma}\, q_t\, F\,(c), \tag{43}$$

worin:

$$F\,(c) = \frac{1}{(1 + c^2)^3}\left\{4\,(1 + c^2)\,(3 - 5\, c + 5\, c^2) + \right.$$
$$\left. + \pi\, c\,(3 + 10\, c^2 + 15\, c^4) - 16\,(1 + 3\, c^2 + 3\, c^4)\, ln\, c\right\}. \tag{43 a}$$

g) Die elastische Senkung des Mittelpunktes einer „glockenförmig" belasteten Kreisfläche vom Halbmesser r_0 in der Gründungstiefe t.

Denkt man sich den Sohldruck der kreisförmigen Lastfläche durch eine Kraft P hervorgebracht, die im Abstand z_0 über der Sohlmitte angreift (Abb. 20, S. 53), dann lautet die Sohlspannung q im Abstand ϱ von der Achse nach Tabelle I, Abschnitt IV für die Ordnungszahl $\nu = 4$:

$$q = \frac{2\,P}{\pi\,r^2} \cos^4 \vartheta. \tag{44}$$

Der Sohldruck ergibt sich aus

$$Q = \int\limits_{\varphi=0}^{\varphi=2\pi} \int\limits_{\varrho=0}^{\varrho=r_0} q\,\varrho\,d\varphi\,d\varrho. \tag{45}$$

Mit $\varrho = z_0 \operatorname{tg} \vartheta$, $d\varrho = z_0 \frac{d\vartheta}{\cos^2 \vartheta}$, $\frac{1}{r^2} = \frac{1}{z_0^2} \cos^2 \vartheta$ und nach Ausführung der Integration wird:

$$Q = P\,[1 - \cos^4 \vartheta_0]. \tag{45a}$$

Setzt man $z_0 = \frac{1}{\xi}\,r_0$, dann läßt sich schreiben:

$$Q = P\left[1 - \frac{1}{(1+\xi^2)^2}\right]. \tag{45b}$$

Läßt man einen Unterschied zwischen Q und P von 1% zu, dann hat man $\xi = 3$ zu wählen. Damit erhält man:

$$Q = 0{,}99\,P. \tag{45c}$$

Nun kann die „Glockenform" der Sohldruckverteilung bestimmt werden. Aus Gl. (44) erhält man $q_{\max}$, wenn man $r = z_0$ und $\vartheta = 0$ setzt:

$$q_{\max} = \frac{2\,P}{\pi\,z_0^2}. \tag{46}$$

Mit $z_0 = \frac{1}{\xi}\,r_0 = \frac{1}{3}\,r_0$ und $\frac{P}{r_0^2\,\pi} = q_t$ wird:

$$q_{\max} = 18\,q_t. \tag{46a}$$

Ebenso rechnet sich q_r aus (44), wenn man $r^2 = z_0^2 + r_0^2$ und $\vartheta = \vartheta_0$ macht; so erhält man:

$$q_r = \frac{2\,P}{\pi\,r_0^2\left(1 + \frac{1}{\xi^2}\right)(1+\xi^2)^2} \tag{47}$$

und mit $\xi = 3$:

$$q_r = 0{,}018\,q_t. \tag{47a}$$

Die elastische Senkung des Mittelpunktes der Kreisfläche ergibt sich aus:

$$w_e = \omega \int\limits_{z=0}^{z=\infty} \frac{\sigma_z\,dz}{\gamma\,(z+t) + p_0}. \tag{48}$$

Man hat zu setzen: $\sigma_z = \frac{2P}{\pi z^2}$ und erhält mit $c_0 = t + \frac{p_0}{\gamma}$

$$w_e = \frac{2P}{\pi}\frac{\omega}{\gamma}\int\limits_{z=z_0}^{z=\infty}\frac{dz}{z^2(z+c_0)}. \tag{48 a}$$

Die Integration ergibt mit Berücksichtigung von $P = q_t r_0^2 \pi$, $r_0 = \xi z_0$ und $c = \frac{c_0}{r_0}$, also:

$$c = \frac{1}{r_0}\left(t + \frac{p_0}{\gamma}\right) \tag{48 b}$$

$$w_e = 2\frac{\omega}{\gamma} q_t \frac{1}{c^2}\left\{c\,\xi - ln\,(1 + c\,\xi)\right\}. \tag{48 c}$$

Für $\xi = 3$ wird:

$$w_e = 2\frac{\omega}{\gamma} q_t \frac{1}{c^2}\left\{3\,c - ln\,(1 + 3\,c)\right\}. \tag{48 d}$$

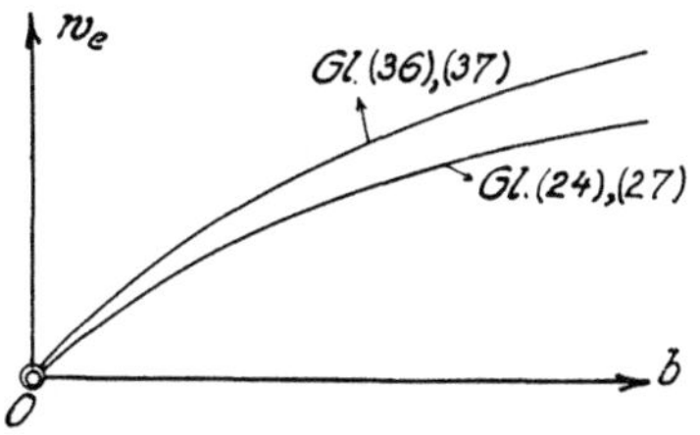

Abb. 36. Abhängigkeit der elastischen Senkung einer Streifenlast von der Streifenbreite.

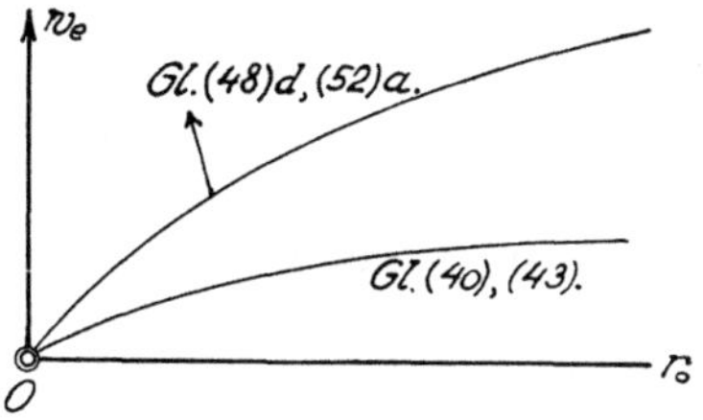

Abb. 37. Abhängigkeit der elastischen Senkung einer kreisförmigen Lastfläche vom Durchmesser.

Ordnungszahl: $\nu = 6$:

Die Ableitung ist der vorhergehenden vollkommen ähnlich; die entsprechenden Gleichungen lauten:

$$Q = P\left[1 - \frac{1}{(1+\xi^2)^3}\right]. \tag{49}$$

Für $\xi = 2$ erhält man:

$$Q = 0{,}992\,P. \tag{49a}$$

Die Glockenform ist bestimmt durch:

$$\left.\begin{aligned} q_{\max} &= 12\,q_t \\ q_r &= 0{,}0192\,q_t \end{aligned}\right\} \tag{50}$$

Mit der Abkürzung

$$c = \frac{1}{r_0}\left(t + \frac{p_0}{\gamma}\right) \tag{51}$$

kann die gesuchte elastische Senkung des Kreismittelpunktes wie folgt geschrieben werden:

$$w_e = 3\frac{\omega}{\gamma} q_t \frac{1}{c^2}\left\{c\,\xi - ln\,(1 + c\,\xi)\right\} \tag{52}$$

und für $\xi = 2$:

$$w_e = 3\frac{\omega}{\gamma} q_t \frac{1}{c^2}\left\{2\,c - ln\,(1 + 2\,c)\right\}. \tag{52a}$$

In Abb. 36 ist die Abhängigkeit der elastischen Senkung der streifenförmigen Lastfläche von der Streifenbreite b und in Abb. 37 die elastische Senkung der kreisförmigen Lastfläche in Abhängigkeit von deren Halbmesser r_0 graphisch dargestellt.

Man ersieht aus diesen beiden Schaubildern, daß unter Zugrundelegung des Elastizitätsgesetzes Gl. (3) die elastische Senkung bei gleichbleibender Lastverteilung und mittlerer Belastung q_0 bzw. q_t nicht im selben Maße wie Streifenbreite bzw. Lastflächenhalbmesser, sondern langsamer als diese Abmessungen der Gründungssohle zunehmen.

Vernachlässigt man, wie dies bei bindigen Böden manchmal zulässig ist, den Einfluß des Eigengewichtes, dann gilt anstatt Gl. (2) und (3):

$$\sigma_z = \varepsilon \frac{p_k}{\omega}. \tag{53}$$

In diesem Falle sind die bekannten Ergebnisse der strengen Boussinesqschen Theorie verwendbar. Für den unendlich langen Laststreifen erhält man dann $\overline{w}_e = \infty$, worauf Boussinesq in seinem Buche [3] bereits aufmerksam gemacht hat.

Dieses Paradoxon wurde ausführlich von van Iterson [31] behandelt. Hier genügt es, darauf hinzuweisen, daß für die unendlich lange, streifenförmige Lastfläche bei bindigen Böden der Eigengewichtseinfluß nicht vernachlässigt werden darf; es gelten dann die im vorliegenden Abschnitt abgeleiteten Formeln (24), (27), (30) und (37) mit $p_0 = p_k$ und ein Paradoxon tritt nicht auf.

Für die kreisförmige Lastfläche ergibt sich bei bindigen Böden unter Vernachlässigung des Eigengewichtseinflusses das bekannte Resultat der Boussinesqschen Theorie, daß die elastische Einsenkung bei konstanter mittlerer Belastung q_0 proportional mit dem Lastflächenhalbmesser zunimmt. Diese Beziehung ist, wie man aus dem oben Gesagten ersieht, als eine brauchbare Näherung anzusehen*.

h) Die Setzungen bei verhinderter Seitenausdehnung mit Berücksichtigung des Einflusses der örtlichen Spannungen σ_z auf die Veränderlichkeit des Elastizitätsmoduls.

Unter a bis g wurden für besondere Belastungsfälle geschlossene Formeln der elastischen Senkung bei verhinderter Seitenausdehnung hergeleitet, die auf das Formänderungsgesetz

$$E_b = \frac{\gamma z + p_0}{\omega} \tag{3}$$

bzw. nach Gl. 34 — (12):

$$M_b = \frac{\gamma z + p_M}{\omega_M}$$

basiert waren.

* Siehe Anhang, zu XI, 36.

Dieses Formänderungsgesetz wurde aus einer Näherung der von v. Terzaghi gefundenen Beziehung Gl. 34 — (1) abgeleitet und ist besonders dadurch gekennzeichnet, daß der Einfluß der von der äußeren Belastung herrührenden Bodenspannungen σ_z auf den Elastizitäts- bzw. Zusammendrückungsmodul vernachlässigt wurde. Verzichtet man auf die Entwicklung geschlossener Formeln und geht man zur tabellarischen Integration über, dann kann man den mit σ_z veränderlichen Elastizitäts- (Zusammendrückungs-) Modul nach Gl. 34 — (8) verwenden:

$$E_b = \frac{\sigma_z + \gamma z + p_0}{\omega}.$$

Im Falle bindiger Böden hat man p_0 durch das Druckäquivalent p_k der Konsistenzform zu ersetzen. Bezeichnen wir die Zusammendrückung der Tiefeneinheit (also nicht die Porenziffer!) mit ε, dann ist:

$$E_b = -\frac{d\,\sigma_z}{d\,\varepsilon}$$

und die Zusammendrückung der Tiefeneinheit an der Stelle, wo die Spannung σ_z herrscht:

$$\varepsilon = -\int \frac{d\,\sigma_z}{E_b} + C.$$

Setzt man E_b nach Gl. 34 — (8) ein, dann wird:

$$\varepsilon = -\omega \int \frac{d\,\sigma_z}{\sigma_z + \gamma z + p_k} + C$$

und die Integration ergibt, falls p_k als Festwert angesehen werden darf:

$$\varepsilon = -\omega \ln (\sigma_z + \gamma z + p_k) + C. \tag{54}$$

Für die Spannung $\sigma_z = 0$, also vor Aufbringung der Belastung war:

$$\varepsilon_0 = -\omega \ln (\gamma z + p_k) + C. \tag{54a}$$

Eliminiert man die Konstante C aus (54), so erhält man:

$$\Delta\varepsilon = \varepsilon_0 - \varepsilon = \omega \ln \frac{\sigma_z + \gamma z + p_k}{\gamma z + p_k}. \tag{55}$$

Die Setzung w_e ergibt sich aus der Summierung aller Ausdrücke $\Delta\varepsilon \,.\, \Delta z$, wobei Δz den kleinen Abstand zweier Punkte einer Lotrechten bedeutet, in welcher w_e festgestellt werden soll.

Berücksichtigt man noch, daß die Lastfläche in der Gründungstiefe t liegt, dann hat man in (55) das Symbol z durch $(t + z)$ zu ersetzen und gelangt so zu der Formel:

$$w_e = \omega \sum \ln \frac{\sigma_z + \gamma (t + z) + p_k}{\gamma (t + z) + p_k} \,.\, \Delta z.$$

Werden die natürlichen Logarithmen der Ausdrücke unter dem Summenzeichen für die Stellen

$$\begin{array}{llllll} & 0, & 1, & 2 \ldots\ldots \mu \ldots\ldots n \\ \text{mit} & a_0, & a_1, & a_2 \ldots\ldots a_\mu \ldots\ldots a_n \end{array}$$

bezeichnet und die Abstände sämtlich gleich Δz gewählt, dann nimmt der Ausdruck für w_e die Form an:

$$w_e \Big|_0^n = \omega \,.\, \Delta z \left\{ \frac{a_0 + a_1}{2} + \frac{a_1 + a_2}{2} + \ldots + \frac{a_{n-1} + a_n}{2} \right\}$$

oder

$$w_e \Big|_0^n = \omega \,.\, \Delta z \left\{ \sum_{\mu=1}^{\mu=n} a_\mu - \frac{a_0 + a_n}{2} \right\}, \tag{56}$$

worin

$$a_\mu = ln \frac{\sigma_{z\mu} + \gamma (t + z_\mu) + p_k}{\gamma (t + z_\mu) + p_k} \tag{56a}$$

bedeutet. Da man die Summierung niemals bis in unendliche Tiefe fortführen kann, empfiehlt es sich der Setzung $w_e \Big|_{\mu=0}^{\mu=n}$ ein Restglied hinzuzufügen, welches man leicht dadurch gewinnt, daß man von der Stelle $z_{\mu=n}$ an den Einfluß von σ_z, der dort bereits verschwindend ist, vernachlässigt; allgemein lautet das Restglied:

$$R = \omega \int_{z=z_n}^{z=\infty} ln \left(1 + \frac{\sigma_z}{\gamma (t + z) + p_k}\right) dz.$$

Da nun σ_z gegenüber $\gamma (t + z) + p_k$ verschwindet, kann man mit Berücksichtigung der unendlichen Reihe:

$$ln (1 + \Delta x) = \Delta x - \frac{(\Delta x)^2}{2} + \frac{(\Delta x)^3}{3} - \ldots,$$

wobei $-1 < \Delta x < 1$ gilt, schreiben:

$$R = \omega \int_{z_n}^{\infty} \frac{\sigma_z \, dz}{\gamma (t + z) + p_k}. \tag{57}$$

Diese Beziehung ist identisch mit Gl. 36 — (4), auf welche sämtliche Berechnungen unter a bis g aufgebaut sind. Die dort entwickelten Formeln können daher sämtlich für die Aufstellung des Restgliedes der Setzung nach der tabellarischen Integration Verwendung finden.

Faßt man Gl. (56) und (57) zusammen, dann lautet die allgemeine Formel für die Berechnung einer Setzung im Halbraum bei verhinderter

Seitenausdehnung, also wenn die kritische Randbelastung nicht überschritten wird:

$$w_e = \omega \left\{ \left[\sum_{\mu=1}^{\mu=n} a_\mu - \frac{1}{2}(a_0 + a_n) \right] \Delta z + \int_{z_n}^{\infty} \frac{\sigma_z \, dz}{\gamma(t+z) + p_k} \right\}, \qquad (58)$$

wobei

$$a_\mu = ln \left(1 + \frac{\sigma_{z,\mu}}{\gamma(t + z_\mu) + p_k} \right).$$

Durch Vernachlässigung von σ_z gegenüber einem hohen Werte von p_k und durch Nullsetzen des Raumgewichtes: $\gamma = 0$ kommt man auf:

$$w_e = \frac{\omega}{p_k} \int_{z=0}^{z=\infty} \sigma_z \, dz, \qquad (59)$$

eine Beziehung, die aus Gl. (53) unmittelbar hervorgeht.

An Hand der Gl. (58) läßt sich der Einfluß des Zeitfaktors auf die Setzungserscheinungen bindiger Böden erkennen. Herrscht in dem den Halbraum erfüllenden, luftfreien, bindigen Boden die Kohäsion p_k und besitzt dieser Boden eine sehr geringe Durchlässigkeit, dann wirkt (siehe [43]) nach Aufbringung einer örtlichen Belastung die Spannung σ_z nicht auf die feste Phase des Bodens, sondern auf die die Poren erfüllende Flüssigkeit; diese Spannung verursacht die von v. Terzaghi erforschten hydrodynamischen Erscheinungen in bindigen Böden. Gl. (58) gibt, da σ_z nicht auf die feste Phase des Bodens wirkt, die Senkung Null. Voraussetzung ist, wie oben erwähnt, daß der Sohldruck in der Lastfläche die kritische Randbelastung nicht überschreitet.

Nach Verlauf eines gewissen Zeitabschnittes, also eines Teiles der ganzen Setzungsdauer, hat der Ausgleich der hydrodynamischen Spannungserscheinungen begonnen und ein Bruchteil von σ_z wirkt dann auf die feste Phase des Bodens. Ist dieser Teil beispielsweise $\frac{1}{10}\sigma_z$, dann läßt sich die entsprechende Teilsetzung $w_{e,1}$ aus Gl. (58) berechnen. Durch den teilweisen Spannungsausgleich hat sich p_k auf $p_k + \frac{1}{10}\sigma_z$ erhöht und der Ausdruck a_μ für diesen ersten Abschnitt lautet:

$$a_{\mu,1} = ln \left(1 + \frac{\frac{1}{10}\sigma_{z,\mu}}{\gamma(t+z) + p_k + \frac{1}{10}\sigma_{z,\mu}} \right). \qquad (58\,a)$$

Das Integral in (58) wird nur im Zähler beeinflußt, da in größerer Tiefe σ_z gegenüber p_k sehr klein ist; um so mehr kann dort $\frac{1}{10}\sigma_z$ gegenüber p_k vernachlässigt werden. Nach Verlauf eines weiteren Zeitabschnittes sei ein zweites Zehntel von σ_z auf die feste Phase übergegangen, so daß die hydrodynamische Spannung nur mehr $0{,}8\,\sigma_z$ beträgt. Gl. (58) kann nun wieder angewendet werden. Das Glied a_μ lautet jetzt:

$$a_{\mu,2} = ln\left(1 + \frac{\frac{1}{10}\,\sigma_{z,\mu}}{\gamma\,(t+z) + p_k + \frac{2}{10}\,\sigma_{z,\mu}}\right). \tag{58b}$$

Das Restglied gibt genau denselben Setzungsbeitrag wie im ersten Zeitabschnitt, nämlich

$$\int\limits_{z_n}^{\infty} \frac{\frac{1}{10}\,\sigma_z\,dz}{\gamma\,(t+z) + p_k}.$$

Wie man durch Vergleich von (58a) und (58b) sieht, ist die Setzung im zweiten Zeitabschnitt kleiner als im ersten. Da nun das Abströmen des Porenwassers aus Gebieten höheren hydrostatischen Druckes nach solchen von niedrigerem Druck selbst wieder von der Höhe des jeweiligen Strömungsdruckes abhängt, ist es erklärlich, daß die Zeitabschnitte, die einer Abnahme $\frac{1}{10}\,\sigma_z$ entsprechen, stets länger werden. Die Rechnung mit Hilfe der Gl. (58) läßt sich auf dieselbe Weise fortsetzen, bis der hydrostatische Überdruck auf $0{,}1\,\sigma_z$ und schließlich auf Null gesunken ist: in diesem Augenblicke ist der hydrodynamische Spannungsausgleich vollzogen, die Setzungsdauer (in unserem Beispiel die Summe der 10 stets zunehmenden Zeitabschnitte) ist abgelaufen. Unsere Rechnung liefert wohl die stets kleiner werdenden Teilsetzungen, sie enthält jedoch keine Aussage über die Länge der Zeitabschnitte, in denen der hydrostatische Überdruck um $\frac{1}{10}\,\sigma_z$ sinkt, also auch nichts über die Setzungsdauer. Um auch die Setzungszeiten zu bestimmen, wäre es erforderlich, den Durchlässigkeitskoeffizienten des Bodens, eine ebenfalls veränderliche Größe, in die Rechnung einzuführen, wovon im Rahmen dieses Leitfadens abgesehen werden möge. In vielen praktischen Fällen wird man sich damit begnügen, festzustellen, welche Gesamtsetzung für eine Gründung auf einem bindigen Boden überhaupt zu gewärtigen ist und die Frage, ob diese Setzung in 10 oder in 100 Jahren auftritt, durch Schätzungen zu beantworten suchen.

Was die Bodenkonstante ω betrifft, die nach Gl. 34 — (5) von der mittleren Porenziffer abhängig ist, so kann diese für die 10 Rechnungsabschnitte, falls nötig, mit Hilfe der mittleren Porenziffer ε_m, siehe Gl. 34 — (1), jeweils korrigiert werden. Die Zahl der Setzungsabschnitte kann je nach der verlangten Genauigkeit der Rechnung höher oder niedriger gewählt werden.

XII. Einfluß der plastischen Erscheinungen auf die Setzung einer Lastfläche.

37. Die Diskontinuität im plastischen Gebiet.

Unter Ziffer 29, Abschnitt IX, wurden die Grenzflächen der Fließbereiche für eine auf die Halbraumoberfläche wirkende lotrechte Einzellast P auf Grund der allgemeinen Mohrschen Fließbedingung bestimmt.

Für den Fall einer losen Masse, also für $p_k = 0$, gelangten wir zu dem Ergebnis:

$$r = \cos^{\frac{\nu-3}{3}} \vartheta \,.\, \sqrt[3]{\frac{1}{2\,c_\nu}\,\frac{1-k}{k}} \tag{1}$$

als Polargleichung des Meridians der Grenzfläche.

(1) führt im Sonderfall $\nu = 4$ mit $c_{\nu=4} = \frac{\pi\gamma}{2P}$ auf:

$$r_{\nu=4} = \sqrt[3]{\frac{P}{\pi\gamma}\cos\vartheta\,\frac{1-k}{k}}, \tag{1a}$$

wobei $k = \sin\varphi_r$ bedeutet. Wählen wir den Winkel der inneren Reibung $\varphi_r = 30^0$, dann wird $k = \frac{1}{2}$, $\frac{1-k}{k} = 1$ und

$$r_{\nu=4,\,k=0,5} = \sqrt[3]{\frac{P}{\pi\gamma}\cos\vartheta}. \tag{1b}$$

Nun wollen wir im Falle $\nu = 4$ mit Hilfe des Elastizitätsgesetzes:

$$E_b = \frac{\gamma z}{\omega} \tag{2}$$

die elastischen Formänderungen untersuchen, die eine lotrechte Einzellast P im Halbraume erzeugt, um zu einer anderen Deutung des „Fließbereiches" oder „Gebietes der Gleichgewichtsstörung" zu gelangen.

Wie wir in Abschnitt XI, Gl. 35 — (11) gesehen haben, führte der mit der Tiefe linear zunehmende Elastizitätsmodul, Gl. (2), auf die Spannungsverteilung $\nu = 4$, die also mit dem angenommenen elastischen Verhalten des Stoffes, Gl. (2), verträglich ist.

Die elastische, polar gerichtete Verschiebung eines Punktes mit den Koordinaten r, ϑ lautet:

$$w_{e,\vartheta} = \int\limits_{\varrho=r}^{\varrho=\infty} \varepsilon\, d\varrho = \int\limits_{r}^{\infty} \frac{\sigma_\varrho}{E_b}\, d\varrho, \tag{3}$$

wobei die Seitenausdehnung unbehindert angenommen wurde.

Die polar gerichtete Normalspannung ist für $\nu = 4$:

$$\sigma_\varrho = \frac{2P}{\pi\varrho^2}\cos^2\vartheta. \tag{4}$$

Führt man diesen Wert in (3) ein, berücksichtigt (2) und $\cos\vartheta = \frac{z}{r}$, dann liefert die Integration von (3):

$$w_{e,\vartheta} = \frac{P}{\pi r^2} \frac{\omega}{\gamma} \cos\vartheta. \tag{5}$$

Da lose Massen nur dort Zugspannungen aufnehmen können, wo diese durch schon vorhandene, z. B. durch Eigengewicht verursachte Druckspannungen kompensiert werden, muß durch die polar gerichteten Verschiebungen $w_{e,\vartheta}$ in unmittelbarer Nähe der Last P, wo die Eigengewichtsspannungen noch gering sind, Diskontinuität der Masse entstehen: die vom Angriffspunkt der Last P ausgehenden Kugelsektoren mit den Fahrstrahlen ϑ als Achsen werden in der Nähe von P voneinander getrennt. Die Trennung geht so weit, bis die vorhandenen Eigengewichtsdrücke imstande sind, ihr Auftreten zu verhindern.

Um die Länge r des Fahrstrahles, wo dies stattfindet, zu berechnen, beachten wir, daß ein Bogenelement des Halbkreises r durch die polare Verschiebung $w_{e,\vartheta}$ eine Dehnung in tangentialer Richtung

$$\varepsilon_t = \frac{w_{e,\vartheta}}{r} \tag{6}$$

erfahren müßte, damit eine Diskontinuität in der Masse vermieden würde.

Die durch ε_t mit Berücksichtigung des Elastizitätsmoduls E_b nach (2) geweckte Zugspannung wäre:

$$\sigma_t = E_b \,.\, \varepsilon_t = \frac{P}{\pi r^3} z \cos\vartheta. \tag{7}$$

σ_t kann nur dort entstehen, wo die Eigengewichtsdruckspannung sie kompensiert.

In einer Tiefe z ist bei Annahme einer Ruhedruckziffer $\zeta = 1$ die tangentiale Eigengewichtsdruckspannung

$$\sigma_g = \gamma z. \tag{8}$$

Die Gleichsetzung der Ausdrücke (7) und (8):

$$\sigma_t = \sigma_g \tag{9}$$

liefert:

$$r = \sqrt[3]{\frac{P}{\pi \gamma} \cos\vartheta}. \tag{10}$$

Dieses Ergebnis ist aber nichts anderes als Gl. (1b). Während wir bei der Ableitung von (1b) eine Gleichgewichtsstörung durch Gleitflächenbildung ($\varphi_r = 30^0$) voraussetzen, ist (10) auf die Annahme eines Trennungsbruches basiert:

Der Diskontinuitätsbereich Gl. (10) ist identisch mit dem Fließbereich Gl. (1b).

Wenn auch die vollkommene Übereinstimmung der beiden Gebiete nur für $\varphi_r = 30^0$ gilt, so ist die aus diesem Vergleiche abgeleitete Schlußfolgerung dennoch wertvoll. Überdies hat eine Änderung von φ_r

keinen großen Einfluß auf die Ausdehnung des Fließbereiches. Setzt man z. B. $\varphi_r = 40^0$, dann tritt auf der rechten Seite von Gl. (1b) der Faktor $\sqrt[3]{\frac{1-0,643}{0,643}} = 0,822$ hinzu; für den viel kleineren Reibungswinkel $\varphi_r = 20^0$ lautet derselbe $\sqrt[3]{\frac{1-0,342}{0,342}} = 1,244$.

Die durch Trennung der Kugelsektoren im Fließbereich entstehenden strahlenförmigen kleinen Räume werden im Falle einer losen Masse von den Körnern derselben sofort ausgefüllt, wodurch natürlich eine gewisse Setzung entsteht. Wir wollen diese die plastische Setzung nennen. In dem oben betrachteten Fall einer Einzellast P müßte die Lastangriffsstelle durch eine kleine Kugel r_0 von der Berechnung ausgeschlossen werden, um die plastische Verschiebung in jeder beliebigen Richtung ϑ zu ermitteln. Wir wollen uns auf die plastische Verschiebung in lotrechter Richtung, also auf die eigentliche plastische Setzung beschränken und diese für eine streifenförmige und für eine kreisförmige Lastfläche bestimmen. Die theoretischen Fälle der Linienlast $\bar{q}$ und der Einzellast P sollen hier übergangen werden; ihre Behandlung ist übrigens sehr einfach.

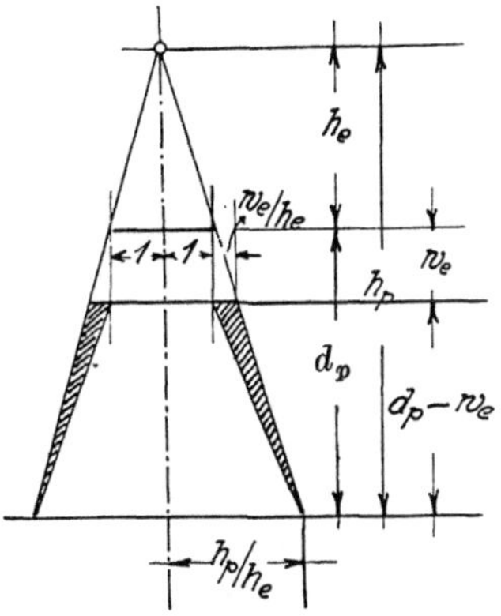

Abb. 38. Zusammenhang zwischen den Abmessungen des Fließbereiches und der plastischen Senkung.

38. Die plastische Setzung der streifenförmigen Lastfläche.

In den Abb. 31 bis 34* ist die Entwicklung des Fließbereiches unter einer streifenförmigen Lastfläche für die Ordnungszahl $\nu = 3$ mit konkreten Werten aller vorkommenden Größen veranschaulicht. Die beiden anfänglich getrennten plastischen Teile fließen erst bei einer Belastung $q_0 = 2,26$ kg/cm² ineinander. Von diesem Augenblicke an, in welchem ein elastischer Kern zustande gekommen ist, kann man erst von einer plastischen Setzung in der Streifenachse sprechen. Es sei (Abb. 38):

h_e ... die Höhe des elastischen Kerns;
h_p ... die Höhe des plastischen Gebietes;
d_p ... die Dicke des plastischen Gebietes oder „plastische Strecke";
w_e ... die Gesamtsetzung des tiefsten Punktes des elastischen Kernes (elastisch + bleibend) bei verhinderter Seitenausdehnung;
w_p ... die gesuchte plastische Setzung.

* S. 78—81.

Der in Abb. 38 schraffierte Raum ΔV besitze senkrecht zur Bildebene die Ausdehnung y; er läßt sich angenähert als Unterschied zweier abgestumpfter Keile wie folgt rechnen:

$$\Delta V = y\,(d_p - w_e)\left\{\frac{h_p}{h_e} + \left(1 + \frac{w_e}{h_e}\right) - \frac{h_p}{h_e} - 1\right\},$$

$$\Delta V = y\,\frac{d_p}{h_e}\,w_e. \qquad (1)$$

Beim Ausfüllen dieses Raumes infolge seitlichen Ausweichens des Bodens entsteht eine Senkung w_p, wobei

$$2\,y\,w_p = \Delta V \qquad (2)$$

sein muß.

Aus (1) und (2) folgt:

$$w_p = \frac{1}{2}\,\frac{d_p}{h_e}\,w_e. \qquad (3)$$

Da bei steigender Belastung die plastische Strecke d_p wächst und gleichzeitig die Höhe des elastischen Kernes abnimmt, d_p im Zähler von w_p, h_e jedoch im Nenner vorkommt, bewirken beide Faktoren ein Anwachsen der plastischen Setzung.

Zahlenbeispiel für die Berechnung der plastischen Setzung einer streifenförmigen Lastfläche.

Wir wählen wie in Ziffer 31 die Streifenbreite $2\,b = 100$ cm, die Gründungstiefe $t = 0$, das Raumgewicht der losen Masse $\gamma = 0{,}0015$ kg/cm³, die innere Reibung $\varphi_r = 45^0$, die Ordnungszahl der Spannungsverteilung $\nu = 3$ und die Ruhedruckziffer $\zeta = 1$. Da der elastische Kern erst bei einer Belastung von $q_0 = 2{,}26$ kg/cm² geschlossen ist, wählen wir für die Berechnung der plastischen Setzung die folgenden viel höheren Werte:

$$q_0 = 4, \quad 8 \quad \text{und} \quad 16\ \text{kg/cm}^2.$$

Das kritische Hauptspannungsverhältnis ist nach Gl. 28 — (5):

$$n_{\text{krit.}} = \frac{1 + \sin\varphi_r}{1 - \sin\varphi_r} = 5{,}75.$$

Die Formel für das einer Belastung q_0 entsprechende Hauptspannungsverhältnis in der Streifenachse lautet mit Hilfe von Gl. 31 — (3):

$$n = \frac{q_0\,(2\,\beta + \sin 2\,\beta) + \pi\,\gamma\,z}{q_0\,(2\,\beta - \sin 2\,\beta) + \pi\,\gamma\,z}. \qquad (4)$$

Hierin ist:

$$\beta = \operatorname{arc\,tg}\frac{b}{z}. \qquad (5)$$

Für Werte von $q_0 > 2{,}26$ kg/cm² gibt es stets zwei Werte von β, für welche $n = n_{\text{krit.}}$ wird. Diese beiden Werte β_0 und β_u müssen für jede der Belastungen 4, 8 und 16 kg/cm² aufgesucht werden. Aus Gl. (5) ergibt sich dann:

$$\left.\begin{aligned} z_{\beta=\beta_0} &= h_e = b \operatorname{cotg} \beta_0 \\ \text{und} \qquad z_{\beta=\beta_u} &= h_p = b \operatorname{cotg} \beta_u \end{aligned}\right\} \tag{6}$$

Die plastische Strecke d_p ist dann durch:

$$d_p = h_p - h_e = b\,(\operatorname{cotg} \beta_u - \operatorname{cotg} \beta_0) \tag{7}$$

bestimmt.

Die Ergebnisse dieser Berechnung sind folgende:

q_0 kg/cm²	h_e cm	h_p cm	d_p cm	$\frac{w_p}{w_e}$	$\frac{w_p}{w_{e,\,4}}$
4	67	167	100	0,75	0,75
8	60	250	190	1,58	3,16
16	60	375	315	2,51	10,04

In der letzten Spalte ist das Verhältnis der plastischen Setzung w_p zur Gesamtsetzung w_e bei verhinderter seitlicher Ausdehnung für $q_0 = 4$ kg/cm² eingetragen. Diese Zahlen, die man mit Rücksicht auf die verhältnisgleiche Zunahme von w_e mit der Belastung q_0 erhält, sind in Abb. 39 eingetragen.

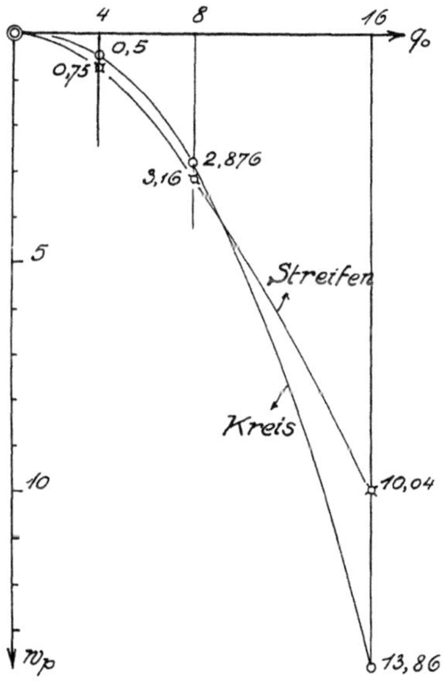

Abb. 39. Senkung des gleichmäßig belasteten Streifens und der Kreisfläche bei gleicher Einheitspressung.

39. Die plastische Setzung der kreisförmigen Lastfläche.

Ganz analog wie beim Laststreifen bildet sich im Falle der Belastung der Oberfläche einer losen Masse zunächst bei geringer Belastung q_0 in der Nähe des Lastflächenrandes ein ringförmiger Bereich, innerhalb dessen die Fließbedingung für lose Massen zu Recht besteht. Durch Erhöhung von q_0 vergrößert sich der Rauminhalt des Fließbereiches sowohl nach außen als auch nach innen, d. h. nach der Lastflächenachse zu. Für einen gewissen Wert von q_c wird der Kleinstabstand der Punkte an der Innenseite der Umdrehungsfläche von der Achse gleich Null. In diesem Augenblick hat sich ein geschlossener elastischer Kern gebildet, dessen tiefster Punkt zugleich der äußeren Begrenzungsfläche des Fließbereiches angehört (Abb. 34, S. 81).

Erhöht man die Belastung q_0 der Kreisfläche noch weiter, dann verkleinert sich der elastische Kern und es gibt eine innere und eine davon getrennte äußere Begrenzungsfläche des plastischen Teiles, die, wenn es sich um eine Belastung q_t in einer gewissen Tiefe unter der Oberfläche handelt, den Umfang der Lastfläche gemeinsam haben (Abb. 33). Es gibt dann zwei Punkte in der Lastflächenachse, in denen die Fließbedingung erfüllt ist oder, was dasselbe bedeutet, in denen das Hauptspannungsverhältnis n gleich $n_{\text{krit.}}$ geworden ist. Der obere dieser beiden Punkte bestimmt h_e, die Höhe des elastischen Kernes, der untere h_p, die Höhe des Fließbereiches bis zur Lastfläche (Gründungssohle).

Der Zusammenhang der plastischen Setzung w_p mit den Größen h_e, h_p und w_e, d. i. die Gesamtsetzung bei verhinderter Seitenausdehnung h_e (elastisch + bleibend), kann näherungsweise wie folgt ermittelt werden.

Der in Abb. 38 schraffierte Raum ΔV errechnet sich als Unterschied der Rauminhalte zweier Kegelstumpfe:

$$\Delta V = \frac{1}{3}\pi(d_p - w_e)\left\{\frac{h_p^2}{h_e^2} + \frac{h_p}{h_e}\left(1+\frac{w_e}{h_e}\right) + \left(1+\frac{w_e}{h_e}\right)^2 - \frac{h_p^2}{h_e^2} - \frac{h_p}{h_e}\cdot 1 - 1\right\}. \tag{1}$$

Durch Vernachlässigung von w_e gegenüber d_p und der Glieder mit w_e^2 erhält man:

$$\Delta V = \frac{\pi}{3} d_p \frac{h_p w_e}{h_e^2}. \tag{1a}$$

Dieses Volumen muß durch die plastische Setzung w_p gedeckt werden:

$$\Delta V = w_p\left(1+\frac{w_e}{h_e}\right)^2 \pi. \tag{2}$$

Wird auch hier $\frac{w_e}{h_e}$ gegenüber der Einheit vernachlässigt, dann liefert (1a) mit (2):

$$w_p = \frac{1}{3}\frac{d_p h_p}{h_e^2} w_e. \tag{3}$$

Die plastische Setzung beim räumlichen Problem ist also sehr stark von dem Verhältnis der Höhe des elastischen Kernes zur Höhe des plastischen Gebietes abhängig. Sie wächst proportional mit dem Verhältnis $\frac{d_p}{h_e}$ und überdies mit dem Verhältnis $\frac{h_p}{h_e}$. Beim ebenen Problem 38—(3) wächst die plastische Setzung, abgesehen von w_e, nur mit dem Verhältnis $\frac{d_p}{h_e}$ allein.

Zahlenbeispiel für die Berechnung der plastischen Setzung einer kreisförmigen Lastfläche.

Wie unter 38 soll auch hier angenommen werden: $2\,r_0 = 100$ cm, $t = 0$, $\gamma = 0{,}0015$ kg/cm³, $\varphi_r = 45^0$, $\nu = 3$ und $\zeta = 1$. Die plastische Setzung w_p soll für $q_0 = 4$, 8 und 16 kg/cm² bestimmt werden.

Das Hauptspannungsverhältnis n für einen Achspunkt in der Tiefe $z = r_0 \operatorname{cotg} \alpha$ lautet nach Gl. 20—(7) und 20—(9a):

$$n = \frac{q_0\,(1 - \cos^3 \alpha) + \gamma z}{q_0\left(1 - \frac{3}{2}\cos\alpha + \frac{1}{2}\cos^3\alpha\right) + \gamma z}. \tag{4}$$

Hierin ist

$$\alpha = \operatorname{arc\,tg} \frac{r_0}{z}. \tag{5}$$

Das kritische Hauptspannungsverhältnis ist: $n_{\text{krit.}} = 5{,}75$.

Für jede Belastung q_0, die größer ist als jene, bei welcher der elastische Kern sich schließt, gibt es zwei Werte von α, aus denen die Größen h_e und h_p berechnet werden können:

$$\left.\begin{aligned} z_{\alpha=\alpha_0} &= h_e = r_0 \operatorname{cotg} \alpha_0 \\ z_{\alpha=\alpha_u} &= h_p = r_0 \operatorname{cotg} \alpha_u \end{aligned}\right\} \tag{6}$$

Die plastische Strecke d_p ist bestimmt durch:

$$d_p = h_p - h_e = r_0\,(\operatorname{cotg} \alpha_u - \operatorname{cotg} \alpha_0). \tag{7}$$

Rechnungsergebnisse:

q_0 kg/cm²	h_e cm	h_p cm	d_p cm	$\frac{w_p}{w_e}$	$\frac{w_p}{w_{e,4}}$
4	57,5	105,0	47,5	0,50	0,50
8	55,0	145,0	90,0	1,44	2,88
16	55,0	207,0	152,0	3,47	13,88

Die Zahlen der letzten Spalte sind in das Schaubild Abb. 39 eingetragen. Der Vergleich des Verlaufes der Last-Setzungslinie für Streifen- und Kreisflächenlast (Streifenbreite = Kreisdurchmesser) lehrt, daß für kleine Sohldrücke q_0 der Laststreifen tiefer einsinkt als die Kreisflächenlast; für größere Sohldrücke kehrt sich dieses Verhältnis jedoch um, so daß man für den Streifen eine höhere „Grenzlast" erhält als für den Kreis. Dieses Ergebnis steht im Einklang mit sorgfältig durchgeführten Versuchen von v. Terzaghi [43] mit verschiedenen Sanden.

40. Einfluß der plastischen Erscheinungen auf die Setzung einer kreisförmigen Lastfläche mit veränderlichem Durchmesser bei konstantem Sohldruck.

In Abschnitt XI, Ziffer 36, f., wurde die elastische Senkung des Mittelpunktes einer gleichmäßig belasteten Kreisfläche vom Durchmesser $2\,r_0$ in der Gründungstiefe t bei konstantem Sohldruck behandelt. Das benützte Elastizitätsgesetz lautete $E_b = \frac{\gamma z + p_0}{\omega}$; die Ergebnisse gelten ebenso für die Gesamtsenkung, wenn man statt E_b einen Zusammendrückungsmodul $M_b = \frac{\gamma z + p_M}{\omega_M}$ einführt. Die Voraussetzung für die Ableitung dieser Senkungen lautete, daß die seitliche Ausdehnung des Bodens unter der Lastfläche verhindert war. Dies ist praktisch gleichbedeutend mit der Forderung, daß keine Fließerscheinungen auftreten. In Abschnitt X wurde gezeigt, daß auch die geringste Oberflächenbelastung einer losen Masse schon plastische Vorgänge verursacht. Ist jedoch die Belastung klein, dann beschränken sich die Fließerscheinungen auf den Rand der Lastfläche und spielen in Fällen großer Lastflächendurchmesser für die Senkung des Mittelpunktes keine bedeutende Rolle. Für kleine Sohldrücke und große Lastflächendurchmesser kann man die Tiefe $z_{\max}$ des Fließbereiches näherungsweise nach der Formel:

$$z_{\max} = \frac{q_0}{\pi \gamma} \left\{ \operatorname{cotg} \varphi_r - \left(\frac{\pi}{2} - \varphi_r \right) \right\} \tag{1}$$

berechnen.

Diese Tiefe wächst also verhältnisgleich mit der Belastung, ist jedoch für große Lastflächen vom Durchmesser unabhängig. Wird die Lastfläche kleiner, dann gilt (1) nicht mehr, weil diese Beziehung aus dem ebenen Problem hergeleitet wurde. Für das zentrisch-symmetrische Spannungsproblem läßt sich die Größe des Fließgebietes in einfacher Weise nur für die Symmetrieachse bestimmen. Dies genügt jedoch für unsere Zwecke. Wir wollen seitliches Ausweichen des Bodens als verhindert betrachten, solange der Fließbereich die Lastflächenachse nicht erreicht hat. Von diesem Augenblicke an treten plastische Setzungen im Mittelpunkte der Lastfläche ein. Unter Ziffer 39 wurde ein Zahlenbeispiel behandelt, wobei die Lastfläche mit 1,0 m Durchmesser angenommen wurde. Der Mittelpunkt dieser Platte zeigte bei $q_0 = 4$ kg/cm² bereits plastische Setzungen. Wir wollen nun diesen Sohldruck konstant lassen und den Durchmesser variieren. Die erste Frage, die sich hier aufdrängt, ist die nach der Größe der Kreisfläche, für welche der Mittelpunkt keine plastische Setzung mehr erleidet. Das Hauptspannungsverhältnis in der Lastachse läßt sich nach Gl. 39 — (4) wie folgt schreiben:

$$n = \frac{q_0 (1 - \cos^3 \alpha) + \gamma r_0 \operatorname{cotg} \alpha}{q_0 \left(1 - \frac{3}{2} \cos \alpha + \frac{1}{2} \cos^3 \alpha\right) + \gamma r_0 \operatorname{cotg} \alpha}. \tag{2}$$

Für $q_0 = 4$ kg/cm² muß $n_{\max} = n_{\text{krit.}} = 5{,}75$ sein; der Wert von r_0, der auf $n_{\max} = 5{,}75$ führt, läßt sich nur durch eine Näherungsrechnung finden, indem man für verschiedene Annahmen von r_0 jeweils $n_{\max}$ aufsucht. In der folgenden Tabelle VI sind die Hauptspannungsverhältnisse n in Achspunkten verschiedener Tiefe für einen Lastflächenhalbmesser

$r = 75$, 70, 60, 50 und 40 cm, nach Gl. (2) ausgerechnet, zusammengestellt.

Tabelle VI.

Hauptspannungsverhältnisse n in der Lastflächenachse für verschiedene Halbmesser r_0, bei der Spannungsverteilung $\nu = 3$, $\gamma = 0{,}0015$ kg/cm³, $\varphi_r = 45^0$, $n_{\text{krit.}} = 5{,}75$.

	a im Gradmaß:							
	90	45	40	35	30	25	20	15
r_0 in cm	n							
75	1	4,74	5,33	5,69	5,42	.	.	.
70	1	4,76	5,43	5,92	5,63	.	.	.
60	1	4,87	5,61	6,25	6,09	4,97	.	.
50	1	4,95	5,80	6,60	6,50	5,60	3,90	.
40	1	5,09	6,04	7,11	7,40	6,37	4,51	.

Die Höhe h_e des elastischen Kernes, die Höhe des plastischen Bereiches h_p, die plastische Strecke $d_p = h_p - h_e$ ergeben sich aus den n-Kurven dadurch, daß man sie mit $n_{\text{krit.}} = 5{,}75$ zum Schnitt bringt. Gl. 39 — (3) liefert dann das Verhältnis $\frac{w_p}{w_e}$. Die betreffenden Zahlen lauten wie folgt:

$r_0 =$	70	60	50	40	cm
$h_e =$	91	74	57,5	45	„
$h_p =$	114	114	105	93	„
$d_p =$	23	40	47,5	48	„
$\frac{w_p}{w_e} =$	0,106	0,277	0,500	0,735	

Um zu einem Schaubild der plastischen und elastischen Setzungen w_e und w_p zu kommen, hat man noch die Setzungen w_e bei verhinderter Seitenausdehnung des Bodens zu berechnen.

Gl. 34 — (12) des Zusammendrückungsmoduls M_b lautete:

$$M_b = \frac{p + p_M}{\omega_M}. \tag{3}$$

p_M und ω_M sind Bodenkonstante; p setzt sich aus der lotrechten Normalspannung σ_z und der Eigengewichtsspannung $\sigma_{g,\,v} = \gamma z$ zusammen.

$$p = \sigma_z + \gamma_z. \tag{4}$$

Die Größe p_M kann bei losen Massen oft vernachlässigt werden, so daß der Modul M_b die Form:

$$M_b = \frac{\sigma_z + \gamma z}{\omega_M} \tag{3a}$$

annimmt. Man hat demnach nur mehr eine einzige Bodenkonstante zu berücksichtigen, die aus dem Druck-Porenzifferdiagramm der betreffenden Bodenart gewonnen wird; nach Gl. 34 — (5) ist:

$$\omega_M = \frac{a}{(1+\varepsilon_m)}, \tag{5}$$

wobei a ein Maß der Verdichtungsfähigkeit und ε_m einen Mittelwert der Porenziffer in dem in Betracht kommenden Druckintervall bedeutet.

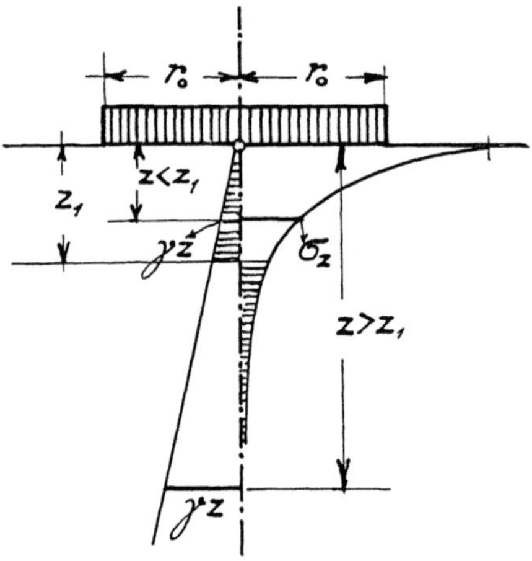

Abb. 40. Angenäherte Senkung einer gleichmäßig belasteten Kreisfläche bei verhinderter Seitenausdehnung unter Berücksichtigung des Einflußes der lotrechten Normalspannung σ_z auf die Größe des Zusammendrückungsmoduls.

Will man den Einfluß von σ_z auf den Modul M_b nicht vernachlässigen, dann kann man keine der im Abschnitt XI abgeleiteten geschlossenen Formeln für w_e benützen und man ist genötigt, zur tabellarischen Integration seine Zuflucht zu nehmen. Es gibt jedoch noch eine Möglichkeit, mit Hilfe geschlossener Integration zu genügend genauen Werten der Setzung w_e zu gelangen, wenn man für die Aufstellung des Elastizitäts- bzw. des Zusammendrückungsmoduls nach Abb. 40 zwei Tiefenstrecken unterscheidet, und zwar von $z = 0$ bis $z = z_1$, wo der Einfluß des Eigengewichtes sehr gering ist, und von $z = z_1$ bis $z = \infty$, wo die Eigengewichtsspannung den Einfluß der von der äußeren Belastung q_0 herrührenden lotrechten Normalspannung überwiegt.

Im oberen Teil $0 < z < z_1$ kann man dann Gl. (3 a) wie folgt schreiben:

$$M_{b,1} = \frac{\sigma_z}{\omega_M}. \tag{6}$$

Im unteren Teil $z_1 < z < \infty$ hingegen lautet M_b:

$$M_{b,2} = \frac{\gamma z}{\omega_M}. \tag{7}$$

Die Tiefe z_1 ist bestimmt durch die Gleichheit der beiden Spannungen σ_z und σ_g:

$$\sigma_{z_1} = \gamma z_1. \tag{8}$$

Die Gesamtsetzung w_e, worin der Zeiger e noch stets das Wort „elastisch“

andeutet, die jedoch allgemein elastische und bleibende Setzungen bei verhinderter seitlicher Ausdehnung bezeichnet, besteht aus zwei Teilen:

$$w_e = w_{e,1} + w_{e,2}. \tag{9}$$

Wie in Abschnitt XI ist dann:

$$w_e = \int_{z=0}^{z=\infty} \varepsilon\, dz = \int_{z=0}^{z=z_1} \frac{\sigma_z}{M_{b,1}}\, dz + \int_{z=z_1}^{z=\infty} \frac{\sigma_z}{M_{b,2}}\, dz. \tag{10}$$

Mittels Gl. (6) und (7) und $\sigma_z = q_0\,(1 - \cos^3 \alpha)$ findet man nach einfacher Rechnung:

$$w_e = \omega_M \left\{ r_0 \operatorname{cotg} \alpha_1 + \frac{q_0}{\gamma} \left[1 - \cos \alpha_1 - ln\left(1 - \operatorname{tg}^2 \frac{\alpha_1}{2}\right) \right] \right\}. \tag{11}$$

Hierin ist α_1 der zu z_1 gehörige Winkel: $\operatorname{tg} \alpha_1 = \frac{r_0}{z_1}$; er wird bestimmt aus Gl. (8):

$$q_0\,(1 - \cos^3 \alpha_1) = \gamma\, r_0 \operatorname{cotg} \alpha_1. \tag{8a}$$

Im allgemeinen ist der Wert α_1 sehr klein (12 bis 15°), weshalb in Gl. (11) das letzte Glied

$$-ln\left(1 - \operatorname{tg}^2 \frac{\alpha_1}{2}\right) \text{ durch } + \operatorname{tg}^2 \frac{\alpha_1}{2}$$

ersetzt werden kann.

Gl. (11) liefert beispielsweise mit der Konstanten $\omega_M = \frac{1}{300}$, die wir aus einem Druck-Porenzifferschaubild nach Gl. (5) entnehmen müssen für $q_0 = 4$ kg/cm², $\gamma = 0{,}0015$ kg/cm³ folgende Zahlen:

r_0	= 70	60	50	40	cm
$w_{e,1}$	= 8,7	8,0	7,2	6,1	mm
$w_{e,2}$	= 1,1	1,0	0,8	0,8	,,
w_e	= 9,8	9,0	8,0	6,9	,,

Mit diesen Ergebnissen und den oben errechneten Werten w_p kann das Schaubild der Gesamtsetzungen

$$w = w_e + w_p \tag{12}$$

Abb. 41 konstruiert werden. Dasselbe gibt die Erklärung für die Lastsetzungsschaubilder mit gleichem Sohldruck q_0 und veränderlichem Durchmesser der kreisförmigen Lastfläche, die von Kögler [44] und Preß [39] in den letzten Jahren aufgenommen wurden. Eine rechnerische Erfassung dieser Versuchsergebnisse hat Aichhorn [42] versucht.

Die plastischen Erscheinungen verändern den Verlauf der Schaulinien vollkommen, wenn die Lastflächengröße unter einen gewissen Wert sinkt. Dieser hängt, wie wir gesehen haben, von verschiedenen Faktoren ab: innere Reibung φ_r, Kohäsion p_k, Eigengewicht des Bodens γ und Spannungsverteilung ν.

Im oben durchgeführten Beispiel wurde der Einfachheit halber die Sohldruckverteilung gleichmäßig über die Lastfläche angenommen, also so, wie sich dieselbe für eine Membran (Flüssigkeitsbehälter mit dünnem Bodenblech) ergeben würde.

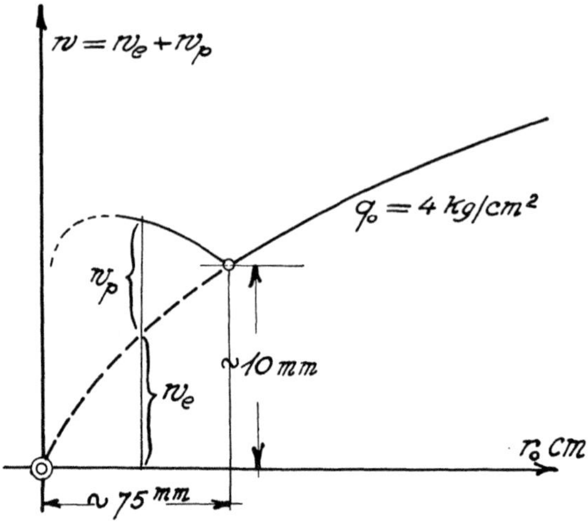

Abb. 41. Einfluß der plastischen Setzung auf das Lastsetzungsschaubild für konstante Bodenpressung und veränderliche Lastflächengröße.

Aus Abb. 41 geht noch hervor, daß die Setzungen w_p bei kleiner werdendem Lastflächenhalbmesser r_0 einen Höchstwert erreichen und dann wieder absinken: für $r_0 = 0$ kann die Gesamtsetzung naturgemäß keinen anderen Wert haben als $w = 0$. Wollte man verläßliche Werte für sehr kleine Lastflächenhalbmesser errechnen, dann müßte man Laststufen von etwa $^1/_2$ zu $^1/_2$ kg/cm² getrennt betrachten und die Einsenkungen zur Berichtigung der Gründungstiefe (die anfangs Null war) verwenden.

Hier sollte nur gezeigt werden, daß die Knickstellen in den Last-Setzungslinien von Kögler und Preß sich durch das Auftreten plastischer Erscheinungen zwanglos erklären lassen*.

XIII. Überprüfung der Folgerungen aus dem Prinzipe der geradlinigen Kraftausbreitung durch Vergleich mit Versuchsergebnissen.

41. Die Versuche der Reihe „Steiner-Kick".

Unter Ziffer 4 wurde eine Übersicht der wichtigsten bodenmechanischen Versuche gegeben und unter 5 die allgemeinen Messungsergebnisse mitgeteilt. Im folgenden soll nun auf die Messungen von lotrechten Normalspannungen in künstlichen Sandschüttungen näher eingegangen werden.

Die Hauptfrage, die uns hier beschäftigen soll, lautet: Ist es möglich, für alle Versuchsergebnisse der Versuchsreihe „Steiner-Kick", obwohl

* Siehe Anhang, zu XII, 40.

diese unter sehr verschiedenen Umständen und mit verschiedenem Material ausgeführt wurden, ein angenähert richtiges Gesetz zu finden, sozusagen: einen gemeinsamen Schlüssel zur Beurteilung der Spannungsverteilung in künstlichen Sandschüttungen nach allen in den letzten 50 Jahren ausgeführten Messungen?

Um diese Frage zu beantworten, müssen wir uns vor Augen halten, daß es sich hier praktisch um ein kohäsionsloses Material (Sand, $p_k = 0$) handelt und daß die Belastung vermittels mehr oder weniger starrer Platten (Stempel) auf die Oberfläche der Schüttung einwirkte. Nach Abschnitt IX, Ziffer 31, wissen wir, daß für $p_k = 0$ selbst die geringste Belastung der Oberfläche schon Fließerscheinungen, d. i. Störungen des elastischen Gleichgewichtes in der unmittelbaren Umgebung der Laststelle hervorruft. Wenn wir uns vorläufig auf die Spannungsverhältnisse in der Lastflächenachse beschränken, dann können wir sagen, daß nach Eintritt der Fließerscheinungen plastisches Gleichgewicht nur hergestellt werden kann, wenn die waagrechte Hauptspannung σ_h gegenüber dem Werte, der ihr durch das elastische Gleichgewicht zukäme, anwächst, damit das Hauptspannungsverhältnis $n_{\text{krit.}} = \text{konst.}$ nicht überschritten wird. Es entstehen also durch die Fließerscheinungen waagrechte Kraftsysteme um den elastischen Kern herum, die auf den elastisch gebliebenen Teil sicher ihre Wirkung ausüben werden. Ferner erinnern wir uns an die in 5 erwähnten Sohlreibungsspannungen, ebenfalls zentrisch symmetrische waagrechte Kraftsysteme, die im selben Sinne wie die soeben genannten, durch die Fließvorgänge verursachten, seitlichen Kräfte wirken.

Nun wurde in Abschnitt VII gezeigt, daß derartige, auf den Boden wirkende, nach der Mitte hin gerichtete Kräfte die Ordnungszahl ν der Spannungsverteilung (den Konzentrationsfaktor) erhöhen. Auch das elastische Verhalten von Sand (der mit der Tiefe zunehmende Elastizitätsmodul) hat, wie wir unter Ziffer 35 (Abschnitt XI) gesehen haben, eine Erhöhung des Konzentrationsfaktors ν von 3 auf 4 zur Folge.

Während also für elastisch-isotrope Körper die lotrechten Normalspannungen der Spannungsverteilung $\nu = 3$ folgen, können wir für Oberflächenbelastung künstlicher Schüttungen einen Wert von ν erwarten, der die Zahl 3 überschreitet. Die wirkliche Höhe von ν muß offenbar von dem Stadium abhängen, in dem sich der Fließvorgang befindet. Der Faktor ν wird wenig über 3 liegen, wenn die plastischen Gebiete wie in der mehrmals zitierten Abb. 31 zu sehen ist, erst beginnen, und er wird diesen Wert bedeutend überschreiten müssen, wenn sich ein geschlossener elastischer Kern gebildet hat, und die Vergrößerung des plastischen Raumes sich in der Hauptsache an seiner äußeren Begrenzung vollzieht.

Zwei Belastungsfälle q_0', r_0' und q_0'', r_0'', wobei q_0 die gleichmäßig verteilt angenommene Sohlspannung und r_0 den Halbmesser der Lastplatte bedeutet, sind strenge genommen nur vergleichbar, wenn ihre plastischen Bereiche geometrisch ähnlich sind. Benützen wir Gl. 31 — (8) für eine charakteristische Abmessung des plastischen Gebietes, nämlich:

$$z_{\max} = \frac{q_0}{\pi \gamma} \left\{ \operatorname{cotg} \varphi_r - \left(\frac{\pi}{2} - \varphi_r \right) \right\},$$

so sehen wir, daß für das ebene Problem das plastische Gebiet im selben Verhältnis wie die Sohlspannung q_0 wächst. Die plastischen Gebiete der Belastungsfälle q_0', b' und q_0'', b'' sind also ähnlich, wenn

$$b' : b'' = q_0' : q_0''. \tag{1}$$

besteht. Analog findet man für das räumliche Problem als Ähnlichkeitsbedingung:

$$r_0' : r_0'' = q_0' : q_0'' \tag{2}$$

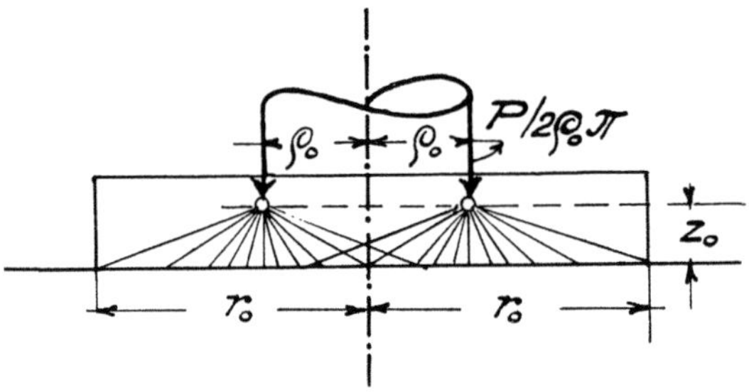

Abb. 42. Aufteilung einer Einzellast P über den Umfang $2\pi\varrho_0$ eines Kreiszylinders.

Aus diesem Grunde können die Spannungsverteilungen zweier Platten mit verschiedenen Durchmessern bei gleicher Sohlspannung q_0 nicht übereinstimmen. Auch muß der Konzentrationsfaktor ν für wachsende Sohlspannung q_0 bei gleichbleibendem Durchmesser $2\, r_0$ größer werden. Die letztgenannte Änderung wird weniger ins Gewicht fallen, wenn das plastische Gebiet schon eine gewisse Größe erreicht hat und wenn die Sohlspannungsänderung an sich nicht sehr groß ist. Schließlich wird die Biegsamkeit der Lastplatte auf die Spannungsverteilung — insbesondere in unmittelbarer Nähe der Laststelle — ihren Einfluß ausüben.

Aus dem Gesagten folgt, daß ein „gemeinsamer Schlüssel" für die Versuche der Reihe „Kick-Steiner" nur eine Annäherung an die Wirklichkeit sein kann, und daß die Spannungen in der Lastfläche selbst von der zu suchenden Näherungsformel nicht wiedergegeben werden können. In den meisten Fällen wurden übrigens die Spannungen in der Lastfläche selbst gar nicht gemessen.

Um nun zu einer möglichst allgemeinen und dennoch einfachen Beziehung zwischen der Gesamtbelastung P, der Tiefe z unter der Lastplattte, dem Konzentrationsfaktor ν und der lotrechten Normalspannung σ_z in einem Punkte der Lastflächenachse zu gelangen, denken wir uns die Last P zuerst in einer Höhe z_0 über der Lastfläche wirken und in dieser Höhe über den Umfang eines kleinen Kreises mit dem Halbmesser ϱ_0 verteilt (Abb. 42).

Wenden wir nun die erste der Gleichungen der Gruppe 10—(7a) an, dann erhalten wir nach einfacher Rechnung

$$\sigma_z = \frac{\nu P}{2\pi (z + z_0)^2} \cdot \frac{1}{\left[1 + \frac{\varrho_0^2}{(z+z_0)^2}\right]^{\frac{1}{2}(\nu+2)}}. \tag{3}$$

Die Größen ϱ_0 und z_0 geben uns ein Mittel in die Hand, um die näheren Umstände der Versuchsanordnung (Dicke und Starrheitsgrad der Platte, Stempeldurchmesser, Lastsenkung im Laufe der Laststeigerung) annähernd zu berücksichtigen. Beide Größen ϱ_0 und z_0 haben nur Einfluß auf die Spannungen in allernächster Nähe der Laststelle und verlieren mit zunehmender Tiefe z unter der Platte rasch an Bedeutung. Die Größe ϱ_0 kommt nur dann zur Geltung, wenn der Plattendurchmesser und die Plattensteifigkeit groß ist. Im allgemeinen kann man $\varrho_0 = 0$ setzen; man erhält dann aus (3):

$$\sigma_z = \frac{\nu P}{2\pi (z + z_0)^2}. \tag{4}$$

Für $\nu = 6$ folgt die Formel:

$$\sigma_z = \frac{3P}{\pi (z + z_0)^2}, \tag{5}$$

die wir nun auf die Versuche der Reihe „Steiner-Kick“ anwenden wollen.

1. Versuche von Steiner-Kick [1], Prag, 1879.

Lastplattendurchmesser 10 cm, Meßflächendurchmesser 3 cm, Belastung 31 kg, Meßtiefe 8 cm, Lastsenkung 1,3 cm, Formel (5) gibt für $z = (8 - 1{,}3)$ cm, $z_0 = 1{,}3$ cm

$$\sigma_z = \frac{3 \times 31}{\pi \times 8^2} = 0{,}463 \text{ kg/cm}^2.$$

Gemessen:

$$\sigma_z = \frac{3{,}0 \times 4}{\pi \times 3^2} = 0{,}424 \text{ kg/cm}^2.$$

Meßtiefe 13,2 cm, Lastsenkung 2,0 cm.

Formel (5) gibt für $z = (13{,}2 - 2{,}0)$ cm, $z_0 = 2{,}0$ cm:

$$\sigma_z = \frac{3 \times 31}{\pi \times 13{,}2^2} = 0{,}170 \text{ kg/cm}^2.$$

Gemessen:

$$\sigma_z = \frac{1{,}2 \times 4}{\pi \times 3^2} = 0{,}170 \text{ kg/cm}^2.$$

2. Versuche von Strohschneider [16], Graz, 1909/1911.

Lastplattendurchmesser: 1,5 cm, Belastung: 50 g.

Formel (5) gibt für $z_0 = 0$, und $z = 2$, 3 und 4 cm mit $P = 50$ g:

	z	=	2	3	4 cm
	σ_z	=	11,93	5,30	2,97 g/cm²
Gemessen:	σ_z	=	10,8	5,0	2,8 ,,

3. Versuche an der Universität Illinois [19], Urbana (Ill.), 1910—1913.

Aus sehr zahlreichen Versuchsergebnissen hat M. L. Enger eine empirische Formel der Druckspannung in der Lastflächenachse in Hundertteilen der gedachten mittleren Sohlspannung aufgestellt. Sie lautet:

$$\sigma_z = 91\, d^{1,86} : z^{1,95}\,\%, \tag{6}$$

worin d den Lastflächendurchmesser $2\,r_0$ bedeutet. Setzt man $2\,r_0$ anstatt d in (6) ein und rundet den Exponenten von z von 1,95 auf 2,00 ab, dann nimmt (6) die Form:

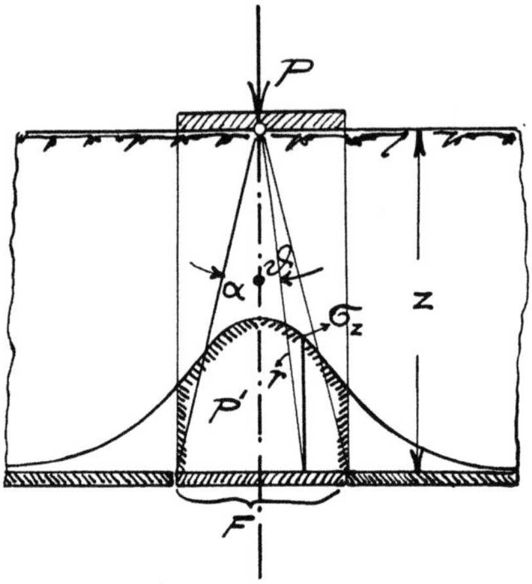

Abb. 43. Gesamtdruck auf eine Kreisfläche F in der Tiefe z, hervorgerufen durch eine Einzellast P.

$$\sigma_z = 332 \,.\, \frac{r_0^{1,86}}{z^2}\,\% \tag{6a}$$

an. Will man auch den Exponenten von 1,86 auf 2,00 bringen, dann muß man den Faktor 332 entsprechend verringern, um σ_z unverändert zu lassen. Auf diese Weise kommt man zu:

$$\sigma_z = 300 \,.\, \frac{r_0^2}{z^2}\,\%. \tag{6b}$$

Setzt man $z_0 = 0$ und $P = q_0 r_0^2 \pi$, dann gibt (5):

$$\sigma_z = 3\, q_0 \frac{r_0^2}{z^2}.$$

Dividiert man die rechte Seite dieser Gleichung durch $\frac{q_0}{100}$, dann erhält man σ_z in Hundertteilen der gedachten mittleren Sohlspannung q_0:

$$\sigma_z = 300 \frac{r_0^2}{z^2}\,\%. \tag{6c}$$

Dieser Wert ist identisch mit Gl. (6b), der dekadisch gestalteten empirischen Formel von Enger. Es erübrigt sich daher, besondere Zahlenwerte der Versuche von Illinois mit Formel (5) zu vergleichen.

4. Versuche des „Pennsylvania State College" [18], 1913—1914.

Bei diesen Versuchen war die Meßfläche verhältnismäßig groß, so daß der gemessene Gesamtdruck geteilt durch die Fläche nicht mehr die Höchstspannung in der Lastflächenachse ergibt. J. A. Moyer gibt die gemessenen Drücke P' in Hundertteilen der aufgebrachten Last P.

$$\xi = 100 \frac{P'}{P}. \tag{7}$$

Wir müssen, um den Wert ξ zu erhalten, Formel (5) etwas umgestalten.

Der Druck P' auf die Meßfläche (Abb. 43) errechnet sich aus:

$$P' = \int_0^F \sigma_z \, dF, \text{ worin } \sigma_z = \frac{3P}{\pi r^2} \cos^6 \vartheta$$

bedeutet. Führt man die einfache Integration aus, dann erhält man:

$$P' = P\,(1 - \cos^6 \alpha)$$

$$\text{oder} \quad \xi = 100\,(1 - \cos^6 \alpha). \tag{8}$$

Um den Vergleich mit der Quelle zu erleichtern, behalten wir die Abmessungen im englischen Maßsystem bei. Die Meßfläche war 144 Quadratzoll groß, so daß $r_0 = 6{,}8$ Zoll beträgt. Die Tiefen waren 6 bis 59 Zoll. Für $\operatorname{tg} \alpha = \frac{r_0}{z}$ läßt sich (8) folgendermaßen auswerten:

$z =$	6	12	24	36	48	59	engl. Zoll
$\operatorname{tg} \alpha =$	1,134	0,568	0,284	0,189	0,142	0,115	
Nach Gl. (8):							
$\xi =$	91,6	57,0	20,9	10,1	5,9	3,8	
Gemessen:							
$\xi =$	90	65	18	10	6,5	3,5	
Unterschied Δ der ξ-Werte in %:							
$\Delta =$	+ 1,78	— 12,3	+ 16,1	+ 1,0	— 9,23	+ 8,58	

5. Versuche von Goldbeck [20], Washington, 1917.

Der Vergleich ist in den folgenden Tabellen VII und VIII zusammengestellt.

Die größten Abweichungen zwischen Messung und Rechnung bei der Versuchsreihe mit $13^1/_2$ Zoll Lastplattendurchmesser liegen in den größten Tiefen. Man könnte vermuten, daß mit zunehmender Tiefe die Spannungsverteilung sechster Ordnung nicht mehr zutrifft. Dagegen spricht jedoch die Tatsache, daß mit zunehmender Tiefe die Spannungen absolut genommen sehr klein werden und mittels der Goldbeckschen Meßdose schwierig zu messen sind. Außerdem ergibt sich aus Tabelle VIII, daß gerade die Spannungen in größerer Tiefe mit der Rechnung sehr gut übereinstimmen. Bei dieser Versuchsreihe liegen die größten Abweichungen für die Messungen in 12 Zoll Tiefe. Nun ist es auffallend, daß gerade diese Messungswerte nach Goldbecks Angaben die ungenauesten sind. Aus der Summe aller Spannungen im Vergleiche mit P ging hervor, daß die Spannungen z. B. für $P = 900$ Pfund mindestens 12% zu hoch waren. Bringt man diese Korrektur an, dann ändert sich Δ für 900 Pfund von — 37% auf $\frac{0{,}88 \times 8{,}2 - 5{,}17}{0{,}88 \times 8{,}2} = 27{,}2\%$.

Tabelle VII.

Nachrechnung der Versuchsreihe von Goldbeck mit $2\,r_0 = 13^1/_2$ engl. Zoll, $z_0 = 1^1/_2$ engl. Zoll.

z Zoll	$z + z_0$ Zoll	P Pfund	σ_z Gemessen Pfund/Qu. Zoll	σ_z Gerechnet nach Gl. (5)	Δ Unterschied in $^0/_0$ der gemessenen Werte
12	13,5	1800	10,0	9,43	— 5,7
12	13,5	3000	15,9	15,70	— 1,3
12	13,5	4000	22,8	20,95	— 8,1
12	13,5	5000	31,2	26,20	— 16,0
24	25,5	1800	2,5	2,64	+ 5,6
24	25,5	3000	5,6	4,41	— 21,2
24	25,5	4000	7,2	5,88	— 18,3
36	37,5	1800	1,1	1,22	+ 9,8
36	37,5	3000	1,9	2,04	+ 6,9
36	37,5	4000	3,0	2,72	— 9,4
48	49,5	1800	0,5	0,70	+ 40,0
48	49,5	3000	0,9	1,17	+ 23,1
48	49,5	5000	1,5	1,95	+ 22,6
60	61,5	1800	0,3	0,45	+ 50,0
60	61,5	3000	0,6	0,76	+ 26,7
60	61,5	5000	0,8	1,26	+ 57,5

Tabelle VIII.

Nachrechnung der Versuchsreihe von Goldbeck mit $2\,r_0 = 8$ Zoll, $z_0 = 0{,}9$ Zoll.

z Zoll	$z + z_0$ Zoll	P Pfund	σ_z Gemessen Pfund/Qu. Zoll	σ_z Gerechnet nach Gl. (5)	Δ Unterschied in $^0/_0$ der gemessenen Werte
6	6,9	300	7,0	6,27	— 10,4
6	6,9	600	11,8	12,54	+ 6,3
6	6,9	900	16,9	18,81	+ 11,3
6	6,9	1200	22,7	25,08	+ 10,5
6	6,9	2400	26,4	29,26	+ 10,8
12	12,9	300	2,2	1,72	— 17,3
12	12,9	600	5,9	3,44	— 41,7
12	12,9	900	8,2	5,17	— 37,0
12	12,9	1200	10,8	6,89	— 36,2
24	24,9	300	0,5	0,462	— 7,6
24	24,9	600	1,0	0,924	— 7,6
24	24,9	900	1,3	1,386	+ 6,6
24	24,9	1200	2,1	1,848	— 12,0
24	24,9	2400	2,4	2,156	— 10,2
36	36,9	900	0,6	0,631	+ 5,2
36	36,9	1200	0,8	0,842	+ 5,3
36	36,9	1400	1,1	0,982	— 10,7

6. Versuche von Kögler-Scheidig [29], Freiberg (Sa.) 1925—1927.

Lastplattendurchmesser 33,9 cm, $z_0 = 5$ cm.

Die Gegenüberstellung ist in der folgenden Tabelle enthalten:

Tabelle IX.

Nachrechnung der Versuchsreihe Kögler-Scheidig mit $r_0 = 16{,}95$ cm, $z_0 = 5$ cm.

z cm	$z + z_0$ cm	σ_z gemessen in $^0/_0$ von q_0	σ_z gerechnet nach Gl. (6c)	Unterschied Δ in $^0/_0$ der gemessenen Werte
20	25	128	138	+ 7,8
30	35	76	70,5	— 7,2
40	45	41	42,3	+ 3,2
50	55	30	28,5	— 5,0
60	65	21	20,4	— 2,9

Werden die Plattendurchmesser größer, dann kann man den Wert ϱ_0 nicht mehr Null setzen, sondern muß auf Gl. (3) zurückgehen. Diese Gleichung wird für $\nu = 6$

$$\sigma_z = \frac{3P}{\pi (z + z_0)^2} \cdot \frac{1}{\left[1 + \frac{\varrho_0^2}{(z + z_0)^2}\right]^4}. \tag{9}$$

Will man σ_z in Hundertteilen von q_0 ausdrücken, dann hat man $P = r_0^2 \pi q_0$ in (9) einzuführen und die rechte Seite durch $\frac{q_0}{100}$ zu dividieren. Es wird dann:

$$\sigma_z = 300 \frac{r_0^2}{(z + z_0)^2} \frac{1}{\left[1 + \frac{\varrho_0^2}{(z + z_0)^2}\right]^4}. \tag{9a}$$

Mit Hilfe dieser Gleichung wollen wir eine zweite Versuchsreihe von Kögler-Scheidig nachrechnen; die Zahlen sind in der folgenden Tabelle X zusammengestellt.

Tabelle X.

Nachrechnung der Versuchsreihe Kögler-Scheidig mit $r_0 = 22{,}5$ cm, $z_0 = 12{,}5$ cm, $\varrho_0 = 6$ cm.

z cm	$z + z_0$ cm	σ_z gemessen in $^0/_0$ von q_0	σ_z gerechnet nach Gl. (9a)	Unterschied Δ in $^0/_0$ der gemessenen Werte
10	22,5	220	229	+ 4,1
20	32,5	100	122,5	+ 22,5
30	42,5	80	78,0	— 2,5
40	52,5	65	52,4	— 19,4
50	62,5	48	37,5	— 21,9
60	72,5	31	27,3	— 11,9

7. Versuche von Hugi [30], Zürich, 1927.

Plattenhalbmesser $r_0 = 12{,}61$ cm, $z_0 = 0$, $\varrho_0 = 0$.

	$z =$	30	37,5	45 cm
Gerechnet nach (9)	$\sigma_z =$	0,425	0,272	0,188 kg/cm²
Gemessen	$\sigma_z =$	0,425	0,285	0,190 ,,
Unterschied	$\Delta =$	0	— 4,6	— 1,1 %

Plattenhalbmesser $r_0 = 17{,}85$ cm, $z_0 = 0$, $\varrho_0 = 5$ cm.

	$z =$	30	37,5	45 cm
Gerechnet nach (9)	$\sigma_z =$	0,386	0,254	0,179 kg/cm²
Gemessen	$\sigma_z =$	0,350	0,250	0,180 ,,
Unterschied	$\Delta =$	+ 10,3	+ 1,6	— 0,6 %

Plattenhalbmesser $r_0 = 21{,}85$ cm, $z_0 = 0$, $\varrho_0 = 9$ cm.

	$z =$	30	37,5	45 cm
Gerechnet nach (9)	$\sigma_z =$	0,301	0,217	0,162 kg/cm²
Gemessen	$\sigma_z =$	0,290	0,200	0,172 ,,
Unterschied	$\Delta =$	+ 3,8	+ 8,5	— 5,8 %

Sämtliche ausgeführten Versuche wurden mit der Ordnungszahl $\nu = 6$ nachgerechnet; die Übereinstimmung zwischen Messung und Rechnung ist durchwegs befriedigend.

Der erste und wichtigste Schluß aus dieser Gegenüberstellung ist der, daß die über mehr als 50 Jahre verteilten, schwierigen Messungen, die von verschiedenen Forschern in über zwei Kontinente verstreuten Orten, nach verschiedenen Meßmethoden verrichtet wurden, untereinander in sehr guter Übereinstimmung sind. Sie gehorchen alle dem Spannungsverteilungsgesetz Gl. (3) für den Konzentrationsfaktor $\nu = 6$.

Der zweite Schluß betrifft unsere Annahme der geradlinigen Kraftausbreitung, deren Zulässigkeit durch die Übereinstimmung von Gl. (3) für $\nu = 6$ mit den Versuchsergebnissen als erwiesen betrachtet werden kann.

Nach dem früher Gesagten muß man weiter folgern, daß sich die plastischen Gebiete bei allen durchgerechneten Versuchen in einem ziemlich fortgeschrittenen Stadium befunden haben müssen (elastischer Kern innerhalb eines Fließbereiches mit einer Dicke von der Größenordnung der Kernhöhe).

Bei größeren Durchmessern der Lastplatten (1,0 m) haben Nachrechnungen ergeben, daß die Ordnungszahl bis gegen $\nu = 4$ sinkt. Hieraus ist zu schließen, daß bei Verhinderung der seitlichen Ausdehnung etwa durch Auflasten rundum die Lastplatte, die Ordnungszahl bis auf Werte zwischen 3 und 4 gebracht werden kann, daß also bei Tiefenbelastung im Gegensatz zur Oberflächenbelastung auch in Sandschüttungen die

Spannungsverteilung annähernd durch die Gleichungen 7 — (2a) von Boussinesq für $m = 2$ beherrscht wird. Der einzige bis jetzt vorhandene praktische Beweis für die Richtigkeit dieser Folgerung liegt in den Messungen der Sohlspannungen unter einem Brückenpfeiler einer Rheinbrücke [40], wo sich im Prinzipe das bekannte Schaubild der Sohlspannungen für eine an der Oberfläche des elastisch-isotropen Halbraumes befindliche starre Lastplatte ergeben hat*. Versuche im Laboratorium werden diese Messungen auf ihre Richtigkeit zu überprüfen haben.

Die Tatsache, daß alle Forscher, jahrzehntelang, an der Oberflächenbelastung künstlicher Schüttungen festhielten, hat das Problem der Druckverteilung im Baugrund durch das mit der Belastung der Oberfläche verbundene frühe Auftreten plastischer Erscheinungen in einem komplizierteren Gewande erscheinen lassen, als es für die Klärung desselben wünschenswert gewesen wäre. Zusammenfassend kann über die Druckverteilung infolge örtlicher Belastung von Sandschichten folgendes gesagt werden:

Ist die Lastfläche groß, bzw. die Sohlspannung (q_0) klein, dann haben bei Oberflächenbelastung die am Rande der Lastfläche auftretenden Fließerscheinungen nur geringen Einfluß auf die Ordnungszahl der Spannungsverteilung; sie wird daher, dem mit der Tiefe zunehmenden Elastizitätsmodul entsprechend, zwischen 3 und 4 liegen.

Ist die Lastfläche klein bzw. die Sohlspannung (q_0) groß, dann bildet sich ein Fließbereich, der einen unter der Lastfläche befindlichen elastischen Kern einschließt. Die durch das seitliche Ausweichen des Sandes verursachten waagrechten Kraftwirkungen erhöhen die Ordnungszahl ν bis ungefähr auf 6, wie die Versuche der Reihe „Steiner-Kick“ bewiesen haben.

Findet die Belastung in einer gewissen Tiefe unter der Sandoberfläche oder bei Vorhandensein einer Auflast rund um die Lastplatte statt, dann bleibt die Ordnungszahl ν der Spannungsverteilung solange zwischen 3 und 4, bis die Sohlspannung (q_t) die kritische Randbelastung $q_{t,R}$ nach Gl. 33 — (5) erreicht hat. Von diesem Augenblicke an wächst der Konzentrationsfaktor ν in ähnlicher Weise wie im Falle der Oberflächenbelastung.

Zu diesen Sätzen ist zu bemerken, daß die Zahl der bis heute vorliegenden, als Beweis dienendem Versuchsergebnisse noch sehr gering ist; die Sätze stützen sich nur auf die wenigen Beobachtungen der vertikalen Normalspannungen unter einer Platte von 1,0 m Durchmesser und die Messungen unter einem Brückenpfeiler.

---

* Siehe Anhang, zu XIII, 41.

42. Die Versuche der Reihe „Föppl".

Die elastische Verschiebung eines Punktes der Oberfläche des elastisch-isotropen Halbraumes im Abstand x von einer lotrechten Einzellast P ist nach Gl. 8 — (2) gegeben durch:

$$w_x = \frac{m^2 - 1}{m^2} \frac{P}{\pi\, x\, E}. \tag{1}$$

Der von der Poissonzahl abhängige Faktor hat keinen ausschlaggebenden Einfluß, wie man aus den folgenden Sonderwerten sieht:

$$m = 2 \quad 3 \quad 4 \quad 5 \ldots \infty$$

$$\frac{m^2 - 1}{m^2} = \frac{3}{4} \quad \frac{8}{9} \quad \frac{15}{16} \quad \frac{24}{25} \ldots 1$$

Wird die seitliche Ausdehnung unbehindert oder, was auf dasselbe hinauskommt: $m = \infty$ angenommen, dann geht (1) über in:

$$w_x = \frac{P}{\pi\, x\, E}. \tag{1a}$$

Das wichtigste Ergebnis von (1) bezieht sich auf den Verlauf der Senkungskurve, also auf die Gestalt der elastisch deformierten Oberfläche des elastisch-isotropen Halbraumes. Diese ist durch eine Hyperbel, mit der ursprünglichen Niveaulinie und der Wirkungslinie von P als Asymptoten, gegeben. Die Versuchsreihe „Föppl", siehe Abschnitt II, Ziffer 4, b, hatte den Zweck, dieses theoretische Ergebnis mit der Wirklichkeit zu vergleichen.

1. Versuche von A. Föppl [7, 15], München, 1897.

A. Föppl fand, daß die Übereinstimmung der gemessenen Oberflächenverformung mit der nach den Grundsätzen der mathematischen Elastizitätslehre berechneten sehr zu wünschen übrig ließ. Seine Schlußfolgerung wurde unter 5, zu d, bereits zitiert. Zehn Jahre später gab A. Föppl seiner Meinung Ausdruck, daß der Grund dieser einwandfrei festgestellten Abweichung, in dem Nichtzutreffen des Hookeschen Gesetzes für „Erdboden" zu suchen sei.

Unter Ziffer 36, a, wurde die elastische Senkung eines Oberflächenpunktes des Halbraumes mit Hilfe eines von Null an mit der Tiefe linear zunehmenden Elastizitätsmoduls bei unbehinderter seitlicher Ausdehnung bestimmt; die betreffende Beziehung 36 — (7) lautete:

$$w_{e,\,x} = \frac{\omega}{\gamma} \frac{P}{2\pi\, x^2}. \tag{2}$$

Das darin verarbeitete Elastizitätsgesetz war:

$$E_b = \frac{\gamma\, z}{\omega}, \tag{3}$$

worin γ und ω Festwerte darstellen. Dieses Gesetz ist ein Sonderfall des allgemeinen elastischen Verhaltens der Sande und Tone, wie in Ziffer 34 auseinandergesetzt wurde.

Will man den Einfluß der Querdehnungsziffer berücksichtigen, dann hat man auf der rechten Seite der Gleichung (2) einen konstanten Faktor hinzuzufügen, der später abgeleitet werden soll. Der Verlauf der verformten Bodenoberfläche ändert sich dadurch im Wesen nicht; die Senkungen $w_{e,x}$ nehmen mit zunehmendem Abstand x von der Laststelle viel rascher ab, als nach der elastizitätstheoretischen Gleichung (1).

Nun soll Gl. (2) auf eine der vielen Versuche von A. Föppl angewendet werden. In [15] gibt dieser Forscher folgende Zahlenwerte:

Abstand x	= 20	40	60	80	cm
Elastische Senkung $w_{e,x}$	= 14,2	4,2	1,4	0,7	μ

wobei $\mu = 0{,}001$ mm bedeutet.

Die angewandte Last war $P = 100$ kg; das Raumgewicht des Bodens (grober Kies) $\gamma = 0{,}0018$ kg/cm³. Die Konstante ω muß so gewählt werden, daß der Wert $w_{e,x}$ in irgendeinem Punkte des Meßgebietes (also zwischen $x = 20$ und $x = 80$ cm) mit der beobachteten Senkungslinie übereinstimmt. Wir nehmen $\omega = 5{,}65.10^{-5}$. Den Umstand, daß die tatsächliche Lastfläche einen Durchmesser von 10 cm hatte, während Gl. (2) für eine Punktlast abgeleitet wurde, kann man einfach dadurch berücksichtigen, daß man sich die Einzellast nicht im Mittelpunkt der Lastplatte, sondern ein wenig exzentrisch wirkend denkt. Die Exzentrizität $e = x' - x$ wählen wir ungefähr mit 1/5 vom Plattendurchmesser.

$x' =$	20	40	60	80	cm
$x =$	18	38	58	78	„
Gl. (2) $w_{e,x} =$	15,45	3,46	1,48	0,82	μ

Unterschied mit den gemessenen Werten:

$$\Delta = +8{,}5 \qquad -16{,}7 \qquad +6{,}1 \qquad +17{,}1\%$$

Wendet man zum Vergleiche die Boussinesqsche Formel (1) auf diese Versuche an und bestimmt die Konstanten nach der Messung in der Entfernung 40 cm von der Last, dann erhält man mit derselben Exzentrizität $e = 2$ cm:

$x' =$	20	40	60	80	cm
Gl. (1) $w_{e,x} =$	8,85	4,2	2,75	2,05	μ

Unterschiede der Formel von Boussinesq gegenüber den gemessenen Werten:

$$\Delta = -37{,}7 \qquad 0 \qquad +100 \qquad +193 \quad \%$$

Hieraus ersieht man, daß die Schlußfolgerung von Föppl, die Abweichung der Messung von der Rechnung habe ihren Grund in dem Nichtzutreffen des Hookeschen Gesetzes, vollkommen gerechtfertigt war: durch Einführung eines mit der Tiefe linear zunehmenden Elastizitätsmoduls an Stelle des Festwertes E wurde der größte Unterschied $\Delta_{\max} = 193\%$ auf 17,1% herabgesetzt. Die Ordnungszahl der Spannungsverteilung spielte dabei keine Rolle.

An dieser Stelle soll der Einfluß der Querdehnung des den Halbraum erfüllenden Stoffes auf die Gl. (2) untersucht werden. Führen wir allgemein das Verhältnis

$$\frac{\varepsilon_v}{\varepsilon_h} = \mu \tag{4}$$

als Querdehnungsziffer für Sande und Tone ein, wobei:

ε_v ... die (lotrechte) Zusammendrückung der Höheneinheit eines Probezylinders (Sandzelle) und

ε_h ... die (waagrechte) Ausdehnung der Einheit des Durchmessers

bedeutet, ohne Rücksicht darauf, daß ε_v und ε_h teilweise elastischer, teilweise bleibender Natur sein werden, dann kann der Einfluß der Querdehnung genau wie bei den elastisch-isotropen Stoffen in Rechnung gebracht werden. Der Wert $\mu = 2$ besagt ebenso wie der Wert der Poissonziffer $m = 2$ für elastische Körper, daß der betreffende Stoff volumbeständig ist und $\mu = \infty$, daß er bei lotrechter Zusammendrückung seine waagrechte Abmessung nicht verändert. Während die Poissonziffer m keinen niedrigeren Wert als 2 annehmen kann, wird die Querdehnungsziffer μ für gewisse Spannungszustände bei Sand kleiner als 2. Die Sandzelle kann ihren Inhalt unter Druck vergrößern: es findet Auflockerung statt. Wichtig ist jedoch hierbei, daß μ für dieselbe Bodenart veränderlich ist: sie hängt ebenso wie der Elastizitätsmodul vom Spannungszustand des Körperelementes ab. Während wir bisher die lotrechte Zusammendrückung in der Gleichung

$$w_e = \int_{z=0}^{z=\infty} \varepsilon_v \, dz \tag{5}$$

als reine Funktion der lotrechten Normalspannung σ_z auffaßten: $\varepsilon_v = \frac{\sigma_z}{E_b}$ müssen wir nun, bei Vorhandensein von waagrechten Normalspannungen σ_h in beiden Richtungen, schreiben:

$$\varepsilon_v = \frac{\sigma_z - \frac{2}{\mu}\sigma_h}{E_b} \tag{6}$$

oder, wenn die Spannung in einer der beiden Querrichtungen Null ist:

$$\varepsilon_v = \frac{\sigma_z - \frac{1}{\mu}\sigma_h}{E_b}. \tag{7}$$

Um die Setzung eines Punktes der Oberfläche des Halbraumes infolge der Wirkung einer lotrechten Einzellast P im Abstand x von derselben zu bestimmen, haben wir die Spannungen in allen 3 Hauptrichtungen zu berücksichtigen:

$$\left.\begin{aligned} \sigma_z &= \frac{\nu P}{2\pi} \frac{1}{x^2} \cos^\nu \vartheta \sin^2 \vartheta \\ \sigma_h &= \frac{\nu P}{2\pi} \frac{1}{x^2} \cos^{\nu-2} \vartheta \sin^4 \vartheta \\ \sigma_t &= 0 \end{aligned}\right\} \tag{8}$$

Gl. (5) und (6) geben dann:

$$w_{e,x} = \frac{\omega}{\gamma} \int\limits_{z=0}^{z=\infty} \frac{\nu P}{2\pi} \frac{1}{x^2} \left[\cos^\nu \vartheta \sin^2 \vartheta - \frac{1}{\mu} \cos^{\nu-2} \vartheta \sin^4 \vartheta\right] \frac{dz}{z} \tag{9}$$

und mit $z = x \operatorname{cotg} \vartheta$ und $dz = -x \frac{d\vartheta}{\sin^2 \vartheta}$:

$$w_{e,x} = \frac{\omega}{\gamma} \frac{P}{2\pi x^2} \left\{1 - \frac{1}{\mu}\left(\frac{\nu}{\nu-2} - 1\right)\right\}. \tag{10}$$

Durch Vergleich von (10) mit (2) sehen wir, daß die Wirkung der Querdehnung durch den Faktor in der geschwungenen Klammer, in der μ und ν vorkommen, ausgedrückt wird. Die Ableitung war auf den Elastizitätsmodul nach Gl. (3) basiert, daher kann nach Ziffer 35 strenge genommen nur der Konzentrationsfaktor $\nu = 4$ angewendet werden. Setzt man diesen Wert in (10) ein, dann ergibt sich:

$$w_{e,x,\nu=4} = \frac{\mu-1}{\mu} \frac{\omega}{\gamma} \frac{P}{2\pi x^2}. \tag{10a}$$

Die Gestalt der verformten Oberfläche ist also auch bei Berücksichtigung der Querdehnung dieselbe wie nach Gl. (2), welch letztere aus (10a) erhalten wird, wenn man $\mu = \infty$ setzt. Die Bestimmung des Bodenfestwertes ω jedoch wird durch μ beeinflußt. Hierauf werden wir unter 3 (hier unten folgend) eingehen.

2. Versuche von Bastian [12], Utting, Ammersee (1905).

Bastian stellte die wichtige Tatsache fest, daß in der Nähe der Laststelle auch bei einer sehr geringen Belastung bleibende Setzungen auftreten, wenn sie auch oft nur einige Hundertteile der elastischen Einsenkung ausmachen.

Seine Zahlen für eine kreisförmige Lastfläche von 550 cm² Inhalt ($2 r_0 = 26{,}5$ cm) und eine Belastung von $P = 70$ kg lauten:

x =	15	20	30	40	50	60 cm
$w_{e,x}$ =	42	16,7	6,3	2,6	1,7	1,2 μ

wobei $\mu = 0{,}001$ mm bedeutet.

Nimmt man die Exzentrizität $e = 6$ cm, also ungefähr wieder 20% des Lastflächendurchmessers an, dann erhält man mit $P = 70$ und $\omega = 5{,}28 \times 10^{-5}$ aus Gl. (2):

$x =$	15	20	30	40	50	60 cm
$w_{e,x} =$	40,7	16,7	5,69	2,84	1,69	1,12 μ

und die Unterschiede $\varDelta$ in Hundertteilen der gemessenen Werte:

$\varDelta =$	$-3{,}1$	0	$-9{,}7$	$+9{,}25$	$-0{,}6$	$-6{,}67$%

Die Übereinstimmung der Messungsergebnisse mit Gl. (2) ist hier besser als die bei den Föpplschen Versuchen.

3. Versuche von Buisman-Volker [31, 48], Ymuiden, Niederlande (1926).

Diese Versuche wurden auf ungestörtem Dünensand, nach Entfernung einer 10 bis 12 m dicken Schicht, an der Nordseeküste bei Ymuiden ausgeführt. Bemerkenswert ist dabei, daß die aufgebrachte Last gegenüber den unter 1 und 2 genannten Untersuchungen sehr bedeutend war, nämlich $P = 10.000$ kg. Außerdem wurden nicht nur die elastischen Bewegungen von Oberflächenpunkten im Abstand x von P, sondern auch die elastische Senkung der Plattenmitte selbst gemessen. Dies gibt uns Gelegenheit, den aus der Oberflächenverformung ($w_{e,x}$) gewonnenen Elastizitätsmodul (Festwert ω) auf die Plattensenkung anzuwenden und auf diese Weise eine Überprüfung unserer Ansichten über die Druckverteilung im Sandboden und den Verlauf des Elastizitätsmoduls vorzunehmen. Die Last von 10.000 kg ruhte auf einem Feldbahnwagen und wurde durch dessen vier Räder mittels eines Stückes Schmalspurgeleises auf eine kreisrunde Platte von $2\,r_0 = 100$ cm Durchmesser übertragen. Die Plattenunterkante lag ungefähr 25 cm unter dem umgebenden Sandniveau; wir wollen jedoch der Einfachheit halber annehmen, daß es sich um Oberflächenbelastung handelte.

Eine der vielen, untereinander gut übereinstimmenden Meßreihen lautete:

$x =$	100	150	200	250	300 cm
$w_{e,x} =$	0,425	0,213	0,113	0,075	0,050 mm

Wir wollen nun die allgemeinere Beziehung (10a) anwenden, die den Einfluß der Querdehnungsziffer μ berücksichtigt und setzen: $\mu = 2$ (volumbeständig), $P = 10.000$ kg, $\gamma = 0{,}0015$ kg/cm³ und bestimmen den Wert ω für $x = 200$ cm, d. h. $w_{e,x} = 0{,}113$ mm $= 0{,}0113$ cm: dann ergibt sich:

$$\omega = \frac{4\,\pi\,.\,0{,}0015\,.\,200^2}{10.000}\,0{,}0113 = 85.10^{-5}.$$

Die Zahlen für die elastischen Senkungen $w_{e,x}$ nach Gl. (10a) und die Unterschiede Δ in Hundertteilen der gemessenen Werte sind für:

x	= 100	150	200	250	300	cm
$w_{e,x}$	= 0,452	0,201	0,113	0,072	0,055	mm
Δ	= + 6,4	— 5,6	0	— 4,0	+ 11	%

Um die Plattensenkung mit dem oben gefundenen Werte $\omega = 85 \cdot 10^{-5}$ für $\nu = 4$ zu berechnen, müssen wir auch hier den Einfluß der Querdehnungsziffer μ berücksichtigen. Wir denken uns die Last P einfachheitshalber gleichmäßig über die Platte verteilt, so daß $q_0 = \frac{P}{r_0^2 \pi} =$ $= 1{,}267$ kg/cm² den Sohldruck darstellt.

Für $\nu = 4$ lauten nach 20 — (7), (9) die Hauptspannungen eines Achspunktes unter der kreisförmigen Platte

$$\left.\begin{aligned} \sigma_z &= q_0 (1 - \cos^4 \alpha) \\ \sigma_h &= \frac{1}{2} q_0 (1 - 2 \cos^2 \alpha + \cos^4 \alpha) = \frac{1}{2} q_0 \sin^4 \alpha \end{aligned}\right\} \tag{11}$$

Mit Gl. (5) und (6) erhalten wir den allgemeinen Ansatz für die Plattensenkung:

$$w_e = \int\limits_{z=0}^{z=\infty} \left(\frac{\sigma_z}{E_b} - \frac{2}{\mu} \frac{\sigma_h}{E_b} \right) dz \tag{12}$$

oder:

$$w_e = \omega q_0 \int\limits_{z=0}^{z=\infty} \frac{(1 - \cos^4 \alpha)\, dz}{\gamma z + p_0} - \frac{1}{\mu} \omega q_0 \int\limits_{z=0}^{z=\infty} \frac{\sin^4 \alpha\, dz}{\gamma z + p_0}. \tag{12a}$$

Bezeichnen wir den ersten Ausdruck auf der rechten Seite der Gl. (12a) mit $w_{e,1}$, den zweiten mit $w_{e,2}$, dann ist:

$$w_e = w_{e.1} + w_{e.2}. \tag{13}$$

Für $\mu = \infty$ fällt $w_{e,2}$ fort und wir gelangen zu dem in Ziffer 36, *f* entwickelten Ergebnis, wobei wir nur die Gründungstiefe $t = 0$, also $q_t = q_0$ zu setzen haben.

$$w_{e,1} = \frac{1}{4} \frac{\omega}{\gamma} q_0 F_1 (c). \tag{14}$$

$$F_1 (c) = \frac{1}{(1 + c^2)^2} \left\{ 2 (1 + c^2) + \pi c (1 + 3 c^2) - 4 (1 + 2 c^2) \ln c \right\} \tag{14a}$$

$$c = \frac{p_0}{r_0 \gamma}. \tag{14b}$$

Der zweite Teil der Gl. (13) lautet:

$$w_{e,2} = - \frac{1}{\mu} \frac{\omega}{\gamma} q_0 \int\limits_{\zeta=0}^{\zeta=\infty} \frac{d \zeta}{(1 + \zeta^2)^2 (\zeta + c)}, \tag{15}$$

worin $\zeta = \operatorname{cotg} \alpha$ und c identisch mit (14b) ist. Eine einfache Zerlegung in Teilbrüche ermöglicht die Ausführung des Integrals und liefert schließlich:

$$w_{e,2} = -\frac{1}{4}\frac{1}{\mu}\frac{\omega}{\gamma} q_0 F_2(c) \tag{16}$$

und

$$F_2(c) = \frac{1}{(1+c^2)^2}\left\{-2(1+c^2) + \pi c(3+c^2) - 4 \ln c\right\}. \tag{16a}$$

Um die Zahlenrechnung für die Versuche von Buisman-Volker durchführen zu können, benötigen wir die Konstante p_0. Hierin liegt bei kohäsionslosen Bodenarten eine gewisse Unsicherheit. Wir setzen die Konstante gleich dem mittleren Sohldruck:

$$p_0 = q_0 = \frac{P}{r_0^2 \pi} = 1{,}267 \text{ kg/cm}^2;$$

dann wird:

$$c = \frac{1{,}267}{50 \times 0{,}0015} = 16{,}9,\; F_1(c) = 0{,}483,\; F_2(c) = 0{,}179$$

$$w_{e,1} = \frac{1}{4}\frac{85 \times 10^{-5}}{0{,}0015} 1{,}267 \times 0{,}483 = 0{,}0867 \text{ cm}$$

und mit $\mu = 2$:

$$w_{e,2} = -\frac{1}{4}\frac{85 \times 10^{-5}}{2 \times 0{,}0015} 1{,}267 \times 0{,}179 = -0{,}0161 \text{ cm}.$$

Damit erhalten wir die Plattensenkung nach Gl. (13):

$$w_e = 0{,}867 - 0{,}161 = 0{,}706 \text{ mm}.$$

Die Meßergebnisse der Plattensenkung, die zu der obigen Versuchsreihe von Buisman-Volker gehören, lauteten bei dreimal wiederholter Be- und Entlastung:

0,825, 0,775 und 0,812 mm

im Mittel, also 0,804 mm; der Unterschied gegenüber unserer Rechnung ist daher nur $\varDelta = \frac{0{,}804 - 0{,}706}{0{,}804} \times 100 = 12{,}2\,{}^0\!/_0$, also verhältnismäßig gering.

43. Versuche der Reihe „Probebelastungen".

Über die in diese Reihe gehörigen Versuche von Press [39] und Kögler [44] wurde unter Ziffer 40 bereits mitgeteilt, daß sich das Auftreten eines Kleinstwertes der Gesamtsetzung bei einer gewissen Flächengröße aus dem Auftreten von Fließgebieten erklären läßt. Hier möge eine der Probebelastungen von ungestörtem Dünensand nachgerechnet werden, die Wolterbeek [23] im Jahre 1921 in Ymuiden (Niederlande) ausgeführt hat.

Die quadratische Lastfläche hatte einen Flächeninhalt von 1000 cm². Eine Kreisfläche gleicher Größe besitzt den Halbmesser $r_0 = \sqrt{\frac{1000}{\pi}} = 18$ cm.

Diese Fläche wurde bis zu 9 kg/cm² belastet, bei welcher Belastung das Prüfgerät aus dem Lot geriet. Die Spannungsverteilung, die unter der Lastplatte zwischen 3 und 9 kg/cm² auftrat, kann infolge der dadurch verursachten Fließerscheinungen ungefähr gleich jener angenommen werden, welche sich bei allen Versuchen der Reihe „Steiner-Kick“, Ziffer 41, ergeben hat: der Konzentrationsfaktor soll daher mit 6 bemessen werden.

Wir wollen hauptsächlich den Verlauf der plastischen Setzungen an Hand der Formel 39 — (3) verfolgen:

$$w_p = \frac{1}{3} \frac{d_p h_p}{h_e^2} w_e. \tag{1}$$

Was die elastische Setzung w_e betrifft, erkennen wir aus allen abgeleiteten Beziehungen, daß sie bei gleichbleibenden Lastflächenabmessungen proportional mit der Einheitsbelastung q_0 bzw. q_t wächst:

$$w_e = C\, q_t. \tag{2}$$

Der Faktor C hängt von den Stoffeigenschaften ω, γ, μ und von der Größe $c = \frac{1}{r_0}\left(t + \frac{p_0}{\gamma}\right)$, also abermals von Festwerten der betreffenden Bodenart (p_0, γ) und von Abmessungen (Lastflächenhalbmesser r_0 und Gründungstiefe t) ab.

Die Größe des Wertes C wollen wir aus der betreffenden Probebelastung entnehmen. Aus den Hysteresisschleifen Nr. 2, 3, 5 und 8 dieses Versuches von Wolterbeek folgt:

$$C = \frac{0{,}4}{0{,}78} = \frac{0{,}8}{1{,}56} = \frac{0{,}60}{1{,}17} = \frac{1{,}00}{1{,}95} = 0{,}513\,\text{mm/kg/cm}^2.$$

Dieser Wert gibt die mittlere Neigung der Hysteresisschleifen an und soll für die Feststellung der elastischen Senkungen w_e für die

Belastungen:	$q_0 =$	3	5	7	9	kg/cm²

verwendet werden.

Es ergibt sich:	$w_e =$	1,539	2,565	3,591	4,617	mm

Um Gl. (1) auszuwerten, brauchen wir die Größen h_p und h_e, welche die Höhe des Fließbereiches und des elastischen Kernes für jede der genannten Belastungen q_0 festlegen. Zu diesem Zwecke hat man für jeden Wert von q_0 die Kurve der Hauptspannungsverhältnisse n zu zeichnen und mit der Geraden

$$n_{\text{krit.}} = \frac{1 + \sin \varphi_r}{1 - \sin \varphi_r} \tag{3}$$

zum Schnitt zu bringen, wie dies bereits in Ziffer 40 erläutert wurde.

Analog der Gl. 40 — (2) lautet die Gleichung für das Hauptspannungsverhältnis mit der Ordnungszahl $\nu = 6$:

$$n = \frac{q_0\,(1 - \cos^6 \alpha) + \gamma\, r_0 \operatorname{cotg} \alpha}{\frac{1}{16}\, q_0\,(2 - 3\cos 2\alpha + \cos^3 2\alpha) + \gamma\, r_0 \operatorname{cotg} \alpha}\,. \tag{4}$$

Führt man die Rechnung nach Gl. (4) für die Belastungen $q_0 = 3$, 5, 7 und 9 kg/cm² mit $r_0 = 18$ cm und $\gamma = 0{,}0015$ kg/cm³ durch, dann erhält man folgende, in Tabelle XI zusammengestellte Werte:

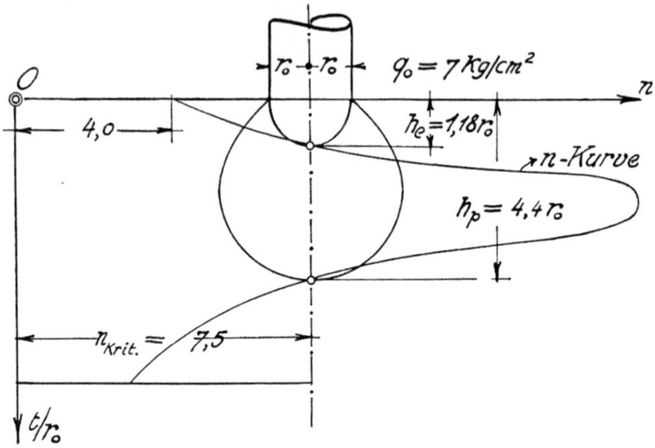

Abb. 44. Hauptspannungsverhältnisse n in der Achse einer kreisförmigen Lastfläche für gleichmäßige Belastung q_0 und $\nu = 6$.

Tabelle XI.

Hauptspannungsverhältnisse n in der Achse einer kreisförmigen Lastfläche $r_0 = 18$ cm für gleichmäßig verteilte Belastung q_0 und $\nu = 6$.

Hauptspannungsverhältnis n für:

α	$q_0 = 3$	$q_0 = 5$	$q_0 = 7$	$q_0 = 9$
90	4,0	4,0	4,0	4,0
45	6,60	6,75	6,82	6,85
40	7,78	8,10	8,39	8,32
30	11,16	12,11	12,80	12,82
20	9,78	13,35	15,97	17,94
15	6,00	8,90	11,53	13,92
10	2,65	3,72	4,77	5,79
8	1,86	2,51	3,10	3,70

Die Auftragung dieser Werte ergibt vier Schaubilder, von denen eines für $q_0 = 7$ kg/cm² in Abb. 44 dargestellt ist. Die n-Kurven wurden mit dem probeweise angenommenen Werte $n_{\text{krit.}} = 7{,}5$ $\left(\sin \varphi_r = \frac{6{,}5}{8{,}5} = 0{,}765,\right.$

$\varphi_r = \sim 50^0)$ zum Schnitt gebracht, woraus sich die Werte h_p und h_e ergeben:

	$q_0 = 3$	5	7	9 kg/cm²
	$h_p = 3{,}3$	3,9	4,4	4,9 mal r_0
	$h_e = 1{,}25$	1,22	1,18	1,15 mal r_0
	$d_p = 2{,}05$	2,68	3,22	3,75 mal r_0
	$w_e = 1{,}539$	2,565	3,591	4,617 mm
Gl. (1):	$w_p = 2{,}22$	6,01	12,20	21,40 „

Diese Werte sind in das von Wolterbeek aufgenommene Schaubild (Abb. 45) eingetragen. Die gerechnete w_p-Kurve schmiegt sich der nach den gemessenen Werten konstruierten gut an. Dadurch wird der Wert $\varphi_r = 50^0$ für die innere Reibung im Gebiete der Lastplatte als Näherungswert bestätigt.

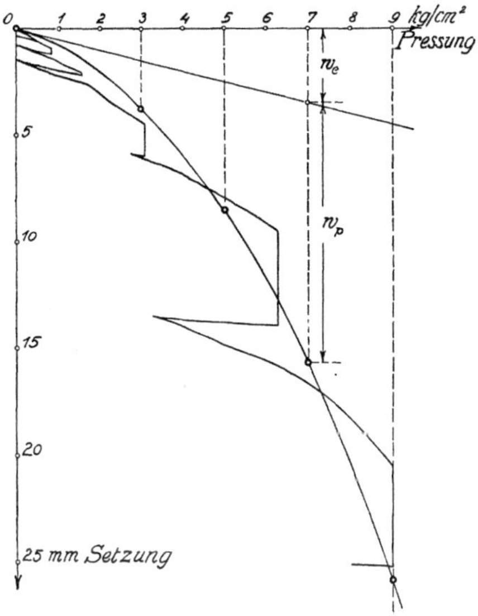

Abb. 45. Wirkliches und theoretisches Lastsetzungsschaubild.

In der vorangehenden Berechnung wurde stets von dem Hauptspannungsverhältnis n in der Lastflächenachse, jedoch niemals von der Größe der durch die Belastung $q_0 r_0^2 \pi$ hervorgerufenen Hauptspannungen σ_z und σ_h selbst gesprochen. Zur Unterstützung der Anschauung wurde das Schaubild (Abb. 46) der Hauptspannungen für $q_0 = 7$ kg/cm² entworfen. Unter der Annahme einer Ruhedruckziffer $\zeta = 1$ sind die Eigengewichtsspannungen:

$$\left.\begin{aligned} \sigma_{g,z} &= r_0\,\gamma \operatorname{cotg} \alpha \\ \sigma_{g,h} &= r_0\,\gamma \operatorname{cotg} \alpha \end{aligned}\right\} \quad (5)$$

und die Spannungen infolge der Auflast im elastischen Bereich:

$$\left.\begin{aligned} \sigma_z &= q_0\,(1 - \cos^6 \alpha) \\ \sigma_h &= \frac{1}{16}\, q_0\,(2 - 3 \cos 2\,\alpha + \cos^3 2\,\alpha) \end{aligned}\right\} \quad (6)$$

Auf der linken Seite der Lotrechten in Abb. 46 sind die Spannungen $(\sigma_{g,z} + \sigma_z)$, auf der rechten Seite im doppelten Maßstab $(\sigma_{g,h} + \sigma_h)$

aufgetragen. Die letztgenannte Kurve ist mit der Linie $\frac{1}{n_{\text{krit.}}}(\sigma_{g,z} + \sigma_z)$ zum Schnitt gebracht, wodurch die Grenzen des Fließbereiches erhalten werden. Die Größen $h_e = 1{,}18\, r_0$ und $h_p = 4{,}4\, r_0$ stimmen mit Abb. 44 überein. Innerhalb des plastischen Gebietes ist die auf elastischer Grundlage entstehende waagrechte Normalspannung erhöht; die Zusatzfläche

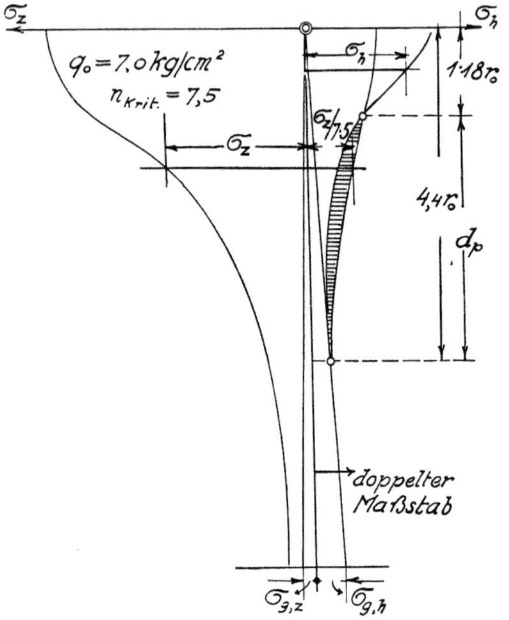

Abb. 46. Verlauf der Hauptspannungen in der Achse einer kreisförmigen mit $q_0 = 7{,}0\,\text{kg/cm}^2$ belasteten Lastfläche von 36 cm Durchmesser.

ist durch Schraffur gekennzeichnet. Die unter 4, b, erwähnten, bisher unveröffentlichten Versuche von Dr. W. Bernatzik, Wien, bestätigen diesen Verlauf der waagrechten Normalspannung in Schüttungen unter Lastplatten in den hervorstechendsten Zügen*.

XIV. Die kritische Randbelastung als Anhaltspunkt für die zulässige Belastung des Baugrundes.

44. Tragfähigkeit (Grenzbelastung) und Proportionalitätsgrenze.

Außer den Tabellen über die „zulässigen Belastungen für Flachgründungen“, die man in Handbüchern des Grundbaues gewöhnlich antrifft, deren Wert meist durch das Fehlen näherer Angaben über

* Siehe Anhang, zu XIII, 43.

die Gründungstiefe problematisch wird, gibt es noch die zahlreichen „Tragfähigkeitsformeln“ zur Beurteilung der Grenzbelastung einer Bodenart; sie werden im allgemeinen so gehandhabt, daß man, um zu der zulässigen Bodenpressung zu gelangen, einen Sicherheitskoeffizienten einführt, mit dem die Grenzbelastung zu multiplizieren ist, dessen Größe jedoch ebenso schwankt wie die erstgenannten Tabellenwerte. Als Beispiele für diese Tragfähigkeitsformeln sei vor allem die älteste, von Rankine, und die jüngste, von Prandtl-Reißner, genannt. Bedeutet:

$q_{t,g}$ ... die Grenzbelastung in kg/cm², bei welcher das Gleichgewicht eines Grundbaukörpers theoretisch unmöglich wird;
t ...... die Gründungstiefe in cm;
φ_r ..... den Winkel der inneren Reibung;
γ ..... das Raumgewicht der Erde in kg/cm³;

dann lautet die Formel von Rankine:

$$q_{t,g} = \gamma\, t \left(\frac{1+\sin\varphi_r}{1-\sin\varphi_r}\right)^2 \tag{1}$$

und die von Prandtl-Reißner [35]:

$$q_{t,g} = \gamma\, t \left(\frac{1+\sin\varphi_r}{1-\sin\varphi_r}\right) e^{\pi \operatorname{tg} \varphi_r}. \tag{2}$$

Diese Gleichungen sind für kohäsionslose Massen abgeleitet. Von den vielen, nach ihrem Bekanntwerden zwischen (1) und (2) gelegenen Formeln seien nur die Namen ihrer Verfasser genannt: Schwedler, Jankowsky, Belzetsky, Miniaeff, Pouzyrewsky, Joachim Schultze, Vierendeel und Krey. Ein Teil derselben ist in v. Terzaghis „Erdbaumechanik“ aufgeführt und eingehend beurteilt. In dem genannten Werke werden die Faktoren, welche die Tragfähigkeit des sandigen Untergrundes beeinflussen, klargelegt und für streifenförmige sowie kreisförmige Lastflächen Tragfähigkeitsformeln für Sand gegeben. Ist r_0 der Lastflächenhalbmesser, dann lautet mit den obigen Bezeichnungen die Formel für die Grenzbelastung von v. Terzaghi:

$$q_{t,g} = 2\, r_0\, \gamma \left(\frac{1+\sin\varphi_r}{1-\sin\varphi_r}\right)^2 \left[1 + \frac{t}{r_0} + c\left(\frac{t}{r_0}\right)^2\right]. \tag{3}$$

c ist ein Festwert, der von der Beschaffenheit der Sandkörner und der relativen Dichte der Schüttung abhängt.

Schreibt man (3) in der Form:

$$q_{t,g} = 2\, \gamma\, t \left(\frac{1+\sin\varphi_r}{1-\sin\varphi_r}\right)^2 \left[1 + \left(\frac{r_0}{t}\right) + c\left(\frac{t}{r_0}\right)\right], \tag{3a}$$

dann erkennt man den Zusammenhang mit der Rankineschen Gleichung (1). Für $t = 0$ führt (3a) auf einen endlichen Wert, während (1) die Tragfähigkeit Null liefert. Gl. (3a) kann also als verbesserte, den wirklichen Verhältnissen angepaßte Rankinesche Formel angesehen werden. Bei der Anwendung derselben auf auszuführende Gründungen zeigt sich jedoch, daß die Werte $q_{t,g}$ im allgemeinen sehr hoch liegen und für die Beurteilung der „Proportionalitätsgrenze“ keine verläßliche Grundlage liefern. In einer Arbeit von Bierbaumer [37] tritt dieser Umstand sehr deutlich zutage.

Es scheint, daß die sogenannte zulässige Bodenbelastung nicht auf die Grenzbelastung, sondern auf die Proportionalitätsgrenze aufgebaut werden sollte. Die im Abschnitt X, Ziffer 33, entwickelte kritische Randbelastung kennzeichnet den Augenblick in der Belastung eines Grundbaukörpers (ohne Seitenwandreibung), wo das seitliche Ausweichen des Bodens beginnt und plastische Setzungen entstehen. Die allgemeine, auch für bindige Böden gültige Gl. 33 — (5) stellt daher nichts anderes als die Proportionalitätsgrenze dar und sollte für die Beurteilung der zulässigen Bodenbeanspruchung eine geeignete Grundlage liefern. Im folgenden wollen wir uns auf kohäsionslose Böden beschränken und kommen mit $p_k = 0$ auf Gl. 33 — (4) zurück:

$$q_{t,R} = \frac{\pi\,(\gamma_K - \gamma_F)\,(1 - n)\,t}{\operatorname{cotg}\varphi_r - \left(\frac{\pi}{2} - \varphi_r\right)}, \tag{4}$$

worin die Symbole die folgende Bedeutung besitzen:

γ_K ... das wahre spezifische Gewicht der Körner des Bodens (kg/cm^3);
γ_F ... das Raumgewicht der die Poren ausfüllenden Flüssigkeit;
n .... das Porenvolumen der Raumeinheit (dimensionslos);
t ..... die Gründungstiefe in cm;
φ_r .... die innere Reibung des Bodens.

Zur besseren Übersicht möge (4) auf drei Sonderfälle mit abgerundeten Zahlenwerten angewendet werden, und zwar:

a) für wasserführende Sande,
b) für trockene Sande,
c) für trockene Kies-Sandgemenge.

Die Zahlenwerte für diese drei Fälle sind:

	Wasserführender Sand	Trockener Sand	Trockenes Kies-Sand-Gemenge
γ_K	0,00265	0,00265	0,00265 kg/cm^3
γ_F	0,001	0	0 ,,
n (angenommen)	0,394	0,434	0,322
$(\gamma_K - \gamma_F)\,(1 - n) = \gamma$.	0,001	0,0015	0,00185 ,,

Mit den Werten der letzten Zeile und einer Gründungstiefe von $t = 100$ cm läßt sich für φ_r von 30^0 bis 45^0 mittels (4) folgende Tabelle zusammenstellen:

Tabelle XII.
Die kritische Randbelastung (Proportionalitätsgrenze) $q_{t,R}$ in kg/cm² für Sande je 1,0 m Gründungstiefe.

φ_r Grad	Wasserführender Sand $\gamma = 0{,}001$	Trockener Sand $\gamma = 0{,}0015$	Trockenes Kies-Sandgemenge $\gamma = 0{,}00185$
30	0,458	0,687	0,847
31	0,496	0,744	0,918
32	0,535	0,803	0,990
33	0,576	0,864	1,066
34	0,621	0,932	1,149
35	0,671	1,007	1,241
36	0,724	1,086	1,339
37	0,781	1,172	1,445
38	0,845	1,268	1,563
39	0,911	1,367	1,685
40	0,985	1,478	1,822
41	1,065	1,598	1,970
42	1,151	1,727	2,129
43	1,247	1,911	2,307
44	1,348	2,076	2,494
45	1,461	2,192	2,703

Der Reibungswinkel φ_r hängt von der Lagerungsdichte, also auch von der Siebkurve des betreffenden Sandes ab und ist für Kies-Sandgemenge höher als für ziemlich gleichkörniges Material. Die angenommenen Grenzen von φ_r dürften bei erstmaliger Belastung in praktischen Fällen ungefähr zutreffen; da durch die Wirkung der Belastung Verdichtung eintreten kann, ist die Möglichkeit einer Erhöhung von φ_r über 45^0 hinaus im Laufe der Belastung gegeben. Jedoch müßte diese Belastung den Wert $q_{t,R}$ überschreiten, ein Fall, der bei Bauausführungen, wie wir unten sehen werden, im allgemeinen nicht vorkommt.

Spalte 2 und 3 lassen die Wirkung des Grundwassers auf die Proportionalitätsgrenze erkennen. Beispielsweise sinkt bei einem Reibungswinkel von $\varphi_r = 35^0$, der durch die Anwesenheit von Grundwasser bei Sand bekanntlich nicht verändert wird, diese Grenze $q_{t,R}$ in einer Gründungstiefe von 3,0 m von 3,021 kg/cm² auf 2,013 kg/cm² herab, während die Entlastung durch den Auftrieb nur 0,3 kg/cm² beträgt. Sieht man $q_{t,R}$ als zulässige Bodenbelastung an, dann wäre diese in dem vorliegenden Beispiel für trockenen Sand 3,021 kg/cm², für wasserführenden Sand hingegen nur 2,313 kg/cm².

Gl. (4) gibt für $t = 0$: $q_{0,R} = 0$, d. h. daß im Falle von Oberflächenbelastung selbst bei der geringsten Last Fließerscheinungen auftreten, wenn der Boden vollkommen kohäsionslos ist.

Die zulässige Bodenbelastung von kohäsionslosem Sand für die Gründungstiefe $t = 0$ ist also nach Gl. (4) Null. Dagegen würde Gl. (3)

eine Lastfläche von beispielsweise 30 m Durchmesser (Behältergründung auf trockenem Sand, $\varphi_r = 35^0$) eine Grenzbelastung von

$$q_{0,g} = 3000 \times 0{,}0015 \left(\frac{1 + 0{,}574}{1 - 0{,}574}\right)^2 = 61{,}4 \text{ kg/cm}^2$$

liefern. Wenn man die Proportionalitätsgrenze selbst nur zu $^1/_4$ des Wertes der Grenzbelastung annimmt, würde man noch eine zulässige Belastung von rund 15 kg/cm² errechnen, die für praktische Bauanwendungen natürlich nicht in Frage kommen kann. Aus diesem einfachen Beispiel geht hervor, daß sich der Begriff der Grenzbelastung nicht dazu eignet, eine zulässige Bodenbeanspruchung abzuleiten. Die zulässige Belastung kann nicht als ein bestimmter Teil jener Last betrachtet werden, die erforderlich ist, um den die Lastfläche umgebenden Boden allseitig schräg nach oben zu pressen; selbst für die Gründungstiefe $t = 0$, wo die Bodenverdrängung gegenüber der Bodenverdichtung sicherlich eine entscheidende Rolle spielt, lassen sich die der Größenordnung nach mit der Wirklichkeit übereinstimmenden Ergebnisse der Gl. (3) praktisch nicht verwerten.

45. Nachrechnung ausgeführter Gründungen auf kohäsionslosen Böden.

Der Winkel der inneren Reibung für sehr locker gelagerten Sand wird in [25] ungefähr mit $\varphi_r = 33^0$ angegeben. Da in den meisten Beispielen, die hier folgen, die Dichte des Sandes nicht festzustellen war, wollen wir die Proportionalitätsgrenzen stets mit zwei Werten für φ_r rechnen, und zwar für 33° und 35°.

Beispiel Nr. 1.

Campanile di San Marco, Venedig [37, 47] (Abb. 47).

Die Gründung des am 14. Juli 1902 eingestürzten Turmes bestand aus einem 3,2 m dicken, 13,0 × 13,0 m großen Block aus Bruchsteinmauerwerk, der auf Mann an Mann geschlagenen, kurzen Holzpfählen von 1,5 m Länge aufruhte. Die Pfahlenden lagen 4,70 m unter der Bodenoberfläche im wasserführenden Feinsand. Nehmen wir den Grundwasserspiegel mit der Unterkante des Bruchsteinmauerblockes zusammenfallend, also in 3,2 m Tiefe an, dann ist nach Tabelle XII die zulässige Belastung:

a) für $\varphi_r = 33^0$:

$$q_{t,R} = 3{,}2 \times 0{,}864 + 1{,}5 \times 0{,}576 = 3{,}63 \text{ kg/cm}^2,$$

b) für $\varphi_r = 35^0$:

$$q_{t,R} = 3{,}2 \times 1{,}007 + 1{,}5 \times 0{,}671 = 4{,}23 \text{ kg/cm}^2.$$

Der tatsächliche Sohldruck in der Ebene der Pfahlenden des 98,0 m hohen Turmes infolge Eigengewichtes allein betrug: $9750 : 13{,}0 \times 13{,}0 =$

Abb. 47. Campanile di San Marco, Venedig, aufgenommen am 14. Juli 1902 um 9 Uhr 52 Minuten vormittags in der Sekunde des beginnenden Einsturzes*.

$= 57{,}7\ t/m^2 = 5{,}77\ kg/cm^2$. Durch Winddruck erhöhte sich dieser Wert auf $7{,}2\ kg/cm^2$.

Beim Wiederaufbau wurde die Architektur grundsätzlich beibehalten, im Gewichte durch sparsamere Abmessungen und Anwendung moderner Bauweisen etwas gespart. Die Gründung wurde bedeutend verstärkt.

* Aus „De Ingenieur“, 1904, Nr. 11, S. 183.

Nach Singer [47] beträgt die Eigengewichtsbelastung des neuen Glockenturmes 3,2 kg/cm², die Randspannungen bei starkem Wind 4,30 bzw. 2,08 kg/cm². Diese Zahlen sind in guter Übereinstimmung mit den Werten $q_{t,R}$ für $\varphi_r = 33^0$ bis 35^0. (Der Auftrieb von 0,15 kg/cm² kann infolge seiner Kleinheit unberücksichtigt bleiben.)

Beispiel Nr. 2.

Strompfeiler der Eisenbahnbrücke zwischen Dordrecht und Breda, Niederlande [50] (Abb. 48).

Diese am 1. Januar 1872 dem Verkehr übergebene eingeleisige Brücke von rund 1400 m Länge besitzt 2 Landpfeiler und 13 Strompfeiler,

Abb. 48. Ansicht der Eisenbahnbrücke zwischen Dordrecht und Breda. (Phot. Nederlandsche Spoorwegen, Dienst van Weg en Werken, Utrecht.)

von denen 3 mit Luftdruckgründung hergestellt wurden. In Abb. 49 ist einer dieser drei Pfeiler schematisch dargestellt. Die Gründungstiefe unter der Stromsohle ist 10,0 m.

Formel 44 — (4) bzw. Tabelle XII gibt für:

a) $\varphi_r = 33^0$:

$$q_{t,R} = 10{,}0 \times 0{,}576 = 5{,}76 \text{ kg/cm}^2,$$

b) $\varphi_r = 35^0$:

$$q_{t,R} = 10{,}0 \times 0{,}671 = 6{,}71 \text{ kg/cm}^2.$$

Die tatsächliche Belastung dieses Pfeilers besteht aus:

Eigengewicht des Pfeilers	5500 t
Eigengewicht der Brückenkonstruktion...	500 ,,
Verkehrslast (100 m Spannweite)	700 ,,
	6700 t

Die Gründungssohle besitzt einen Flächeninhalt von

$$(16{,}0 - 7{,}0) \times 7{,}0 + \frac{7{,}0^2 \pi}{4} = 101{,}5 \text{ m}^2.$$

Infolge lotrechter Belastung allein beträgt der Sohldruck daher: $6700:101{,}5 = 66$ t/m² = ...	6,6 kg/cm²
Wirkung des Wind- und Strömungsdruckes auf der stromabwärts gelegenen Seite, schätzungsweise	+ 1,0 „
	7,6 kg/cm²
Auftrieb bei N. W. (22,0 — 0,78) t/m²	— 2,12 „
	5,48 kg/cm²

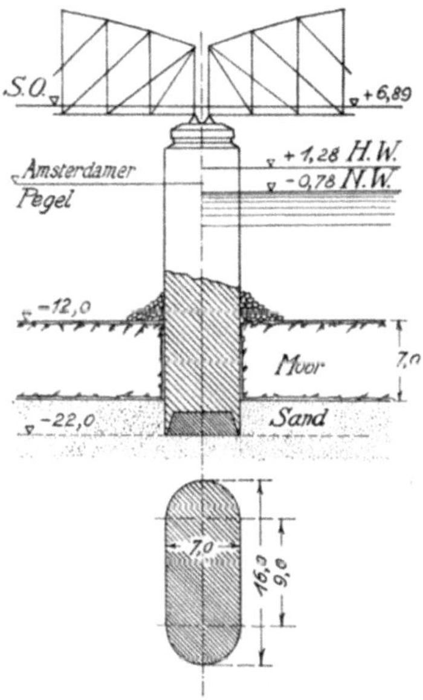

Abb. 49. Strompfeiler der Eisenbahnbrücke zwischen Dordrecht und Breda (Moerdijk). Niederlande.

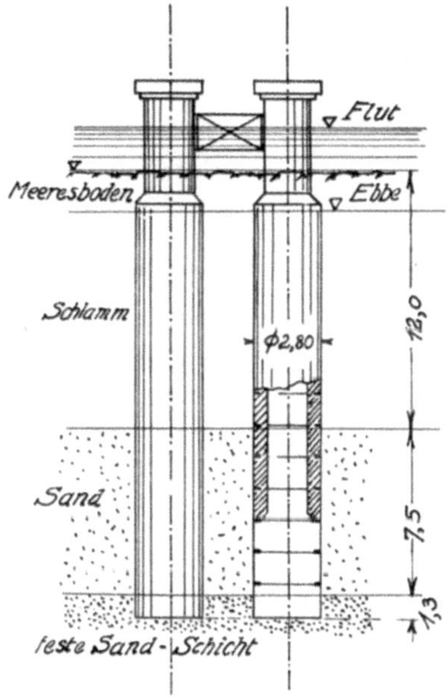

Abb. 50. Doppelpfeiler der Eisenbahnbrücke von Aguila bei San Fernando, Spanien.

Beispiel Nr. 3.

Doppelpfeiler der zweigeleisigen Eisenbahnbrücke von Aguila bei San Fernando, Provinz Cadix, Spanien [33].

Der Pfeiler besteht aus zwei gekuppelten, gußeisernen Rohren von je 2,80 m Durchmesser und ist 20,8 m unter dem Meeresboden gegründet. (12,0 m Schlamm, 7,5 m schlammiger Sand, 1,30 m fester Sand.) (Abb. 50.)

a) $\varphi_r = 33^0$:

$$q_{t,R} = 20{,}8 \times 0{,}576 = 11{,}98 \text{ kg/cm}^2,$$

b) $\varphi_r = 35^0$:

$$q_{t,R} = 20{,}8 \times 0{,}671 = 13{,}95 \text{ kg/cm}^2.$$

Die tatsächliche Sohlpressung mit Berücksichtigung des Auftriebes beträgt nach der angegebenen Quelle: 8,80 kg/cm².

Beispiel Nr. 4.

Strompfeiler der Gangesbrücke bei Bénarès (Indien) [33].

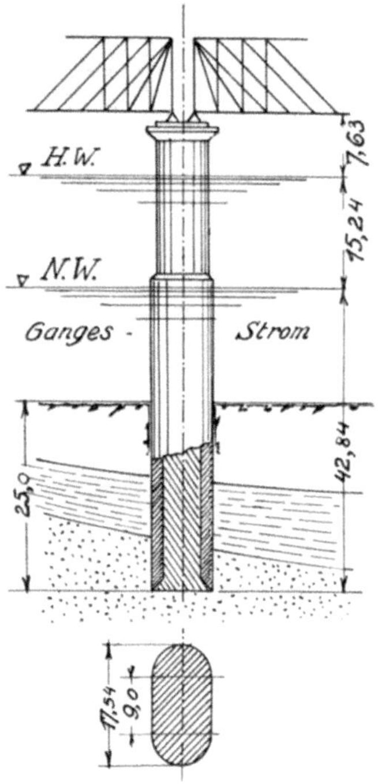

Abb. 51. Strompfeiler der Brücke über den Ganges bei Bénarès, Indien.

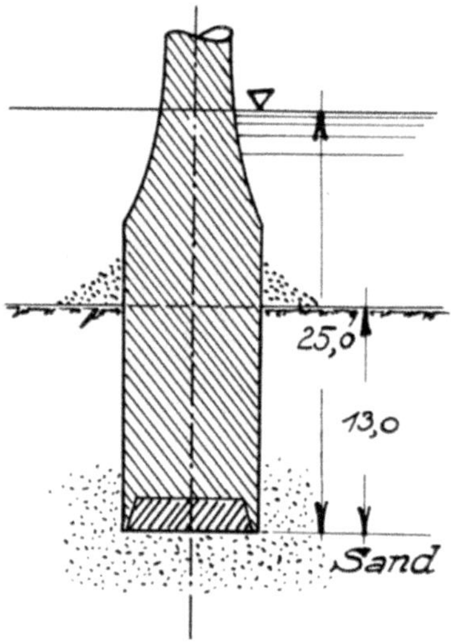

Abb. 52. Leuchtturm an der Unterweser.

Der Pfeilerquerschnitt (Rechteck 9,0 m × 8,54 m mit durch Halbkreise abgerundeten Schmalseiten) ist:

$$9{,}0 \times 8{,}54 + 8{,}54^2 \frac{\pi}{4} = 134{,}1 \text{ m}^2.$$

(Abb. 51.) Die Gesamthöhe des Pfeilers ist: 65,0 m; er ist 42,84 m unter N. W. und 25,0 m unter Stromsohle gegründet.

Nach Tabelle XII erhalten wir:

a) für $\varphi_r = 33^0$:

$$q_{t,R} = 25{,}0 \times 0{,}576 = 14{,}4\ \text{kg/cm}^2,$$

b) für $\varphi_r = 35^0$:

$$q_{t,R} = 25{,}0 \times 0{,}671 = 16{,}8\ \text{kg/cm}^2.$$

Die tatsächliche Sohlpressung rechnet sich wie folgt:

Pfeilereigengewicht:	
(134,1 × 44,0 + 107,5 × 21,0) × 2,4 = ...	20.450 t
Brückeneigengewicht (108 m Spannweite)	980 „
Verkehrslast	750 „
	22.180 t
Der tatsächlich auftretende Sohldruck beträgt daher: 22.180 : 134,1 = 165,5 t/m² = ...	16,55 kg/cm²
Auftrieb bei 42,8 m Wassertiefe	— 4,28 „
	12,27 kg/cm²

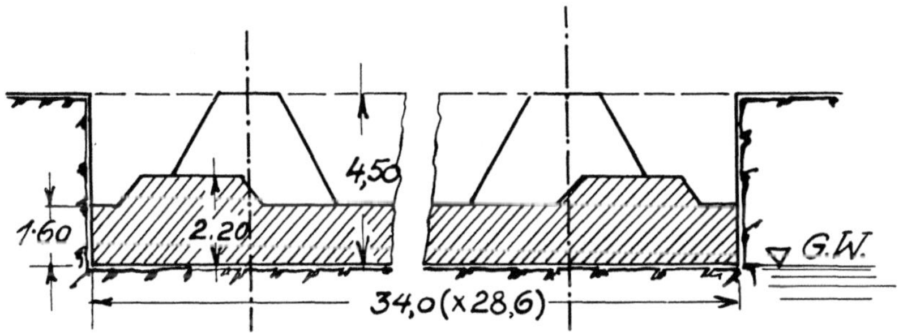

Abb. 53. Turm des neuen Rathauses in Berlin.

Beispiel Nr. 5.

Leuchtturm an der Unterweser [37].

Die Senkkastenschneide liegt 13,0 m unter der Flußsohle im wassergesättigten Sand. Die Wassertiefe beträgt 12,0 m (Abb. 52).

a) $\varphi_r = 33^0$:

$$q_{t,R} = 13{,}0 \times 0{,}576 = 7{,}5\ \text{kg/cm}^2,$$

b) $\varphi_r = 35^0$:

$$q_{t,R} = 13{,}0 \times 0{,}671 = 8{,}7\ \text{kg/cm}^2.$$

Die tatsächliche Randspannung unter dem Leuchtturmfundament für Eigengewicht, Wellen- und Windwirkung mit Berücksichtigung des Auftriebes beträgt laut der angegebenen Quelle: 8,9 kg/cm².

Beispiel Nr. 6.

Turm des neuen Rathauses in Berlin [37].

Dieses Bauwerk steht auf einer 1,60 m starken Eisenbetonplatte von 34,0 × 28,6 m Fläche, in 4,5 m Tiefe auf gewachsenem Sand. Der Grundwasserspiegel fällt ungefähr mit der Gründungssohle zusammen (Abb. 53).

Tabelle XII ergibt nach Spalte 3 für trockenen Sand:

a) $\varphi_r = 33^0$:

$$q_{t,R} = 4,5 \times 0,864 = 3,89 \text{ kg/cm}^2,$$

b) $\varphi_r = 35^0$:

$$q_{t,R} = 4,5 \times 1,007 = 4,53 \text{ kg/cm}^2.$$

Die wirkliche Sohlpressung bei 30.000 t Eigengewicht + Nutzlast des Turmes folgt zu:

$$30.000 : 34,0 \times 28,6 = 30,8 \text{ t/m}^2 = 3,08 \text{ kg/cm}^2.$$

Durch Windwirkung erhöht sich dieser Wert auf 3,5 kg/cm².

Beispiel Nr. 7.

Die neue Usedomer Bäderbrücke bei Zecherin [45].

Der Brückenpfeiler hat eine Gründungssohle von 5,5 × 12,80 m und steht auf feinem Sand; die Gründungstiefe beträgt 4,19 m.

Nach Tabelle XII, Spalte 2, erhalten wir:

a) für $\varphi_r = 33^0$:

$$q_{t,R} = 4,19 \times 0,576 = 2,42 \text{ kg/cm}^2,$$

b) für $\varphi_r = 35^0$:

$$q_{t,R} = 4,19 \times 0,671 = 2,82 \text{ kg/cm}^2.$$

Die Aufsichtsbehörden haben in diesem Falle eine Belastung von 3 kg/cm² zugelassen. Die nach Dinorm 1054 vorgenommenen Probebelastungen führten auf zulässige Beanspruchungen von 2,6 bis 3,3 kg/cm².

Beispiel Nr. 8.

Strompfeiler der neuen Rheinbrücke bei Ludwigshafen (Rhein)-Mannheim [40].

Die mittels Eisenbetonsenkkasten gegründeten beiden Strompfeiler stehen auf einer Sandschicht in ungefähr 8,5 m unter der Sohle des Flußbettes.

Nach Tabelle XII, Spalte 2, erhalten wir für:

a) $\varphi_r = 33^0$:

$$q_{t,R} = 8,5 \times 0,576 = 4,89 \text{ kg/cm}^2,$$

b) $\varphi_r = 35^0$:

$$q_{t,R} = 8,5 \times 0,671 = 5,70 \text{ kg/cm}^2.$$

Die zugelassene Höchstpressung betrug 4,5 kg/cm².

Beispiel Nr. 9.

Gründung eines Regierungsgebäudes in Breslau [4].

Der Untergrund dieses Gebäudes ist Letten von großer Mächtigkeit, dessen Hangendes 5,0 m über dem Oderpegel liegt. Es wurde eine 2,0 m starke Sandschüttung eingeschlämmt und gestampft und gegen seitliche Bewegungen durch schräg nach außen liegende Betonmauern von 30 cm Dicke geschützt. Die Oberkante dieser Schüttung diente als Gründungssohle. Der Grundwasserspiegel liegt unterhalb der Schüttung. Die Anschüttung rund um das Gebäude besitzt eine Dicke von 2,75 m, die als Gründungstiefe anzusehen ist.

Es handelt sich also um künstlich eingebrachten trockenen Sand, für den wir einen Winkel der inneren Reibung von $\varphi_r = 33^0$ bis 35^0 annehmen dürfen. Spalte 3 der Tabelle XII ergibt:

a) $\varphi_r = 33^0$:

$$q_{t,R} = 2{,}75 \times 0{,}864 = 2{,}38 \text{ kg/cm}^2,$$

b) $\varphi_r = 35^0$:

$$q_{t,R} = 2{,}75 \times 1{,}007 = 2{,}77 \text{ kg/cm}^2.$$

Bei der Ausführung des Gebäudes wurde rechnungsmäßig 2,5 kg/cm² zugelassen.

Beispiel Nr. 10.

Straßenbrücke über die Mur bei Puntigam [27].

Der Mittelpfeiler der in nebenstehendem Lichtbild (Abb. 54) dargestellten Brücke wurde mittels Eisenbetonsenkbrunnen ausgeführt und steht auf festgelagertem, grobem „Schotter" (Kies-Sandgemisch) in einer Tiefe von 5,06 m unter Flußsohle. Für diesen dichten Boden kann man den Winkel der inneren Reibung erfahrungsgemäß auf 40^0 bis 42^0 veranschlagen. In Tabelle XII wurde Spalte 2 (wasserführender Sand) für ein Porenvolumen von 0,394, Spalte 4 (trockenes Kies-Sandgemisch) hingegen mit 0,322 gerechnet. Unter Benützung dieser Tabelle lauten die kritischen Randbelastungen in dem gegebenen Falle:

a) für $\varphi_r = 40^0$:

$$q_{t,R} = \frac{1 - 0{,}322}{1 - 0{,}394}\, 5{,}06 \times 0{,}985 = 5{,}57 \text{ kg/cm}^2,$$

b) für $\varphi_r = 42^0$:

$$q_{t,R} = \frac{1 - 0{,}322}{1 - 0{,}394}\, 5{,}06 \times 1{,}151 = 6{,}51 \text{ kg/cm}^2.$$

Die nach der angegebenen Quelle zugelassene höchste Randpressung unter diesem Pfeiler beträgt 5,65 kg/cm². In einem ähnlichen Falle, bei der neuen Weinzöttlbrücke über die Mur (Gösting-Graz) auf gleichem Boden und in ungefähr gleicher Gründungstiefe wurde nach derselben Quelle die höchste Bodenpressung unter dem Flußpfeiler mit 6,70 kg/cm² zugelassen. Ansicht des Pfeilers siehe Abb. 55.

Abb. 54. Straßenbrücke über die Mur bei Puntigam (Steiermark, Österreich). Phot. Rud. Fröhlich, Graz.

Abb. 55. Straßenbrücke über die Mur bei Gösting (Steiermark, Österreich). Phot. Rud. Fröhlich, Graz.

Aus den vorstehenden Beispielen darf der Schluß gezogen werden, daß Gl. 44 — (4) (kritische Randbelastung) als ein Anhaltspunkt für die Wahl der zulässigen Bodenpressung bei Vorentwürfen von Gründungen auf kohäsionsschwachen Böden angesehen werden darf. Die für wichtige Bauwerke unentbehrliche Bodenuntersuchung wird die Größe der inneren Reibung (φ_r) festzustellen haben, die der Berechnung zugrunde gelegt werden soll.

Die Festsetzung der zulässigen Bodenpressung ist dann durch die Setzungsberechnung zu überprüfen. Da seitliches Ausweichen des Bodens (Fließerscheinungen) infolge der Einhaltung der kritischen Randbelastung ausgeschlossen sind, können die unter Ziffer 36 entwickelten Gleichungen mit dem Zusammendrückungsmodul M an Stelle des Elastizitätsmoduls E_b und ω_M an Stelle von ω verwendet werden, um die zu erwartende Setzung angenähert zu erhalten. Die Werte M und ω_M müssen aus einer Belastungsprobe oder aus einer Laboratoriumsuntersuchung einer ungestörten Bodenprobe bekannt sein. Dabei ist vorausgesetzt, daß der Boden bis in große Tiefe gleichartig bleibt. Ferner kann sich die Setzungsberechnung nur auf jenen Teil der Senkung eines Bauwerkes beziehen, der entsteht, nachdem die durch den Eingriff in den Boden entstehenden Gleichgewichtsstörungen ungefähr ausgeglichen sind; d. h. von dem Augenblicke an, wo der Grundbaukörper auf seine Sohle den Druck $\gamma\, t$ ausübt (t = Gründungstiefe). Bei Brunnen- und Senkkastengründungen wird man meist größere Senkungen während der Ausführung des ersten Teiles des Grundbaukörpers beobachten, die durch die Auflockerung des Bodens an den Rändern der Baugrube (siehe Abschnitt XVI, 48) entstehen. Eine Vorausbestimmung dieser „Auflockerungssetzung" hat keinerlei Interesse: es kann jedoch manchmal wichtig sein, dieselbe in besonderen Fällen durch Messung während der Bauausführung festzustellen.

Für die Baupraxis ist strenge genommen nur jener Teil der Setzung von Bedeutung, der sich einstellt, nachdem das Bauwerk z. B. die Höhe der ersten wichtigen Vergleichsebene (Straßenoberkante, Schienenoberkante-Fabriksgelände, Hüttensohle usw.) erreicht hat. Wenn ein Brückenpfeiler während der Bauausführung größere Senkungen zeigt, die jedoch nach seiner Fertigstellung, also bevor das Eigengewicht der Brücke aufgebracht ist, zum völligen Stillstand kommen, dann haben dieselben keine störenden Folgen für die weiteren Bauarbeiten. Anders steht die Sache, wenn das Eigengewicht der Brücke weitere Setzungen von Bedeutung zur Folge hat, die etwa bei benachbarten Pfeilern verschieden ausfallen; im Falle durchlaufender Brückenhauptträger ist ein derartiges, unerwartetes Verhalten von Grundbaukörpern besonders störend.

Aus den obigen Erläuterungen erkennt man auch die Wichtigkeit des Verhältnisses „Nutzlast: Eigengewicht" für Bauwerke auf Böden, die nur eine geringe Belastung vertragen. Im allgemeinen wird angenommen, daß die Aufbringung der Nutzlast nur elastische Setzungen zur Folge haben soll. Dies ist natürlich für die erstmalige Nutzbelastung nicht der Fall, wie aus Versuchen einwandfrei erhellt. Jedoch muß man an eine verläßliche Gründung eines Bauwerkes die Anforderung stellen, daß eine wiederholte Aufbringung der Nutzlast nur elastische Setzungen hervorbringt. Dies gilt auch für bindige Böden, bei denen die Setzung des Bauwerkes durch den sich langsam vollziehenden Ausgleich der hydrodynamischen Spannungen ungehindert von der Nutzlastaufbringung weitergeht. Für die kurze Zeitdauer der Nutzlastwirkung kann das Druckäquivalent p_k der Konsistenzform als konstant angesehen werden.

Bei Brückenpfeilern ist im allgemeinen die Bodenpressung durch Nutzlast nur ein kleiner Teil der durch Eigengewicht hervorgerufenen. Eine Überschreitung der kritischen Randbelastung in diesem Falle um 20 oder 30% wird daher keine ernsten Folgen zeitigen; hingegen kann eine solche verhältnismäßig geringe Überschreitung von $q_{t,R}$ bei Silobauten bedenklich werden, da hier die Nutzlast zuweilen 100% des Eigengewichtes und selbst noch mehr beträgt. Bei Vollast sind dann plastische Gebiete vorhanden, die verschwinden, wenn der Silo völlig leer ist. Dann dringt das Grundwasser (Sandböden vorausgesetzt) in die entlasteten Bereiche und bringt daselbst einen Ausgleich der Reibungsspannungen zustande. Die nächstfolgende Nutzlastaufbringung findet daher ähnliche Spannungsverhältnisse im Untergrund vor, wie sie vor der erstmaligen Nutzbelastung bestanden. Es ergeben sich daher neuerdings bleibende, d. h. zusätzliche Senkungen. Eine solche Gründung entspricht nicht der obengenannten Anforderung.

Die Einhaltung der kritischen Randbelastung ist also um so wichtiger, je größer das Verhältnis „Nutzlast : Eigengewicht" des betreffenden Bauwerkes ist.

XV. Einfluß der Schichtung des Baugrundes und des Grundwasserstandes auf die Setzung und die Wahl der zulässigen Bodenpressung.

46. Berücksichtigung der Schichtung des Baugrundes.

Im einschlägigen Schrifttum findet man nur wenige Anhaltspunkte für die Lösung des Schichtenmächtigkeitsproblemes. Wenn ein Bauwerk auf einer Schicht von der Mächtigkeit t_1 zu errichten ist, unter welcher sich eine Schicht von geringerer Tragfähigkeit befindet, dann wird man häufig die Beanspruchung, die bei unbeschränkter Mächtigkeit der obersten Schicht zulässig wäre, mit Rücksicht auf die begrenzte Mächtigkeit t_1 herabsetzen müssen. Bisher behandelte man diesen Fall gewöhnlich so, daß man die zulässigen Belastungen für das „Hangende" sowohl als auch für das „Liegende" annahm, und durch Feststellung der lotrechten Normalspannungen in der Grenzfläche zwischen den beiden Schichten überprüfte, ob die größte lotrechte Normalspannung unter der zulässigen Beanspruchung des Liegenden blieb. (Siehe z. B. den Normalblattentwurf des „Önig" über die „Belastung des Baugrundes" vom 1. Juli 1925.)

Hier soll die vorliegende Aufgabe auf Grund der Bedingung gelöst werden, daß die zulässige Belastung weder im Hangenden noch im Liegenden plastische Vorgänge hervorrufen darf.

In Abb. 56 ist ein Grundbaukörper von großer Länge, der Breite $2\,b$ und der Gründungstiefe t angedeutet. Die Mächtigkeit der Schicht, auf welcher er ruht, ist t_1; ihre innere Reibung $\varphi_r = \Phi_1$ und ihr Raumgewicht $\gamma_1 = \gamma$. Das Liegende sei durch die Größen $\varphi_r = \Phi_2$ und $\gamma_2 = \gamma$ gekennzeichnet. Die Tragfähigkeit dieser Schichten beruhe einzig auf der inneren Reibung φ_r ($p_k = 0$). Die Auffüllung von der Mächtigkeit t habe ebenfalls das Raumgewicht γ. Der Einfluß des Grundwassers soll hier außer Betracht gelassen werden.

Als zulässiger Sohldruck für das Hangende bei unbegrenzter Mächtigkeit käme die kritische Randbelastung nach Gl. 33 — (2) in Betracht:

$$q_{t,R} = \frac{\pi \gamma t}{\operatorname{cotg} \Phi_1 - \left(\frac{\pi}{2} - \Phi_1\right)}. \tag{1}$$

Nun denken wir uns das Hangende fort und durch Material von der Beschaffenheit des Liegenden ersetzt, so daß das Bauwerk auf einer unbegrenzten Schicht mit der inneren Reibung Φ_2 und dem Raumgewicht γ aufruht. Da voraussetzungsgemäß $\Phi_2 < \Phi_1$ ist, tritt nun ein plastisches Gebiet auf. Dasselbe läßt sich nach Ziffer 31 berechnen und ist in Abb. 56 angedeutet. Es gehe beispielsweise über die Mächtigkeit t_1 hinaus, so daß es in die Schicht Φ_2, γ einschneide. In diesem Falle müßte $q_{t,R}$ solange ermäßigt werden, bis die Höhe des plastischen Gebietes $h_p = t_1$ geworden ist. Wäre von vorn herein $t_1 = h_p$, dann könnte die nach Gl. (1) gerechnete Belastung als zulässig betrachtet werden.

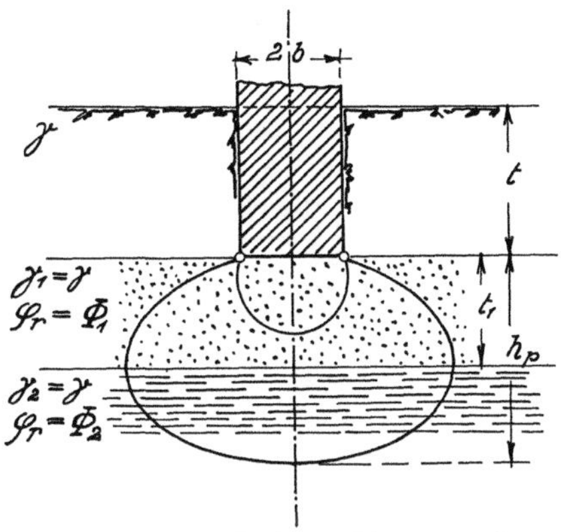

Abb. 56. Einfluß der Schichtung des Baugrundes auf die Fließbereiche.

Zahlenbeispiel:

$2b = 100$ cm, $t = 200$ cm, $\gamma = 0{,}0015$ kg/cm³, $\Phi_1 = 45^0$, $\Phi_2 = 30^0$, $t_1 = 100$ cm.

Es ergibt sich aus Gl. (1): $q_{t,R} = 4{,}38$ kg/cm². Dies ist die Belastung, die bei großer Mächtigkeit der Schicht Φ_1, γ noch kein plastisches Gebiet hervorruft.

Nun bestimmen wir nach Gl. 31 — (13) jene Belastung q, die in einem Material Φ_2, γ ein plastisches Gebiet von der Höhe $h_p = t_1$ erzeugt.

$$q = \frac{\pi \gamma (t + t_1)}{\operatorname{cotg} \Phi_2 - \left(\frac{\pi}{2} - \Phi_2\right)}. \tag{2}$$

Setzt man die oben angegebenen Zahlenwerte in Gl. (2) ein, so folgt:

$$q = \frac{\pi \times 0{,}0015 \times 300}{1{,}732 - 1{,}047} = 2{,}06 \text{ kg/cm}^2.$$

Will man also vermeiden, daß im Liegenden ein plastischer Bereich entsteht, dann muß man im vorliegenden Fall die zulässige Belastung von 4,38 kg/cm² auf 2,06 kg/cm² herabsetzen. Unter dieser Bedingung bleibt das fiktive plastische Gebiet auf den Raum t_1 beschränkt, wo sich in Wirklichkeit ein Material mit der inneren Reibung $\Phi_1 > \Phi_2$ befindet, und daher das elastische Gleichgewicht überall gewahrt bleibt. Die Bestimmung des Verlaufes des fiktiven plastischen Gebietes ist nach Ziffer 31 sehr einfach; wir wollen uns hier darauf beschränken anzugeben, wie man die Berührungspunkte mit der Grenzebene der beiden Schichten finden kann. Diese müssen auf einem Kreis mit dem Halbmesser $r_m = \frac{b}{\cos\Phi_2}$ liegen, Gl. 31 — (9), der durch die Randpunkte der Gründungssohle gelegt wird.

Bleibt die Sohlpressung unter dem Werte $q = 2{,}06$ kg/cm², dann gibt die sinngemäße Anwendung von Gl. 36 — (58) oder einer der Näherungsformeln unter Ziffer 36, a bis g, die zu erwartende Setzung (bleibende + elastische); dazu müssen die Werte ω für beide Schichten bekannt sein. Als Ordnungszahl der Spannungsverteilung kommt angenähert $\nu = 3$ in Betracht. Analog den Erörterungen unter 45 wird man die Setzung auf jenen Zeitpunkt beziehen, wo die Bauausführung soweit fortgeschritten ist, daß die Sohlpressung $\gamma\, t = 0{,}0015 \times 200 = 0{,}3$ kg/cm² geworden ist. Diese Spannung ist daher von $q = 2{,}06$ kg/cm² für die Berechnung von σ_z in Abzug zu bringen.

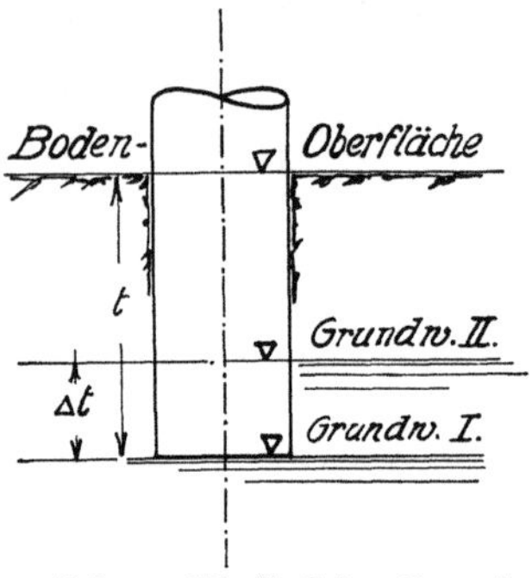

Abb. 57. Einfluß des Grundwasserstandes auf die kritische Randbelastung.

47. Berücksichtigung des Grundwasserstandes.

Wir gehen von der Betrachtung eines Grundbaukörpers aus, dessen Sohle in der Tiefe t unter der Bodenoberfläche liege und mit dem Grundwasserspiegel I zusammenfalle (Abb. 57). Das Raumgewicht des unter Wasser befindlichen Materiales sei:

$$\gamma_1 = (\gamma_K - 1)\,(1 - n) \tag{1}$$

und damit das Raumgewicht des trockenen Bodens:

$$\gamma_0 = \gamma_K\,(1 - n). \tag{2}$$

Ist φ_r die innere Reibung des Bodens unter Wasser, dann läßt sich die kritische Randbelastung für den Grundwasserstand I rechnen mit:

$$q'_{t,R} = \frac{\pi\,\gamma_0\,t}{\operatorname{cotg}\varphi_r - \left(\frac{\pi}{2} - \varphi_r\right)}. \tag{3}$$

Falls bei einer Grundwasserspiegelerhöhung Δt kein plastisches Gebiet unter der Gründungssohle auftreten soll, muß die Sohlpressung nach (3) um Δq vermindert werden; wie groß ist Δq?

Die kritische Randbelastung für den Grundwasserspiegel II ist:

$$q''_{t,R} = \frac{\pi\,[\gamma_0\, t - (\gamma_0 - \gamma_1)\,\Delta t]}{\operatorname{cotg} \varphi_r - \left(\frac{\pi}{2} - \varphi_r\right)}. \tag{4}$$

Die Ermäßigung des Sohldruckes beträgt daher:

$$\Delta q = q'_{t,R} - q''_{t,R} = \frac{\pi\,(\gamma_0 - \gamma_1)\,\Delta t}{\operatorname{cotg} \varphi_r - \left(\frac{\pi}{2} - \varphi_r\right)}. \tag{5}$$

Unter Beachtung der Gl. (1) und (2) läßt sich auch schreiben:

$$\Delta q = \frac{0{,}001\,\pi\,(1 - n)\,\Delta t}{\operatorname{cotg} \varphi_r - \left(\frac{\pi}{2} - \varphi_r\right)}. \tag{6}$$

Die durch die Erhöhung des Grundwasserspiegels um Δt notwendig gewordene Ermäßigung Δq der zulässigen Belastung ist nach Gl. (6) unabhängig von dem spezifischen Gewicht der Bodenkörner, Gründungstiefe t und Größe, sowie Form der Gründungssohle.

Zahlenbeispiel:

Der Grundwasserspiegel steige um 100 cm; das Porenvolumen sei 40%, also $n = 0{,}40$; die innere Reibung betrage $\varphi_r = 35^0$. Unter diesen Annahmen ist $\Delta q = \frac{6{,}71 \times 0{,}60 \times 100}{1000} = 0{,}402$ kg/cm². War die kritische Randbelastung z. B. für die Lage des Grundwasserspiegels I und $t = 300$ cm nach Tabelle XII: $q_{t,R} = 3 \times 1{,}007 = 3{,}021$ kg/cm², so darf infolge einer vorhergesehenen Steigung des Grundwassers bis zum Niveau II die zulässige Belastung nur mehr

$$3{,}021 - 0{,}402 = 2{,}619 \text{ kg/cm}^2$$

betragen.

Es ist leicht einzusehen, daß bei gleichartigem (ungeschichtetem) Baugrund der Grundwasserstand solange keinen Einfluß auf den Gleichgewichtszustand ausübt, als der Spiegel unterhalb der Gründungssohle bleibt, unter der Voraussetzung, daß die Sohlpressung unter der kritischen Randbelastung liegt und daß der Winkel der inneren Reibung oberhalb und unterhalb des Wasserspiegels dieselbe Größe besitzt.

Ganz anders werden jedoch die Verhältnisse, wenn die Sohlpressung die kritische Randbelastung überschreitet, wenn also ein plastischer Bereich vorliegt. Diesen Fall wollen wir nun näher betrachten.

In Abb. 58 ist ein Grundbaukörper mit dem zu seiner mittleren Sohlpressung q_t gehörigen plastischen Gebiet gezeichnet. Der Grundwasserspiegel steige aus einer anfänglich tiefen (nicht gezeichneten) Lage so hoch (t_w), daß er das für den trockenen Boden γ_0 gezeichnete plastische Gebiet in den Punkten S_1 und S_2 schneide. Es entsteht die Frage, welche Veränderung das plastische Gebiet dadurch erleidet.

Die Begrenzung des plastischen Gebietes in dem Raume $(t_w - t)$ kann sich natürlich nicht ändern. Um die Begrenzung unterhalb des Spiegels S_1, S_2 zu finden, hat man nichts anderes zu tun, als die Berechnung des Kraftfeldes, hervorgerufen durch q, vorzunehmen mit einer fiktiven Gründungstiefe

$$t + (T_w - t_w)$$

und dem Raumgewicht γ_1, nach Gl. (1), wobei $T_w = t_w \frac{\gamma_0}{\gamma_1}$ und γ_0 durch Gl. (2) gegeben ist.

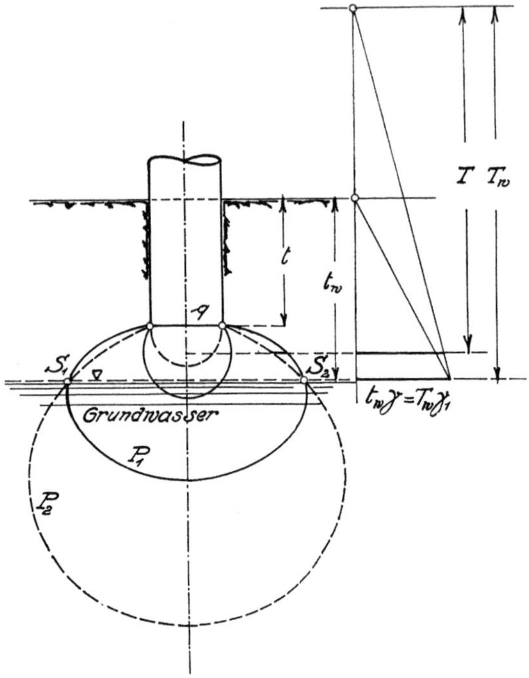

Abb. 58. Einfluß einer Steigung des Grundwasserspiegels auf einen vorhandenen Fließbereich

Die Begrenzung des neuen plastischen Gebietes P_2 schneidet die Grenzlinie P_1 in den Punkten S_1 und S_2, da sich dort gegenüber dem Anfangszustand nichts geändert hat. Oberhalb der Ebene $S_1 S_2$ muß P_2 innerhalb von P_1 verlaufen, da das fiktive Eigengewicht $T\gamma_1$ dort größer ist als $\{T - (T_w - t_w)\}\gamma_0$, wie man aus Abb. 58 sofort sieht. Hingegen verläuft P_2 unter der Ebene $S_1 S_2$ außerhalb von P_1: das plastische Gebiet wird daher vergrößert; es treten zusätzliche plastische Setzungen auf.

Hiermit ist gezeigt, daß der Einfluß einer Grundwassersteigung im Bereich unterhalb der Gründungssohle davon abhängt, ob die vorhandene Belastung q im trockenen Boden plastische Vorgänge zur Folge hatte oder nicht. Der Einfluß des steigenden Grundwassers beginnt sich geltend zu machen, sobald der Spiegel das vorhandene plastische Gebiet P_1 gerade berührt. Eine Bewegung des Grundwassers unterhalb des tiefsten Punktes von P hat keine Einwirkung auf den Gleichgewichtszustand.

Betont sei noch, daß bei dieser Betrachtung der Reibungswinkel φ_r über und unter dem Grundwasserspiegel gleich groß angenommen wurde. Die Berechnung läßt sich natürlich auch dann durchführen, wenn die

Wirkung des Grundwassers auf die Verminderung des Reibungswinkels bekannt ist. In diesem Falle wird P_2 noch größer; die Punkte S_1 und S_2 rücken über den Grundwasserspiegel und können auch, wenn die Herabsetzung von φ_r groß genug ist, mit den Randpunkten der Gründungssohle zusammenfallen.

Von der Ausrechnung eines Zahlenbeispieles wurde abgesehen, da diese gegenüber dem unter 46 Auseinandergesetzten nichts Neues zeigen würde.

Welche ungünstigen Einflüsse der steigende Grundwasserspiegel auf die Sicherheit von Bauwerken ausüben kann, zeigen die Erfahrungen, die man beim Inundieren von Festungswerken in Holland im Jahre 1897 gemacht hat [9, 10]. Hierbei darf allerdings nicht übersehen werden, daß ein Teil der Fundamentbrüche auf die Wirkung des strömenden Wassers zurückzuführen war, während in der obigen Betrachtung stillschweigend mit rein statischen Verhältnissen (Geschwindigkeit der Grundwassersteigung = Null) gerechnet wurde.

XVI. Plastische Erscheinungen bei verschiedenen Aufgaben der Grundbaustatik.

48. Die Fließgebiete in der Nähe eines Einschnittes mit senkrechten Böschungen.

Die Aufgabe, den Spannungszustand im unbegrenzten Boden zu bestimmen, der dadurch entsteht, daß man eine etwa streifenförmige Baugrube (Einschnitt) ausschachtet, hängt von so vielen Faktoren ab, daß an eine strenge Lösung gar nicht gedacht werden kann. Macht man jedoch gewisse einschränkende Annahmen, dann läßt sich ein annäherndes Bild von dem Kraftfeld des einen solchen Einschnitt umgebenden Bodens gewinnen.

Die erste Annahme über den Spannungszustand im ungestörten Boden, also vor Inangriffnahme der Ausschachtungsarbeiten, betrifft das Verhältnis ζ des Seitendruckes zum lotrechten Druck. Über diesen Wert liegen Messungen noch nicht vor. Identifiziert man das Verhältnis ζ mit der „Ruhedruckziffer", worüber verschiedene Auffassungen bestehen können, dann schwankt ζ je nach der Bodenart von 0,5 bis gegen 1,0. Der Einfachheit halber wollen wir hier (wie in Ziffer 31) $\zeta = 1$ setzen.

Denkt man sich den Einschnitt mit senkrechten Seitenwänden und der Breite $2\,b$ so ausgeführt, daß die Seitendrücke durch Abstützen der Wandflächen gegeneinander aufgenommen werden (Abb. 59), dann üben die über der Grubensohle liegenden Massen auf den Untergrund nur lotrechte Drücke (ohne Schubspannungen) aus, und die Wirkung der Ausschachtung auf das ursprüngliche Kraftfeld des ungestörten Bodens besteht einfach darin, daß die Teile der Sohlebene rechts und links von der Ausschachtung durch eine gleichmäßig verteilte Last von der Größe $\gamma\, h$ belastet sind.

Zählt man die Ordinaten z von der Oberfläche, also nicht von der Einschnittsohle aus, dann lauten die Eigengewichtsspannungen in irgendeinem Punkte des Bodens (vor der Ausschachtung)

$$\sigma_{z,g} = \sigma_{h,g} = \gamma\, z. \tag{1}$$

Durch den Wegfall des Gewichtes $2\, b\, h\, \gamma$ je Längeneinheit des Einschnittes verringert sich die Spannung eines Punktes unterhalb der Einschnittsohle (also $z > h$), und zwar in jeder Richtung um einen anderen Betrag. Die verbleibenden Hauptspannungen sind analog Ziffer 31:

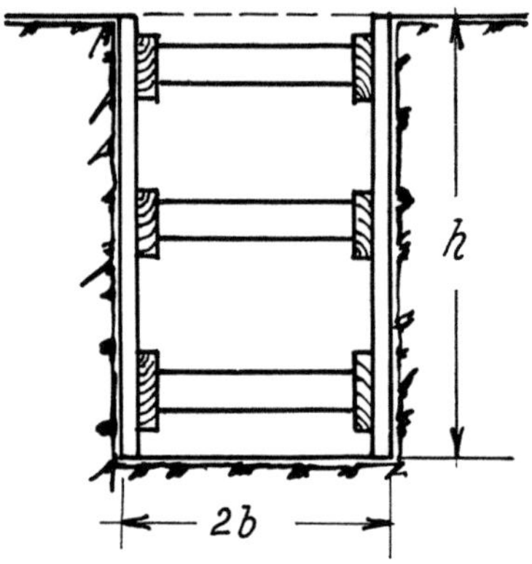

Abb. 59. Ausschachtung mit senkrechten Seitenwänden.

$$\left.\begin{aligned} \sigma_1' &= \gamma\, z - \frac{\gamma\, h}{\pi}\,(2\,\varepsilon - \sin 2\,\varepsilon) \\ \sigma_2' &= \gamma\, z - \frac{\gamma\, h}{\pi}\,(2\,\varepsilon + \sin 2\,\varepsilon) \end{aligned}\right\} \tag{2}$$

$2\,\varepsilon$ ist der Winkel, den die beiden Richtungen von dem betrachteten Punkte der Halbebene aus nach den Endpunkten der Einschnittssohle miteinander einschließen.

Die Anwendung der allgemeinen Mohrschen Fließbedingung 27 — (2) ergibt:

$$\frac{\gamma\, h}{\pi} \sin 2\,\varepsilon = k \left\{p_k + \gamma\, z - \frac{\gamma\, h}{\pi}\, 2\,\varepsilon\right\}. \tag{3}$$

Dies ist die Gleichung der Grenzlinie zwischen dem elastischen und dem plastischen Gebiet, das durch die Ausschachtung des Bodens in der angenommenen Form (Abb. 59) entsteht.

Wir betrachten wieder eine lose Masse, setzen also $p_k = 0$ und lösen (3) nach z auf:

$$z = \frac{h}{\pi} \left\{\frac{\sin 2\,\varepsilon}{k} + 2\,\varepsilon\right\}. \tag{4}$$

Das Raumgewicht γ des Bodens ist aus der Rechnung fortgefallen. Um festzustellen, bis in welche Tiefe $z_{\max}$ das plastische Gebiet reicht, hat man

$$\frac{dz}{d\varepsilon} = 0$$

zu setzen. Durch Differentiation von (4) nach ε und Nullsetzen der Ableitung folgt mit $k = \sin \varphi_r$:

$$\cos 2\,\varepsilon_m = -\sin \varphi_r$$

oder:

$$2\,\varepsilon_m = \frac{\pi}{2} + \varphi_r. \tag{5}$$

Durch Einsetzen von (5) in (4) erhält man:

$$z_{\max} = \frac{h}{\pi}\left\{\operatorname{cotg}\varphi_r + \left(\frac{\pi}{2} + \varphi_r\right)\right\}. \tag{6}$$

Aus dieser Beziehung ersieht man sofort, daß $z_{\max}$ nur für eine Masse mit der inneren Reibung $\varphi_r = \frac{\pi}{2}$ gleich h werden kann. Da jedoch die in Wirklichkeit vorkommenden kohäsionslosen Böden einen Reibungswinkel von höchstens 50 bis 60° besitzen, so kann man den Satz aussprechen: Bei einer Ausschachtung in kohäsionslosem Grund nach Abb. 59 treten immer Fließbereiche auf.

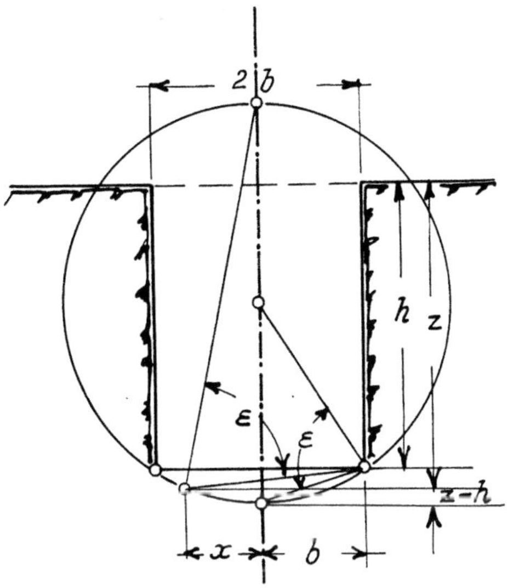

Abb. 60. Zur Bestimmung der Grenzlinien der Fließbereiche unterhalb der Baugrubensohle.

Dies führt unmittelbar zu der Frage, bei welcher Tiefe $h_{\text{krit.}}$ einer Ausschachtung in einem bindigen Boden mit der Kohäsion p_k der Fließvorgang beginnt.

Löst man Gl. (3) nach z auf, ohne p_k gleich Null zu setzen, dann folgt:

$$z = \frac{h}{\pi}\left\{\frac{\sin 2\varepsilon}{k} + 2\varepsilon\right\} - \frac{p_k}{\gamma}. \tag{4a}$$

Die Differentiation von z nach ε führt auf dieselbe Gleichung wie für kohäsionslose Massen, nämlich (5). Setzt man (5) in (4a) ein, dann ergibt sich:

$$z_{\max} = \frac{h}{\pi}\left\{\operatorname{cotg}\varphi_r + \left(\frac{\pi}{2} + \varphi_r\right)\right\} - \frac{p_k}{\gamma}. \tag{6a}$$

Führt man hierin $z_{\max} = h = h_{\text{krit.}}$ ein, so erhält man die gesuchte kritische Ausschachtungstiefe:

$$h_{\text{krit.}} = \frac{\pi\, p_k}{\gamma\left\{\operatorname{cotg}\varphi_r - \left(\frac{\pi}{2} - \varphi_r\right)\right\}}. \tag{7}$$

Zahlenbeispiel:

$p_k = 0{,}2\ \text{kg/cm}^2$, $\gamma = 0{,}0016\ \text{kg/cm}^3$, $\varphi_r = 25^0$,

$$h_{\text{krit.}} = \frac{0{,}2}{0{,}0016\,[2{,}145 - 1{,}134]} = 388{,}6\ \text{cm} = 3{,}89\ \text{m}.$$

Sinkt der Wert von p_k auf die Größenordnung der Kapillarspannung in Sand herab $p_k = 0{,}02\ \text{kg/cm}^2$, dann wird die kritische Ausschachtungstiefe 38,9 cm.

Um die Form der Fließbereiche für verschiedene Einschnittsbreiten $2b$ und Einschnittstiefen h zu bestimmen, ist es zweckmäßig, die Abszissen x der Grenzlinien der Fließbereiche aufzustellen. Nach Abb. 60 ist rein geometrisch:

$$x^2 = b^2 - (z - h)^2 + 2\,b\,(z - h)\,\mathrm{cotg}\,2\,\varepsilon. \tag{8}$$

Setzt man z aus (4) in das letzte Glied der vorstehenden Gleichung ein und berücksichtigt, daß

$$\lim_{2\varepsilon=\pi} (\pi - 2\,\varepsilon)\,\mathrm{cotg}\,2\,\varepsilon = -1$$

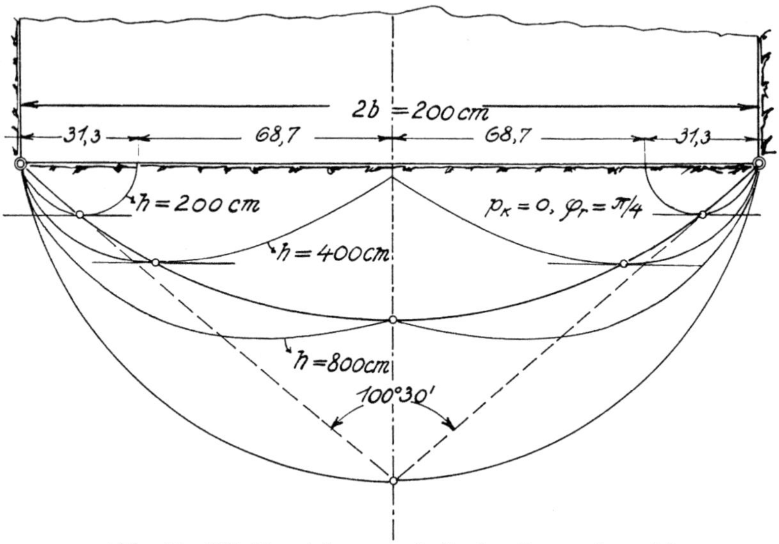

Abb. 61. Fließbereiche unterhalb der Baugrubensohle.

ist, dann erhält man den Abstand $x_{2\varepsilon=\pi}$ des Schnittpunktes der Grenzlinie mit der Einschnittssohle:

$$x_{2\varepsilon=\pi} = \sqrt{b^2 - \frac{2\,b\,h}{\pi}\,\frac{1-k}{k}}. \tag{9}$$

Mittels der Gl. (4), (8) und (9) wurden die plastischen Bereiche für $p_k = 0$, $\varphi_r = 45^0$, $k = \sin\varphi_r = 0{,}707$, $b = 100$ cm, $h = 200$, 400 und 800 cm in Abb. 61 zusammengestellt.

Die bei $h = 200$ cm noch getrennten kleinen Fließbereiche wachsen mit größer werdender Einschnittstiefe und fließen für $h = 379$ cm ($x_{2\varepsilon=\pi} = 0$) zusammen. Wird die Tiefe h noch gesteigert, dann nähert sich die Größe des Fließbereiches einer Grenze, die dem Kreis $2\,\varepsilon = 100^0\,30'$ entspricht.

Die tiefsten Punkte der Grenzlinien ($z_{\max}$) liegen auf einem Kreis mit dem Halbmesser

$$r_m = \frac{b}{\sin 2\,\varepsilon_m} = \frac{b}{\cos \varphi_r}. \tag{10}$$

Wird die Einschnittsbreite $2\,b$ sehr groß, dann findet man aus Gl. (4), die unabhängig von b gilt, auf ähnliche Weise wie oben den Abstand des Schnittpunktes der Grenzlinie $x'_{2\,\varepsilon=\pi}$ von der Einschnittswand (nicht von der Achse, die ins Unendliche rückt)

$$x'_{2\,\varepsilon=\pi} = \frac{h}{\pi}\,\frac{1-k}{k}. \tag{11}$$

Dies ist die Mindestbreite des Fließbereiches für eine bestimmte Einschnittstiefe. Für $h = 200$ cm und $2\,b = \infty$ ergibt sich:

$$x'_{2\,\varepsilon=\pi} = 0{,}132\,h = 26{,}4 \text{ cm},$$

während dieses Maß für $2\,b = 200$ cm bei derselben Höhe

$$x'_{2\,\varepsilon=\pi} = 100 - x_{2\,\varepsilon=\pi} = 100 - 68{,}7 = 31{,}3 \text{ cm}$$

beträgt (siehe Abb. 61).

Die Formen der Fließbereiche sind natürlich nur als grobe Näherungen zu betrachten, wie in Ziffer 33 bereits betont wurde. Sie geben jedoch ein ungefähres Bild von den Vorgängen, die sich in der Natur abspielen dürften.

Bei der Absenkung eines Senkbrunnens oder Senkkastens wird man damit rechnen müssen, daß der Boden zuerst in der Nähe der Schneide, bei größeren Tiefen jedoch auch im Innern aufgelockert wird. Probebelastungen im Senkkasten können daher manchmal zu ungünstige Ergebnisse zeigen. (Die Senkkastenreibung wurde in der vorstehenden Untersuchung allerdings nicht berücksichtigt. Sie wirkt vergrößernd auf die Fließbereiche.)

Durch diese Erscheinungen erklären sich auch (selbst ohne den Einfluß der Wasserhaltungsarbeiten) die oft starken Setzungen von Senkbrunnengründungen während der Bauausführung. Erst nachdem die ausgeschachtete Bodenmasse durch einen Teil des Gewichtes des Grundbaukörpers ersetzt ist, kann sich der ursprüngliche Spannungszustand im Boden ungefähr wieder herstellen. Zumeist halten die Setzungen über diesen Zeitpunkt hinaus an.

49. Der Druck auf nachgiebige Bodenklappen.

Diese Aufgabe findet sich in v. Terzaghis „Erdbaumechanik", S. 203 bis 211 [25], von den Gesichtspunkten verschiedener Verfasser aus behandelt, vor. Hier wollen wir die allgemeine Fließbedingung von Mohr mit der (möglichen) Spannungsverteilung $\nu = 3$ kombinieren, um zu dem Druck auf nachgiebige Bodenklappen beim Fließbeginn zu gelangen.

Wir denken uns einen Kasten von sehr großer Länge und Breite, jedoch beliebiger Tiefe t mit „ungestörtem" Boden (φ_r, p_k) gefüllt. Der Einfluß der Seitenwände soll, infolge der vorausgesetzten großen Kastenabmessungen, außer Betracht gelassen werden; das Verhältnis des Seitendruckes zum lotrechten Druck an irgendeiner Stelle der Masse sei $\zeta = 1$. Im Kastenboden, der den Rauhigkeitsgrad $\varphi_r =$ innere Reibung der Kastenfüllung besitze, befinde sich ein streifenförmiger Teil von der Breite $2\,b$, der durch schmale Fugen vom übrigen Boden getrennt und so unterstützt sei, daß er anfänglich in genau derselben Höhe wie dieser liege. Wir wollen diesen Bodenteil die „nachgiebige Bodenklappe" nennen.

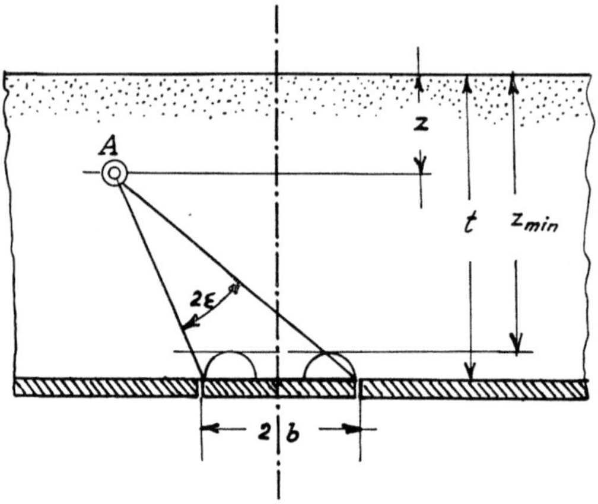

Abb. 62. Zur Bestimmung der plastischen Gebiete in der Nähe nachgiebiger Bodenklappen.

Durch vorsichtiges, ganz geringes Senken der Unterstützung der Klappe verringert sich der Bodendruck auf dieselbe, jedoch auch der anfängliche, ideal einfache Spannungszustand in der Kastenfüllung. Der ursprüngliche Bodendruck war $\gamma\,t$ ($\gamma =$ Raumgewicht der Kastenfüllung), der verringerte Bodendruck auf die Klappe sei q.

Wir denken uns nun den Spannungszustand der Kastenfüllung so erzeugt, daß wir, anstatt die Klappe zu senken, Zugspannungen von der Größe ($\gamma\,t - q$) über die ganze Fläche der Klappe von der Breite $2\,b$ gleichmäßig verteilt auf die Kastenfüllung wirken lassen. Die Spannungsverteilung erfolge nach den Gesetzen des elastisch-isotropen Halbraumes für volumbeständige Stoffe ($m = 2$, $\nu = 3$). Die absolute Größe der Zugspannungen ($\gamma\,t - q$) sei klein genug, um deren Wirkung auf die Oberfläche der Füllung als Null ansehen zu können.

Wir betrachten nun einen Punkt A in einem lotrechten Querschnitt durch die Masse, in der Tiefe z unter der Oberfläche, dessen Richtungen nach den Endpunkten der Klappenbreite $2\,b$ den Winkel $2\,\varepsilon$ einschließen (Abb. 62).

Der anfängliche Spannungszustand war durch

$$\sigma_{z,\,g} = \sigma_{h,\,g} = \gamma\,z \tag{1}$$

gekennzeichnet.

Die Zugspannungen $(\gamma t - q)$ verändern die Spannungen des Punktes A in:

$$\left.\begin{aligned}\sigma_1' &= \gamma z - \frac{(\gamma t - q)}{\pi}(2\varepsilon - \sin 2\varepsilon)\\ \sigma_2' &= \gamma z - \frac{(\gamma t - q)}{\pi}(2\varepsilon + \sin 2\varepsilon)\end{aligned}\right\} \tag{2}$$

Die allgemeine Mohrsche Fließbedingung 27 — (2) verlangt, daß:

$$\frac{(\gamma t - q)}{\pi}\sin 2\varepsilon = k\left\{p_k + \gamma z - \frac{(\gamma t - q)}{\pi}2\varepsilon\right\} \tag{3}$$

wird. Diese Gleichung gibt die Form der Fließbereiche für jeden Wert von q, wenn man annehmen darf, daß die Spannungsverteilung während der Veränderung des Klappendruckes von γt auf q dieselbe, nämlich $\nu = 3$ bleibt. Wir wissen, daß dies nicht genau der Fall sein kann, jedoch handelt es sich hier um den Fließbeginn, in dem die Spannungsverteilungsänderung erst einsetzt.

Den Druck $q_{\text{krit.}}$ auf die Bodenklappe im Augenblick des Fließbeginnes errechnen wir wie in Ziffer 33 und 48 so, daß wir den Flächeninhalt des plastischen Gebietes, welcher im vorliegenden Fall durch $z_{\min}$ charakterisiert ist, Null setzen.

Durch Auflösen der Gl. (3) nach z erhält man:

$$z = \frac{\gamma t - q}{\gamma\pi}\left\{\frac{\sin 2\varepsilon}{k} + 2\varepsilon\right\} - \frac{p_k}{\gamma}. \tag{4}$$

Um z zu einem Minimum zu machen, hat man

$$\frac{dz}{d\varepsilon} = 0$$

zu setzen. Die Ausrechnung liefert:

$$z_{\min} = \frac{(\gamma t - q)}{\gamma\pi}\left\{\operatorname{cotg}\varphi_r + \left(\frac{\pi}{2} + \varphi_r\right)\right\} - \frac{p_k}{\gamma}. \tag{5}$$

Der Flächeninhalt des Fließbereiches wird Null, wenn $z_{\min} = t$ wird (siehe Abb. 62); der Wert von q ist dann $q_{\text{krit.}}$

Aus (5) folgt:

$$q_{\text{krit.}} = \gamma t - \frac{\pi(\gamma t + p_k)}{\operatorname{cotg}\varphi_r + \left(\frac{\pi}{2} + \varphi_r\right)}. \tag{6}$$

Für kohäsionslose Kastenfüllung $p_k = 0$ wird:

$$q_{\text{krit.}} = \gamma t - \frac{\pi\gamma t}{\operatorname{cotg}\varphi_r + \left(\frac{\pi}{2} + \varphi_r\right)}. \tag{6a}$$

Zahlenbeispiel:

Für $\varphi_r = 30^0$ ergibt sich:

$$q_{\text{krit.}} = \gamma t\left[1 - \frac{\pi}{1{,}732 + 1{,}571 + 0{,}524}\right] = 0{,}179\,\gamma t,$$

$\varphi_r = 35^0$ liefert:

$$q_{\text{krit.}} = \gamma\, t \left[1 - \frac{\pi}{1{,}428 + 1{,}571 + 0{,}611}\right] = 0{,}130\, \gamma\, t,$$

$\varphi_r = 40^0$ liefert:

$$q_{\text{krit.}} = \gamma\, t \left[1 - \frac{\pi}{1{,}192 + 1{,}571 + 0{,}698}\right] = 0{,}091\, \gamma\, t.$$

Diese Werte sind im allgemeinen von derselben Größenordnung wie die durch Versuche von Forchheimer [2] festgestellten. So fand z. B. genannter Forscher für Rheinsand mit $\gamma = 1{,}445$, $\varphi_r = 33^0\, 40'$, $t = 51$ cm einen geringsten Bodendruck von 3086 g auf eine kreisförmige Bodenklappe von 20 cm Durchmesser, also $q = \frac{3086}{314} = 9{,}8$ g/cm². Gl. (6a) gibt für dieselben Angaben:

$$q_{\text{krit.}} = 1{,}445 \times 51 \left[1 - \frac{\pi}{1{,}501 + 1{,}571 + 0{,}588}\right] =$$

$$= 1{,}445 \times 51 \times 0{,}142 = 10{,}46 \text{ g/cm}^2.$$

50. Die Fließerscheinungen in einem dickwandigen Rohr aus plastischem Ton bei Innen- bzw. Außendruck.

In Ziffer 27 wurde darauf hingewiesen, daß es für bindige Böden (Tone) zwei verschiedene Plastizitätsbedingungen gibt: für rasche Lastaufbringung oder, was dasselbe ist, vor Beginn des Ausgleiches der hydrodynamischen Spannungen (Zeitpunkt $T = 0$) und für sehr langsame Lastaufbringung, oder: nach vollzogenem Ausgleich der hydrodynamischen Spannungen (Zeitpunkt $T = \infty$). Die analytische Formulierung dieser Bedingungen lautet:

a) für $T = 0$:

$$\sigma_1 - \sigma_2 = \frac{2\, k\, p_k}{1 - k} = \text{konst.} \tag{1}$$

b) für $T = \infty$:

$$\sigma_1 - \sigma_2 = 2\, k \left\{p_k + \frac{1}{2}(\sigma_1 + \sigma_2)\right\}. \tag{2}$$

Da die Gl. (1), die sogenannte Coulombsche Fließbedingung, für Metalle mit guter Annäherung gilt, und die Probleme der Plastizitätslehre in ihren Anfängen ausschließlich auf diese Bedingung aufgebaut wurden, findet sich die Lösung der Aufgabe bezüglich des dickwandigen Rohres nach Gl. (1) in den Lehrbüchern der Mechanik vor.

Es bleibt daher hier nur der Fall des dickwandigen Rohres nach der Fließbedingung Gl. (2) zu behandeln. Wie bei den vorhergehenden Aufgaben wollen wir uns auch hier auf die Entwicklung des Spannungsbildes beschränken und die Frage der Formänderungen von unserer Betrachtung ausschalten. In v. Terzaghis „Erdbaumechanik", S. 211 bis 222, ist ein praktisch wichtiger Fall einer Bohrung von kreisförmigem Querschnitt in einer unendlichen Tonmasse auch mit Rücksicht auf die zu erwartenden Formänderungen behandelt, worauf an dieser Stelle verwiesen werden möge.

a) Dickwandiges Rohr aus plastischem Ton unter Innendruck.

Wir denken uns ein sehr langes, dickwandiges Rohr aus plastischem Ton mit kreisringförmigem Querschnitt (Außendurchmesser $2\,b$, Bohrung $2\,a$), durch einen wachsenden Innendruck von der Größe p_i beansprucht. Das Druckäquivalent der Konsistenzform des Tones bei Beginn der Belastung sei p_k. Die Aufbringung des Druckes geschehe so langsam, als es die Durchlässigkeitsziffer des Tones mit Rücksicht auf den hydrodynamischen Spannungsausgleich erfordert, so daß wir mit der Fließbedingung (2) rechnen müssen.

Solange der Innendruck p_i klein genug ist, findet in keinem Punkte der Wand Überschreitung des kritischen Hauptspannungsverhältnisses n_k statt; Bedingung (2) läßt sich ersetzen durch:

$$n_k = \frac{\sigma_1 + p_k}{\sigma_2 + p_k} \tag{3}$$

und

$$\frac{n_k - 1}{n_k + 1} = k. \tag{4}$$

Für diese Phase der Belastung muß also die Spannungsverteilung in der Rohrwand elastischen Gesetzen gehorchen. Der Einfachheit halber wollen wir hier mit dem Elastizitätsgesetz Gl. 34 — (10), nämlich

$$E_b = E = \frac{p_k}{\omega} = \text{konst.} \tag{5}$$

rechnen, die für Tone näherungsweise zutrifft.

Wächst p_i so lange, bis das Hauptspannungsverhältnis $n = n_k$ für Punkte in der Nähe der inneren Rohrwandung erreicht ist, dann bildet sich rings um die Bohrung ein Fließbereich aus, der infolge der allseitigen Symmetrie nur kreisförmig begrenzt sein kann. Wir wollen den Außendurchmesser dieses Fließbereiches $2\,c$ nennen, wobei c als veränderlich, nämlich abhängig von p_i anzusehen ist.

Bedeutet r den Abstand eines beliebigen Punktes der Wand von der Rohrachse, dann ist der Zustand

für: $a < r < c$ plastisch, hingegen
für: $c < r < b$ elastisch (Abb. 63).

Unsere Aufgabe ist es nun, die Spannungen im elastischen und plastischen Bereich zu ermitteln und die Größe c des Fließbereiches als Funktion des Innendruckes p_i zu finden.

α) *Die Spannungen im elastischeu Gebiet.*

Denkt man sich den Fließbereich in Abb. 63 fortgenommen, dann bleibt ein Rohr mit dem Innendurchmesser $2\,c$ und dem Außendurchmesser $2\,b$ übrig, in dessen Wand nur rein elastische Zustände herrschen. Die an der Innenwand dieses fiktiven Rohres wirkenden Spannungen können wegen der allseitigen Symmetrie nur Normalspannungen sein; wir wollen die Größe dieser radialen Druckspannung mit p_f bezeichnen. Dieselbe hängt natürlich von dem plastischen Gleichgewicht des fortgedachten Wandteiles ab und soll später bestimmt werden. Vorläufig wollen wir den Spannungszustand im elastischen Gebiet $c < r < b$ als Funktion von p_f betrachten. Das Gleichgewicht eines Körperelementes, welches nach Abb. 64 nur Radial- und Tangentialspannungen σ_r und σ_t

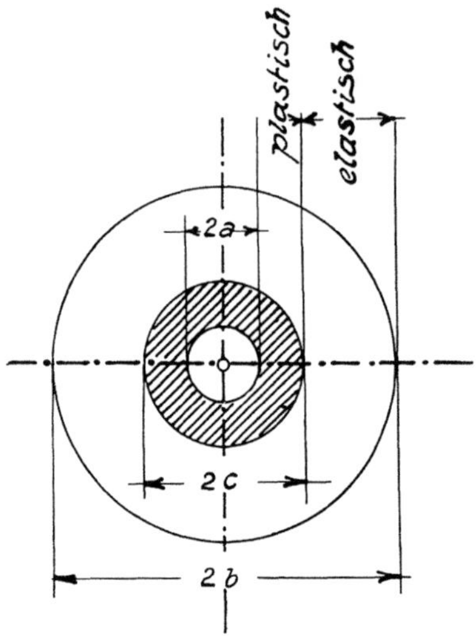

Abb. 63. Querschnitt durch ein dickwandiges Rohr aus plastischem Ton nach Überschreitung des kritischen Innendruckes.

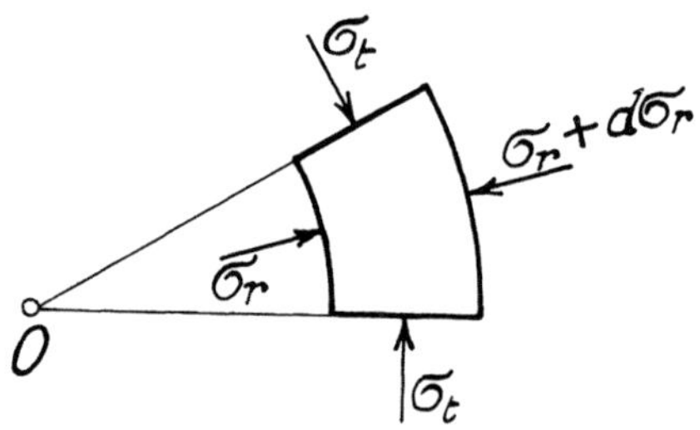

Abb. 64. Rohrwandelement unter Einwirkung rein radialer und tangentialer Spannungen.

unterworfen ist (die dritte Hauptspannung bleibt unberücksichtigt, da es sich um ein ebenes Problem handelt), liefert bekanntlich die folgende Differentialgleichung:

$$\frac{d\,(\sigma_r\,r)}{dr} - \sigma_t = 0. \tag{6}$$

Dies ist die Gleichgewichtsbedingung, der die Spannungen σ_r und σ_t ohne Rücksicht auf die Formänderungen genügen müssen.

Die gesuchten Spannungen σ_r und σ_t müssen aber auch mit dem elastischen Verhalten des Stoffes (5) in Übereinstimmung sein. Sie müssen also den Gleichungen:

$$\left.\begin{aligned} \varepsilon_t &= \frac{w}{r} \\ \varepsilon_r &= \frac{dw}{dr} \end{aligned}\right\} \tag{7}$$

genügen, worin w die radiale Verschiebung eines Punktes im Abstand r von der Rohrachse bedeutet und ε_t, ε_r die auf die Einheit bezogenen Längenänderungen in tangentialer bzw. radialer Richtung sind.

Wir benützen für die Spannungen σ_r und σ_t probeweise den folgenden Ansatz mit zwei noch zu bestimmenden Festwerten c_1 und c_2:

$$\left.\begin{aligned}\sigma_r &= c_1 - \frac{c_2}{r^2}\\ \sigma_t &= c_1 + \frac{c_2}{r^2}\end{aligned}\right\} \tag{8}$$

Führt man in (6) die Differentiation aus, so erhält man:

$$\sigma_r - \sigma_t + r\frac{d\,\sigma_r}{dr} = 0; \tag{6a}$$

setzt man die Werte aus (8) hier ein, dann zeigt sich, daß (6) erfüllt ist. Um einzusehen, daß der Ansatz (8) auch mit (7) in Übereinstimmung steht, erinnere man sich an die Beziehungen:

$$\left.\begin{aligned}\varepsilon_t &= \frac{1}{E}\left(\sigma_t - \frac{1}{m}\,\sigma_r\right)\\ \varepsilon_r &= \frac{1}{E}\left(\sigma_r - \frac{1}{m}\,\sigma_t\right)\end{aligned}\right\} \tag{9}$$

Substituiert man die Werte (8) in (9), dann erkennt man leicht, daß die aus (7) folgende Beziehung

$$\varepsilon_r = r\frac{d\,\varepsilon_t}{dr} + \varepsilon_t$$

erfüllt ist. Der Ansatz (8) gibt also tatsächlich die gesuchte Spannungsverteilung.

Nun hat man noch die Randbedingungen der Aufgabe für die Bestimmung der Konstanten c_1, c_2 zu benützen:

Für $r = c$ muß $\sigma_r = p_f$ (Druck),
und für $r = b$ „ $\sigma_r = 0$ sein.

Dies führt auf:

$$c_1 = \frac{c^2\,b^2}{b^2 - c^2}\,p_f, \qquad c_2 = \frac{c^2}{b^2 - c^2}\,p_f. \tag{10}$$

Nun liefert (8) die beiden Hauptspannungen:

$$\left.\begin{aligned}\sigma_r &= -\frac{c^2}{b^2 - c^2}\,\frac{r^2 - b^2}{r^2}\,p_f\\ \sigma_t &= -\frac{c^2}{b^2 - c^2}\,\frac{r^2 + b^2}{r^2}\,p_f\end{aligned}\right\} \tag{11}$$

β) Die Spannungen im plastischen Gebiet.

Auch hier gilt die Differentialgleichung (6); anstatt der Dehnungsgleichungen (7) haben wir jedoch hier die Fließbedingung (2) oder die gleichwertigen Beziehungen (3) und (4) einzuführen.

Wir schreiben der Einfachheit wegen das kritische Hauptspannungsverhältnis n statt n_k; dann lautet (3):

$$n = \frac{\sigma_r + p_k}{\sigma_t + p_k}. \tag{3a}$$

Daraus rechnen wir:

$$\sigma_r = n\,(\sigma_t + p_k) - p_k. \tag{3b}$$

Hiezu kommt (6) in der Form von (6a):

$$\sigma_r - \sigma_t + r\,\frac{d\,\sigma_r}{dr} = 0.$$

Durch Elimination von σ_r ergibt sich:

$$(n-1)\,(\sigma_t + p_k) + n\,r\,\frac{d\,\sigma_t}{dr} = 0$$

oder:

$$\frac{d\,(\sigma_t + p_k)}{(\sigma_t + p_k)} = -\,\frac{n-1}{n}\,\frac{dr}{r}. \tag{12}$$

Nach einfacher Integration und mit Hilfe von (3b) folgt:

$$\left.\begin{aligned} \sigma_t &= C\,r^{-\frac{n-1}{n}} - p_k \\ \sigma_r &= n\,C\,r^{-\frac{n-1}{n}} - p_k \end{aligned}\right\} \tag{13}$$

Die Integrationskonstante C ergibt sich aus der Randbedingung, daß für $r = a$, $\sigma_r = p_i$ (Druck) sein muß:

$$C = \frac{p_i + p_k}{n}\,a^{\frac{n-1}{n}} \tag{14}$$

Damit werden die gesuchten Spannungen im plastischen Gebiet:

$$\left.\begin{aligned} \sigma_t &= \frac{1}{n}\,(p_i + p_k)\left(\frac{a}{r}\right)^{\frac{n-1}{n}} - p_k \\ \sigma_r &= (p_i + p_k)\left(\frac{a}{r}\right)^{\frac{n-1}{n}} - p_k \end{aligned}\right\} \tag{15}$$

γ) Die Spannungen an der Grenze zwischen dem elastischen und plastischen Gebiet.

Gl. (11) und (15) müssen für $r = c$ identische Werte liefern. Aus (11) erhalten wir:

$$\left.\begin{aligned} \sigma_{r,\,c} &= p_f \quad \text{(Druck)} \\ \sigma_{t,\,c} &= -\,\frac{b^2 + c^2}{b^2 - c^2}\,p_f \quad \text{(Zug)} \end{aligned}\right\} \tag{16}$$

Aus (15) folgt:

$$\left.\begin{aligned}\sigma_{r,\,c} &= (p_i + p_k)\left(\frac{a}{c}\right)^{\frac{n-1}{n}} - p_k\\ \sigma_{t,\,c} &= \frac{1}{n}\,(p_i + p_k)\left(\frac{a}{c}\right)^{\frac{n-1}{n}} - p_k\end{aligned}\right\} \tag{17}$$

Aus (16) erhalten wir mit Benützung von (3a):

$$p_f + p_k = n\left\{-\frac{b^2 + c^2}{b^2 - c^2}\,p_f + p_k\right\}$$

und

$$p_f = \frac{(n-1)\,(b^2 - c^2)}{(n+1)\,b^2 + (n-1)\,c^2}\,p_k. \tag{18}$$

Mit Hilfe von (4) kann man p_f auch in einer anderen Form schreiben:

$$p_f = \frac{(b^2 - c^2)}{b^2 + k\,c^2}\,k\,p_k. \tag{18a}$$

Die Tangentialspannung an der Grenze des plastischen Gebietes ($r = c$) ist:

$$\sigma_{t,\,c} = -\frac{(b^2 + c^2)}{b^2 + k\,c^2}\,k\,p_k. \qquad 18\text{b}$$

Es ist zweckmäßig, nicht den Innendruck p_i, sondern die Größe c (Halbmesser der äußeren Begrenzung des plastischen Bereiches) als gegeben anzusehen. Man hat dann p_i als Funktion von c aufzustellen. Aus der ersten der beiden Gl. (17) und (18a) folgt:

$$(p_i + p_k)\left(\frac{a}{c}\right)^{\frac{n-1}{n}} - p_k = \frac{(b^2 - c^2)\,k\,p_k}{b^2 + k\,c^2}$$

und:

$$p_i = \left\{\frac{b^2\,(1+k)}{b^2 + k\,c^2}\left(\frac{c}{a}\right)^{\frac{n-1}{n}} - 1\right\}p_k. \tag{19}$$

δ) *Die Spannungsgleichungen bei gegebener Größe des Fließbereiches.*

Wird c als gegeben angesehen, dann lauten die Hauptspannungen für $a \leqq r \leqq c$ (Fließbereich)

$$\left.\begin{aligned}\sigma_r &= \left\{\frac{b^2\,(1+k)}{b^2 + k\,c^2}\left(\frac{c}{r}\right)^{\frac{n-1}{n}} - 1\right\}p_k\\ \sigma_t &= \frac{1}{n}\left\{\frac{b^2\,(1+k)}{b^2 + k\,c^2}\left(\frac{c}{r}\right)^{\frac{n-1}{n}} - n\right\}p_k\end{aligned}\right\} \tag{20}$$

für $c \leqq r \leqq b$ (elastischer Bereich)

$$\left.\begin{aligned}\sigma_r &= -\frac{c^2\,k}{b^2 + k\,c^2}\left(1 - \frac{b^2}{r^2}\right)p_k\\ \sigma_t &= -\frac{c^2\,k}{b^2 + k\,c^2}\left(1 + \frac{b^2}{r^2}\right)p_k\end{aligned}\right\} \tag{21}$$

In Abb. 65 sind die Spannungen σ_r und σ_t für jeden Punkt der Rohrwand unter Annahme einer gewissen Größe c des Fließbereiches dargestellt. Der zu c gehörige Innendruck p_i ist durch Gl. (19) gegeben. Die Werte p_k und k sind Stoffkonstante, das kritische Hauptspannungsverhältnis n ist nur von $k = \sin \varphi_r$ abhängig:

$$n = \frac{1+k}{1-k}. \tag{4 a}$$

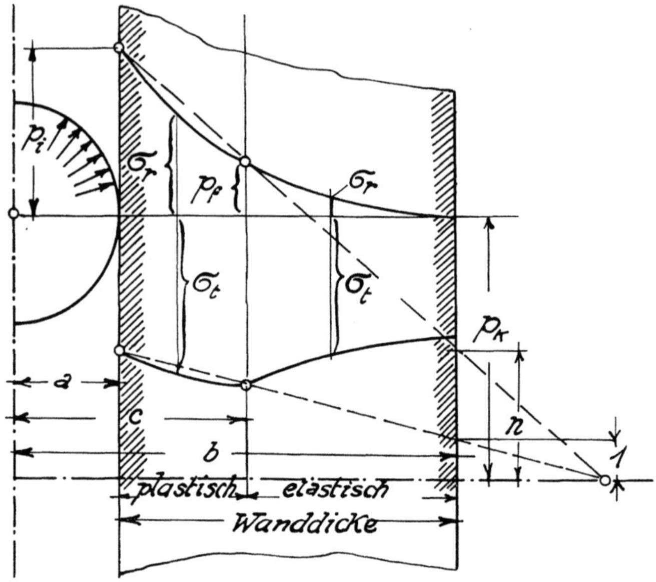

Abb. 65. Spannungsverlauf in der Rohrwand nach Überschreitung des kritischen Innendruckes.

Die weiteren in den Gl. (19) bis (21) vorkommenden Größen a und b sind die gegebenen Rohrabmessungen. Der Zusammenhang der Hauptspannungen im plastischen Gebiet ist in Abb. 65 durch eine einfache Konstruktion (mit strichlierten Linien) angedeutet.

Bezeichnet man in Übereinstimmung mit den Überlegungen des Abschnittes X jenen Innendruck p_i, der den Fließbeginn verursacht, als den kritischen Innendruck $p_{i,\,\text{krit.}}$, dann läßt sich dieser aus Gl. (19) einfach errechnen, indem man $c = a$ setzt. Gl. (19) liefert dann:

$$p_{i,\,\text{krit.}} = \left\{\frac{b^2(1+k)}{b^2+k\,a^2} - 1\right\} p_k = \frac{b^2-a^2}{b^2+k\,a^2}\,k\,p_k. \tag{19 a}$$

Ist der lichte Durchmesser des Rohres sehr klein, also $a = 0$, oder, was dasselbe ist: $b = \infty$, dann liefert (19a):

$$p_{i,\,\text{krit.},\,a=0} = k\,p_k. \tag{19 b}$$

Nach Ziffer 28 war nun die Druckfestigkeit angenähert $s_d = 2\, k\, p_k$; daher können wir sagen: Der kritische Innendruck einer unendlichen Tonmasse im Falle des ebenen Problemes ist gleich der halben Druckfestigkeit.

Die Frage nach den beiden Hauptspannungen σ_r und σ_t an der Lochlaibung einer Bohrung in der unendlichen Tonmasse wird durch die Gl. (20) für $r = c$, $c = a$ und $b = \infty$ beantwortet. Es ergibt sich:

$$\left.\begin{aligned} \sigma_{r, c=a, b=\infty} &= k\, p_k \,(\text{Druck}) \\ \sigma_{t, c=a, b=\infty} &= -\, k\, p_k \,(\text{Zug}) \end{aligned}\right\} \qquad (20\,\text{a})$$

Nun läßt sich noch die Frage stellen, bei welchem Drucke $p_i = p_{i,\,\max}$ der Fließbereich bis an die Außenwand des Rohres fortgeschritten ist. Auch hierauf gibt Gl. (19) Antwort; man hat darin nur $c = b$ einzuführen:

$$p_{i,\,\max} = \left\{ \left(\frac{b}{a}\right)^{\frac{n-1}{n}} - 1 \right\} p_k. \qquad (19\,\text{c})$$

Dieser Innendruck kann als die Tragfähigkeit des dickwandigen Rohres angesehen werden.

Macht man $b = \infty$, dann wird auch $p_{i,\,\max} = \infty$, d. h. für eine unendliche Tonmasse verliert der Begriff der Tragfähigkeit seinen Sinn. Es gibt dann nur einen kritischen Innendruck, Gl. (19b), und für jede Größe des Fließbereiches einen zugehörigen Druck $p_i > p_{i,\,\text{krit.}}$

Zahlenbeispiel. Ein dickwandiges Tonrohr sei durch die folgenden Werte gekennzeichnet:

$$p_k = 10\ \text{kg/cm}^2,\quad k = \sin\varphi_r = \sin 15^0 = 0{,}259,$$

$$n = \frac{1+k}{1-k} = \frac{1{,}259}{0{,}741} = 1{,}700,\quad b : a = 4.$$

Nach Gl. (19a) ist der kritische Innendruck:

$$p_{i,\,\text{krit.}} = \frac{16-1}{16+0{,}259}\, 0{,}259 \times 10 = 2{,}39\ \text{kg/cm}^2.$$

Die Tragfähigkeit des Tonrohres folgt aus Gl. (19c):

$$p_{i,\,\max} = (4^{0{,}412} - 1) \times 10 = 7{,}70\ \text{kg/cm}^2.$$

ε) *Die Spannungsgleichungen für die unendliche Tonmasse.*

Denkt man sich in einer unendlichen Tonmasse ($b = \infty$) eine zylindrische Bohrung mit dem Durchmesser $2\,a$, auf deren Wand ein Druck p_i

wirkt, dann lauten die Gleichungen für die Hauptspannungen im Fließbereich $a \leqq r \leqq c$ nach (20) wie folgt:

$$\left.\begin{aligned} \sigma_r &= \left\{(1+k)\left(\frac{c}{r}\right)^{\frac{n-1}{n}} - 1\right\} p_k \\ \sigma_t &= \frac{1}{n}\left\{(1+k)\left(\frac{c}{r}\right)^{\frac{n-1}{n}} - n\right\} p_k \end{aligned}\right\} \quad (20\,\mathrm{b})$$

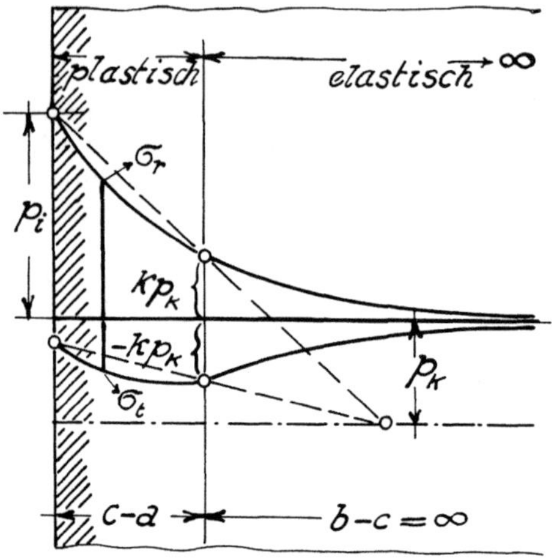

Abb. 66. Spannungsverlauf in der unendlichen, plastischen Tonmasse in der Nähe einer kreisförmigen Bohrung nach Überschreitung des kritischen Innendruckes $k\,p_k$.

Im elastischen Bereich $c \leqq r \leqq \infty$ gilt nach (21) für $b = \infty$:

$$\left.\begin{aligned} \sigma_r &= \frac{c^2}{r^2}\,k\,p_k \\ \sigma_t &= -\frac{c^2}{r^2}\,k\,p_k \end{aligned}\right\} \quad (21\,\mathrm{a})$$

Der Innendruck p_i lautet nach Gl. (19):

$$p_i = \left\{(1+k)\left(\frac{c}{a}\right)^{\frac{n}{n-1}} - 1\right\} p_k \quad (19\mathrm{d})$$

Diese Gleichungen sind in Abb. 66 in einem Schaubild dargestellt.

b) Dickwandiges Rohr aus plastischem Ton unter Außendruck.

Wirkt auf ein Rohr aus bindigem Material, z. B. Ton, mit dem lichten Durchmesser $2a$ und dem Außendurchmesser $2b$, ein wachsender Außendruck p_a, dann tritt bei einer gewissen, der kritischen Größe des Außendruckes $p_a = p_{a,\,\mathrm{krit.}}$ an der Innenwand Fließen ein, welches mit größerwerdendem p_a nach außen fortschreitet, bis schließlich der Bruch des Rohres erfolgt.

Die Überlegungen, die zur Ermittlung der Spannungen und der Größe des Fließbereiches führen, sind völlig analog den unter a) vorgetragenen. Wir begnügen uns daher damit, die Endergebnisse für diesen Fall des Außendruckes mitzuteilen.

Spannungen im plastischen Gebiet:

$a \leqq r \leqq c$

$$\left.\begin{aligned} \sigma_r &= \left\{\left(\frac{r}{a}\right)^{n-1} - 1\right\} p_k \\ \sigma_t &= \left\{n\left(\frac{r}{a}\right)^{n-1} - 1\right\} p_k \end{aligned}\right\} \quad (22)$$

Spannungen im elastischen Gebiet:

$c \leqq r \leqq b$

$$\left.\begin{aligned} \sigma_r &= \left\{\frac{r^2 - k\,c^2}{(1-k)\,r^2}\left(\frac{c}{a}\right)^{n-1} - 1\right\} p_k \\ \sigma_t &= \left\{\frac{r^2 + k\,c^2}{(1-k)\,r^2}\left(\frac{c}{a}\right)^{n-1} - 1\right\} p_k \end{aligned}\right\} \qquad (23)$$

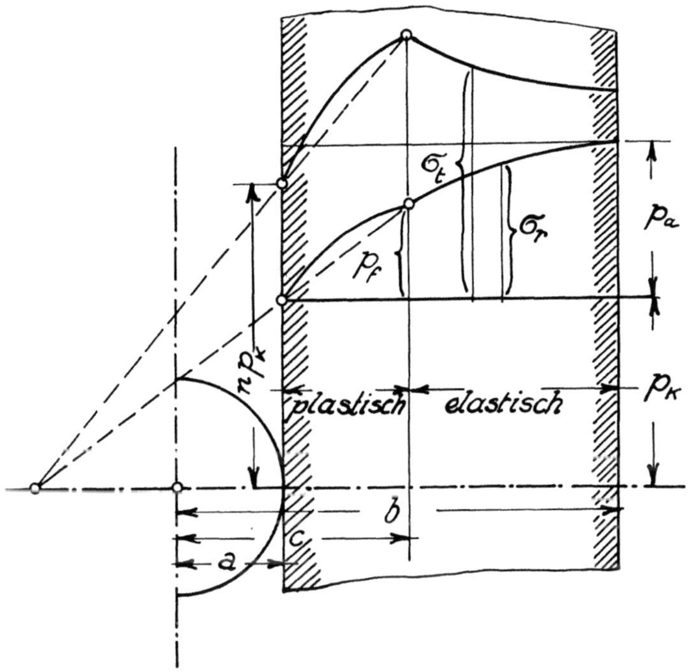

Abb. 67. Spannungsverlauf in der Rohrwand nach Überschreitung des kritischen Außendruckes.

Außendruck als Funktion der Größe des plastischen Bereiches c:

$$p_a = \left\{\frac{b^2 - k\,c^2}{(1-k)\,b^2}\left(\frac{c}{a}\right)^{n-1} - 1\right\} p_k. \qquad (23\,\text{a})$$

Radialdruck p_f an der Grenze des plastischen und elastischen Gebietes:

$$p_f = \left\{\left(\frac{c}{a}\right)^{n-1} - 1\right\} p_k. \qquad (23\,\text{b})$$

Der Spannungsverlauf nach diesen Gleichungen ist in Abb. 67 veranschaulicht.

Nun läßt sich auch auf einfache Weise das Spannungsbild herleiten, welches entsteht, wenn man in einer unter dem allseitigen Druck p_a

stehenden, unendlich ausgedehnten Masse (Ton) eine zylindrische Bohrung mit dem Durchmesser $2a$ herstellt.

Die Hauptspannungen im plastischen Teil

$a \leqq r \leqq c$ lauten:

$$\left.\begin{aligned}\sigma_r &= \left\{\left(\frac{r}{a}\right)^{n-1} - 1\right\} p_k \\ \sigma_t &= \left\{n\left(\frac{r}{a}\right)^{n-1} - 1\right\} p_k\end{aligned}\right\} \tag{22}$$

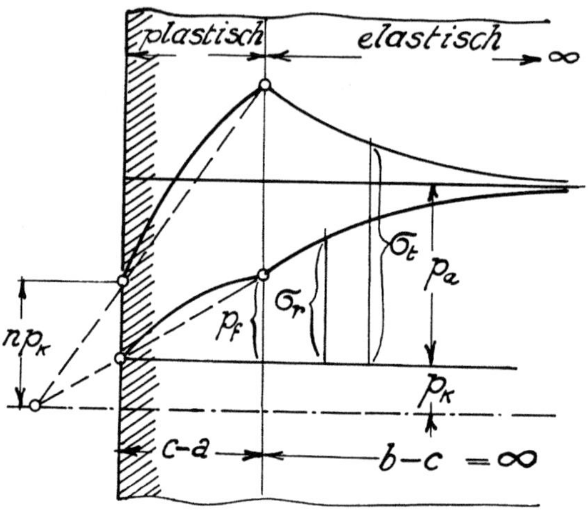

Abb. 68. Spannungsverlauf in der unendlichen, plastischen Tonmasse in der Nähe einer kreisförmigen Bohrung nach Überschreitung des kritischen Außendruckes $\frac{k}{1-k}\,p_k$.

Im elastisch gebliebenen Teil:

$c \leqq r \leqq \infty$

$$\left.\begin{aligned}\sigma_r &= \left\{\frac{r^2 - k\,c^2}{(1-k)\,r^2}\left(\frac{c}{a}\right)^{n-1} - 1\right\} p_k \\ \sigma_t &= \left\{\frac{r^2 + k\,c^2}{(1-k)\,r^2}\left(\frac{c}{a}\right)^{n-1} - 1\right\} p_k\end{aligned}\right\} \tag{23}$$

Die Größe des entstehenden plastischen Bereiches ergibt sich aus (23a) für $b = \infty$:

$$p_a = \left\{\frac{1}{1-k}\left(\frac{c}{a}\right)^{n-1} - 1\right\} p_k, \tag{23 c}$$

$$c = a\left[(1-k)\left(\frac{p_a}{p_k} + 1\right)\right]^{\frac{1}{n-1}}. \tag{24}$$

Zahlenbeispiel:

$n = 3,\ k = 0{,}5,\ c = 5\,a.$

Aus (23c) folgt: $p_a = \left\{\frac{1}{1-0{,}5} \cdot 5^2 - 1\right\} p_k = 49\, p_k.$

Aus (23b): $p_f = \{5^2 - 1\}\, p_k = 24\, p_k.$

Die Tangentialspannung an der Grenze zwischen plastischem und elastischem Gebiet wird:

$$\sigma_{r=c} = (p_f + p_k)\, n - p_k = 25 \times 3\, p_k - p_k = 74\, p_k.$$

Die Tangentialspannung an der Lochwand ist nach (22)

für $r = a$:

$$\sigma_{t,r=a} = [3 - 1]\, p_k = 2\, p_k.$$

Die Radialspannung an der Lochwand nach (22) ist:

$$\sigma_{r,r=a} = 0.$$

Der Spannungsverlauf für diesen Sonderfall ist in Abb. 68 dargestellt*.

Anhang.

Seit Niederschrift des vorliegenden Buches sind in verschiedenen Fachzeitschriften Aufsätze über den hier behandelten Gegenstand erschienen, die im folgenden Erwähnung finden sollen, um dem Leser ein möglichst zeitgerechtes Bild des Problemes der Druckverteilung im Baugrunde zu verschaffen. Außerdem mögen auch einige inzwischen vom Verfasser behandelte Ergänzungen des Stoffes an dieser Stelle Berücksichtigung finden.

Zu III. 7. a) Die in den Gl. 7 — (1) und (2) vorkommenden Spannungen

$$\sigma_z,\ \sigma_h,\ \sigma_t,\quad \tau_z = \tau_h,\quad \tau_t = 0$$

und

$$\sigma_r,\ \sigma_s,\ \sigma_t,\quad \tau_r = \tau_s,\quad \tau_t = 0$$

stehen miteinander und mit den Hauptspannungen σ_1, σ_2, $\sigma_3 = \sigma_t$ in einem gewissen Zusammenhang. Bekanntlich sind die elementar-symmetrischen Funktionen der Hauptspannungen:

$$\sigma_1 + \sigma_2 + \sigma_3,\qquad \sigma_1 \cdot \sigma_2 + \sigma_2 \cdot \sigma_3 + \sigma_3 \cdot \sigma_1,\qquad \sigma_1 \cdot \sigma_2 \cdot \sigma_3$$

Invariante des Spannungszustandes.

Es bestehen daher u. a. folgende Gleichungen:

$$\sigma_z + \sigma_h = \sigma_r + \sigma_s, \tag{1}$$

$$\sigma_h \cdot \sigma_z - \tau_h \cdot \tau_z = \sigma_r \cdot \sigma_s - \tau_r \cdot \tau_s. \tag{2}$$

* Siehe Anhang, zu XVI, 50.

Zu III. 7. b) Das ebene Spannungsproblem des elastisch-isotropen Halbraumes ist unabhängig von der Poisson-Ziffer m. Dies gilt jedoch nur für die Belastung der Oberfläche. Denkt man sich die Belastung $\bar{q}$ in irgendeiner Tiefe z_0 angreifend, dann enthalten die Spannungsgleichungen wieder den Wert m. Hierüber siehe: E. Melan, „Der Spannungszustand der durch eine Einzelkraft im Innern beanspruchten Halbscheibe", Z. f. angew. Math. u. Mech., Bd. 12 (1932), H. 6, S. 343. Setzt man in den Melanschen Gln. (8) $a = 0$ und $r_1 = r_2$, so fällt die Poisson-Ziffer m aus der Rechnung fort.

Zu IV. 10. a) Aus der Aussprache über den Bericht der amerikanischen Baugrund-Kommission vom Mai 1933 in „Proceedings, Am. Soc. C. E.", Nov. 1933, S. 1467, schließt Verfasser, daß die erste der Gl. 10 — (7a) in einer etwas anderen Form von Prof. John H. Griffith schon vor April 1932 gefunden und zur Erklärung der Druckmessungsversuche Goldbecks verwendet worden ist.

Zu IV. 10. b) Eine sehr allgemeine Gleichung für die polare Hauptspannung p_r nach dem Prinzip der geradlinigen Kraftausbreitung ergibt sich durch Anwendung des Überlagerungsgesetzes auf Gl. 10 — (6):

$$p_r = \frac{P}{2\pi r^2} \sum_{\nu=\lambda}^{\nu=\mu} C_\nu \,.\, \nu \,.\, \cos^{\nu-2}\vartheta, \tag{1}$$

wobei

$$\mu \geqq \lambda \text{ und } \sum_{\nu=\lambda}^{\nu=\mu} C_\nu = 1 \tag{2}$$

ist.

Praktisch genügt es, $\lambda = 3$ und $\mu = 6$ zu setzen, so daß die Summe auf der rechten Seite von Gl. (1) nur aus 4 Gliedern besteht. Im Falle $\mu = \lambda = 3$ wird (1) identisch mit der ersten Gleichung der Gruppe 7 — (2a) (Boussinesq-Michell). Die Wahl der Festwerte C könnte durch Einführung eines Spannungs-Formänderungsgesetzes eingeschränkt werden (siehe [48]).

Zu VI. B. 20. Für manche Anwendungen der Theorie des elastisch-isotropen Halbraumes ist es erforderlich, die Größe der lotrechten Normalspannung $\sigma_{z,x}$ zu kennen, welche durch die Belastung der Oberfläche mit einer über einen Kreis gleichmäßig verteilten Last q_0 [kg/cm²] in irgendeinem Punkte des Untergrundes hervorgerufen wird.

Bezeichnet man wie üblich den Polarwinkel des betreffenden Punktes (z, x) mit ϑ und den halben Öffnungswinkel des geraden Kreiskegels, dessen Höhe gleich ist dem Abstand $\sqrt{z^2 + x^2}$ des Punktes (z, x) vom Kreismittelpunkt und dessen Grundfläche von der Lastfläche gebildet wird, mit α, so erhält man nach einiger Rechnung aus der ersten der Gl. 7 — (1):

$$\sigma_{z,x} = q_0 \cos^3 \vartheta \left\{ (1 - \cos^3 \alpha) + \frac{3}{4} \sin^2 \vartheta \, [2 - 7 \cos^5 \alpha + 5 \cos^7 \alpha] + \right.$$
$$\left. + \frac{15}{64} \sin^4 \vartheta \, [8 - 99 \cos^7 \alpha + 154 \cos^9 \alpha - 63 \cos^{11} \alpha] + \ldots \right\}. \quad (1)$$

Für $\vartheta = 0$ folgt natürlich Gl. 20 — (2).

Noch häufiger tritt die Frage nach der lotrechten Normalspannung in irgendeinem Punkte des elastisch-isotropen Halbraumes auf, die von einer über ein Rechteck gleichmäßig verteilten Last verursacht wird. Diese Frage läßt sich allgemein beantworten, wenn man den grundlegenden Fall der Spannung σ_z in einem Punkte M' in der Senkrechten durch einen Eckpunkt M des mit q_0 belasteten Rechteckes $a\,b$ lösen kann. Man kann nämlich daraus durch geeignete Überlagerung von Rechtecken mit positiver und negativer Last jeden allgemeinen Fall der Spannungsermittlung in einem innerhalb oder außerhalb der Horizontalprojektion des Grundbaukörpers liegenden Punkte darstellen.

Bezeichnen wir für den Grundfall die Neigungen der Visuren gegen das Lot vom Punkte M' aus nach den beiden Nachbarecken des Punktes M mit α bzw. β (entsprechend den Rechteckseiten a bzw. b), dann lautet die Formel für die gesuchte lotrechte Normalspannung σ_z in M' (senkrecht unter M) wie folgt:

$$\sigma_z = \frac{3}{4\pi} q_0 \sin \alpha \left\{ \left(1 - \frac{1}{3} \sin^2 \alpha\right) \Phi_1 + \frac{1}{2} \cos^2 \alpha \,.\, \Phi_2 + \frac{1}{4} (3 - 5 \sin^2 \alpha) \Phi_3 - \right.$$
$$\left. - \frac{5}{8} \left(1 - \frac{7}{3} \sin^2 \alpha\right) \Phi_4 \ldots \right\}, \quad (2)$$

worin die Symbole Φ die folgenden Funktionen von α und β sind:

$\Phi_1 = \sin \beta \cos \beta + \beta, \quad \Phi_2 = \cos^2 \alpha \, (\sin \beta \cos \beta - \beta).$

$$\Phi_3 = \cos^4 \alpha \left(\frac{\sin^5 \beta}{\cos \beta} + \sin^3 \beta \cos \beta \right) + \frac{3}{2} \cos^2 \alpha \,.\, \Phi_2.$$

$$\Phi_4 = \cos^6 \alpha \left(\frac{1}{3} \frac{\sin^7 \beta}{\cos^3 \beta} - \frac{4}{3} \frac{\sin^7 \beta}{\cos \beta} - \frac{4}{3} \sin^5 \beta \cos \beta - \frac{5}{3} \sin^3 \beta \cos \beta \right) -$$
$$- \frac{5}{2} \cos^4 \alpha \,.\, \Phi_2.$$

Die unendliche Reihe (2) ist scharf konvergent. Meist genügt es, die Rechnung mit Φ_2 abzubrechen.

Einige Sonderfälle für σ_z sind folgende:

Rückt der Punkt M' höher, bis er mit der Ecke M der Sohlfläche zusammenfällt, dann ist:

$$\alpha = \beta = \frac{\pi}{2}, \quad \Phi_1 = \frac{\pi}{2}, \quad \Phi_2 = \Phi_3 = \Phi_4 = \ldots = 0 \text{ und } \sigma_z = \frac{1}{4} q_0.$$

Wird die Seite a des Rechteckes unendlich lang, während b endlich bleibt, dann ist $\alpha = \frac{\pi}{2}$, $\Phi_1 = \sin\beta\cos\beta + \beta$,

$$\Phi_2 = \Phi_3 = \Phi_4 = \ldots = 0 \text{ und } \sigma_z = \frac{1}{2\pi} q_0 (\sin\beta\cos\beta + \beta).$$

Die Spannung in einem Punkte der Längssymmetrieebene eines sich beiderseits ins Unendliche erstreckenden Laststreifens ist natürlich viermal so groß.

Ist schließlich die Tiefe z des Punktes M' unterhalb M bedeutend, dann kann man $\sin\alpha = \alpha$, $\sin\beta = \beta$, $\cos\alpha = \cos\beta = 1$ setzen und die höheren Potenzen von α und β vernachlässigen. Man erhält so:

$$\Phi_1 = 2\beta, \quad \Phi_2 = \Phi_3 = \Phi_4 = \ldots = 0 \text{ und } \sigma_z = \frac{3}{2\pi} q_0 \alpha \beta;$$

da die Gesamtlast $Q = q_0 a b = q_0 \alpha \beta z^2$ ist, ergibt sich: $\sigma_z = \frac{3Q}{2\pi z^2}$, was man auch unmittelbar aus Gl. 7 — (1) für $\vartheta = 0$ erhält.

Gl. (2) führt im allgemeinen rascher zum Ziel als die tabellarische Integration, wie sie z. B. in dem Bericht der Amerikanischen Baugrund-Kommission vom Mai 1933 („Proceedings Am. Soc. C. E.“ Nr. 5, S. 784, Fig. 6) vorgeschlagen wurde.

Zu XI. 35. Unter dieser Ziffer wurde gezeigt, daß der Parameter ν der Spannungsverteilung von 3 auf 4 steigt, wenn statt des Hookeschen Gesetzes ein mit der Tiefe geradlinig zunehmender Elastizitätsmodul eingeführt wird. Es ist von Interesse zu untersuchen, welche Wirkung das Vorhandensein nachgiebigerer Schichten im Untergrund eines Bauwerkes auf die Spannungsverteilung ausübt. Nimmt man einen mit zunehmender Tiefe z abnehmenden Elastizitätsmodul an, etwa in der Form:

$$E_b = \frac{z_0}{z_0 + z} E_0. \tag{1}$$

dann führt eine der Ziffer 35 ähnliche Betrachtung über die Formänderungsarbeit A zu der Gleichung:

$$\frac{\nu - 3}{(2\nu - 3)^2} + \frac{1}{2} \frac{(r_1 + r_2)}{z_0} \frac{(\nu - 2)}{(2\nu - 2)^2} = 0, \tag{2}$$

worin r_1 und r_2 dieselbe Bedeutung wie in Ziffer 35 besitzen und z_0 einen Festwert mit der Dimension einer Länge darstellt. Ist z_0 groß gegenüber $\frac{1}{2}(r_1 + r_2)$, d. h. ist die Abnahme des Elastizitätsmoduls nach unten schwach, dann gilt $\nu \to 3$; ist hingegen z_0 klein, also der Einfluß von z auf E_b nach Gl. (1) bedeutend, dann erhalten wir $\nu \to 2$. Durch die Abnahme des Elastizitätsmoduls mit der Tiefe verringert sich also die Konzentration der Spannungen unter der Last P, wie man aus

Tabelle I ersieht. Die größte lotrechte Normalspannung für $\nu = 2$ beträgt nur $^2/_3$ von jener im elastisch-isotropen Halbraum.

An dieser Stelle sei noch darauf hingewiesen, daß die Spannungsverteilung $\nu = 2$ auftritt, wenn ein halbkugelförmiger, vollkommen glatter, starrer Stempel in eine Masse eindringt, für welche die Fließbedingung $\sigma_1 - \sigma_2 =$ konst. gilt [31].

Zu XI. 36. Die unter 36 behandelten Fälle wurden auf einen mit der Tiefe geradlinig zunehmenden Elastizitätsmodul basiert. Da für tonige Böden der Einfluß des Eigengewichtes oft vernachlässigt werden kann ($\gamma = 0$), ergibt sich der Elastizitätsmodul als Festwert. Die Setzungen sind daher in diesem Falle identisch mit den in der Elastizitätslehre abgeleiteten. Aus diesem Grunde sollen hier die wichtigsten Formeln für die Setzungen des elastisch-isotropen Halbraumes bei kreisförmiger Lastfläche zusammengestellt werden.

Bezeichnungen:

Q = Gesamtlast der kreisförmigen Lastfläche.
$2r$ = Durchmesser der kreisförmigen Lastfläche.
E = Elastizitätsmodul.
m = Poisson-Ziffer (Verhältnis der Längszusammendrückung zu der Querdehnung bei einachsigem Druck).
w_0, w_r, w_x = Senkungen des Kreismittelpunktes, des Randes bzw. eines Punktes der Oberfläche im Abstand x vom Mittelpunkt.
w_m = mittlere Senkung der Kreisfläche $r^2\pi$.

A. Gleichmäßige Lastverteilung.

$$w_0 = \frac{m^2-1}{m^2}\frac{2}{\pi}\frac{Q}{rE}, \quad w_r = \frac{m^2-1}{m^2}\frac{4}{\pi^2}\frac{Q}{rE}, \quad w_m = \frac{m^2-1}{m^2}\frac{16}{3\pi^2}\frac{Q}{rE};$$

$$w_x = \frac{m^2-1}{m^2}\frac{2}{\pi}\frac{Q}{rE}\left\{1-\frac{1}{4}\left(\frac{x}{r}\right)^2-\frac{3}{64}\left(\frac{x}{r}\right)^4-\frac{45}{2304}\left(\frac{x}{r}\right)^6-\ldots\right\} \text{ für } x<r;$$

$$w_x = \frac{m^2-1}{m^2}\frac{1}{\pi}\frac{Q}{xE}\left\{1+\frac{1}{8}\left(\frac{r}{x}\right)^2+\frac{3}{64}\left(\frac{r}{x}\right)^4+\frac{45}{2304}\left(\frac{r}{x}\right)^6+\ldots\right\} \text{ für } x>r.$$

B. Parabolische Lastverteilung. (Höchstwert in der Mitte, Spannung am Rande Null.)

$$w_0 = \frac{m^2-1}{m^2}\frac{8}{3\pi}\frac{Q}{rE}, \quad w_r = \frac{m^2-1}{m^2}\frac{32}{9\pi^2}\frac{Q}{rE}, \quad w_m = \frac{m^2-1}{m^2}\frac{256}{45\pi^2}\frac{Q}{rE}.$$

$$w_x = \frac{m^2-1}{m^2}\frac{8}{\pi}\frac{Q}{rE}\left\{\frac{1}{3}-\frac{1}{4}\left(\frac{x}{r}\right)^2+\frac{3}{64}\left(\frac{x}{r}\right)^4-\frac{15}{2304}\left(\frac{x}{r}\right)^6+\ldots\right\} \text{ für } x<r;$$

$$w_x = \frac{m^2-1}{m^2}\frac{2}{\pi}\frac{Q}{xE}\left\{\frac{1}{2}+\frac{1}{24}\left(\frac{r}{x}\right)^2+\frac{3}{256}\left(\frac{r}{x}\right)^4+\frac{45}{9216}\left(\frac{r}{x}\right)^6+\ldots\right\} \text{ für } x>r.$$

C. Parabolische Lastverteilung. (Höchstwert am Rande, Spannung in der Mitte Null.)

$$w_0 = \frac{m^2-1}{m^2}\,\frac{4}{3\pi}\,\frac{Q}{rE},\quad w_r = \frac{m^2-1}{m^2}\,\frac{40}{9\pi^2}\,\frac{Q}{rE},\quad w_m = \frac{m^2-1}{m^2}\,\frac{224}{45\pi^2}\,\frac{Q}{rE}.$$

$$w_x = \frac{m^2-1}{m^2}\,\frac{1}{\pi}\,\frac{Q}{rE}\left\{\frac{1}{3}+\frac{1}{4}\left(\frac{x}{r}\right)^2-\frac{9}{64}\left(\frac{x}{r}\right)^4-\frac{75}{2304}\left(\frac{x}{r}\right)^6-\ldots\right\}\text{für } x<r;$$

$$w_x = \frac{m^2-1}{m^2}\,\frac{2}{\pi}\,\frac{Q}{xE}\left\{\frac{1}{2}+\frac{1}{12}\left(\frac{r}{x}\right)^2+\frac{9}{256}\left(\frac{r}{x}\right)^4+\frac{45}{2304}\left(\frac{r}{x}\right)^6+\ldots\right\}\text{für } x>r.$$

D. Starre, kreisförmige Platte. (Spannung am Rande ∞, in der Mitte $= Q : 2\,r^2\pi$.)

$$w_0 = w_r = w_m = \frac{m^2-1}{m^2}\,\frac{1}{2}\,\frac{Q}{rE} = w_x \text{ für } x<r;$$

$$w_x = \frac{m^2-1}{m^2}\,\frac{1}{\pi}\,\frac{Q}{rE}\,\arcsin\left(\frac{r}{x}\right)\ldots \quad \text{für } x>r.$$

Die vorstehenden Ergebnisse finden sich bei Boussinesq [3] in etwas anderer Schreibweise, nämlich mit Benützung der Laméschen Elastizitätskonstanten λ und μ, und sind über mehrere Abschnitte des seit langem vergriffenen und daher schwer zugänglichen Standardwerkes zerstreut.

Man ersieht aus diesen Formeln, daß der Einfluß der Poisson-Ziffer m auf die Setzungen nur gering ist; wächst nämlich m von seinem Kleinstwert $= 2$ (für raumbeständige elastisch-isotrope Körper) auf ∞, dann wächst die Setzung nur um $^1/_3$ ihres Wertes. Ein zweiter wichtiger Schluß bezieht sich auf den Einfluß der Spannungsverteilung innerhalb der Lastfläche auf die absolute Größe der mittleren Setzung. Bildet man das Verhältnis der mittleren Setzungen w_m in den Fällen A, B, C und D, so erhält man:

$$w_{m,A} : w_{m,B} : w_{m,C} : w_{m,D} = 1 : \frac{16}{15} : \frac{14}{15} : \frac{3\pi^2}{32} = 1 : 1{,}067 : 0{,}933 : 0{,}925.$$

Wenn also in der Nähe der Lastfläche keine plastischen Erscheinungen auftreten (d. h. wenn die mittlere Belastung den Wert $q_{t,R}$ nach Gl. 33 — (5) nicht überschreitet), dann ist die mittlere Setzung der Kreisfläche für einen mit gleichartiger Masse erfüllten Halbraum bei konstantem Zusammendrückungsmodul $M_b = p_M : \omega_M$ [Gl. 34 — (12)] beinahe unabhängig von der Sohldruckverteilung.

Für die rechteckige und die quadratische Lastfläche findet man Setzungsformeln in der Arbeit von F. Schleicher, „Zur Theorie des Baugrundes", Der Bauingenieur, 1926, S. 931 und 949, die als Fortsetzung der Untersuchungen von Boussinesq zu betrachten ist. Da diese Abhandlung für Deutsch sprechende Ingenieure leicht zugänglich ist, soll hier von den Ergebnissen nur erwähnt werden, daß die mittlere

Setzung der gleichmäßig belasteten Quadratfläche fast genau mit der eines flächengleichen Kreises nach obigem Fall A übereinstimmt.

Zu XII. 40. Unter Ziffer 40 wurde der für die Deutung von Probebelastungen außerordentlich wichtige Einfluß der Größe der Lastfläche auf die Einsenkung theoretisch behandelt. Die Erforschung dieses Problems auf dem Versuchswege ist von Kögler, Freiberg i. Sa., im Jahre 1926 begonnen worden. Infolge verschiedener Umstände hat sich die Veröffentlichung der Versuchsergebnisse bis 1931 verzögert, siehe [44]. In der Zwischenzeit wies genannter Forscher gelegentlich mehrerer Vorträge (Dresden, Februar 1928, Berlin, November 1928 und ebenda November 1929) auf die Bedeutung dieses Gegenstandes. Im Jahre 1930 veröffentlichte Preß [39] die Ergebnisse seiner unabhängig von Köglers Arbeiten unternommenen Versuche. Über die Versuche, die in Freiberg durchgeführt wurden, siehe: Görner, „Der Einfluß der Flächengröße auf die Einsenkung von Gründungskörpern" (Diss. Freiberg, 1928), Geologie u. Bauwesen, 1932, H. 3.

Zu XIII. 41. Über die Druckverteilung unter Grundbaukörpern in kohäsionslosem Baugrund herrschen gegenwärtig noch einander widersprechende Ansichten: F. Schleicher, „Die Verteilung der Bodenpressungen unter starren Gründungskörpern", Der Bauing., Jg. 14 (1933), S. 242 bis 245, und Kögler: „Sohldruckverteilung unter Pfeilern", Der Bauing., Jg. 14 (1933), S. 473 bis 476.

Zu XIII. 43. Eine interessante Studie über die Deutung von Probebelastungen ist kürzlich in „Der Bauing.", Jg. 14 (1933), S. 80 bis 82 von A. Streck unter dem Titel: „Probebelastung und Bauwerkssenkung" erschienen.

Zu XVI. 50. Eine Anwendungsmöglichkeit für die in dieser Ziffer enthaltenen Betrachtungen bietet die Deutung der Baugrundprobebelastungen, welche mit dem Köglerschen Seitendruck-Bodenprüfgerät vorgenommen werden. Die ersten Versuchsergebnisse mit diesem Gerät sind in dem Aufsatz „Baugrundprüfungen im Bohrloch" von Kögler in „Der Bauing.", Jg. 14 (1933), H. 19/20, zu finden. Die Gleichungen für die Deutung der Versuchsergebnisse hat Verfasser in derselben Zeitschrift, 1933, H. 33/34, S. 438, angegeben.

Schrifttumverzeichnis*.

(Chronologisch zusammengestellt.)

Seite

1. Steiner: Handbuch der Ingenieurwissenschaften, 1. Aufl., II. Bd.; Der Brückenbau, 2. Abt., S. 195. Leipzig 1882 .... 7, 123
2. Forchheimer: „Über Sanddruck und Bewegungserscheinungen im Innern trockenen Sandes.“ Z. d. Öst. Ing.- u. Arch.-V., 1882, S. 111... 166
3. Boussinesq: „Application des potentiels à l'étude de l'équilibre et du mouvement des solides élastiques.“ Paris 1885...11, 20, 55, 104, 182
4. Endell: „Das königl. Regierungsgebäude in Breslau.“ Z. f. Bauwesen, 1890 151
5. Janssen: „Versuche über Getreidedruck in Silozellen.“ Z. d. V. d. Ing., 1895, S. 1045 8
6. Prante: „Messungen des Getreidedruckes gegen Silowandungen.“ Z. d. V. d. Ing., 1896, S. 1122 8
7. Föppl, A.: „Versuche über die Elastizität des Erdbodens.“ Zentralbl. d. Bauverw., 1897 .... 8, 19, 86, 130
8. Michell: „On some elementary distributions of stress in three dimensions“ und „Elementary distribution of plane stress.“ London Mathem. Soc., Proceedings, Vol. XXXII, 1900 ....11, 15, 40
9. Kool: „Over proefbelastingen tot onderzoek van het draagvermogen van fundeeringsputten.“ De Ingenieur, 1900 159
10. Hackstroh: „Over den invloed van den grondwaterstand op het draagvermogen van zandbedden ...“ De Ingenieur, 1903......... 159
11. Jamieson: „Grain pressures in deep bins.“ Engineering News, Vol. LI, 1904 8
12. Bastian: „Das elastische Verhalten der Gleisbettung und ihres Untergrundes.“ (Diss. München), Wiesbaden 1906 ....8, 133
13. Pleißner: „Versuche zur Ermittlung der Boden- und Seitenwanddrücke in Getreidesilos.“ Z. d. V. d. Ing., 1906, S. 976 8
14. Müller-Breslau: „Erddruck auf Stützmauern.“ Stuttgart 1906. 8
15. Föppl, A.: „Vorlesungen über techn. Mechanik.“ Bd. III u. V, Leipzig 1907... 19, 130, 131
16. Strohschneider: „Elastische Druckverteilung und Drucküberschreitung in Schüttungen.“ Sitzungsber. d. Kais. Akad. d. Wissenschaften in Wien, Bd. CXXI, Abt. IIa, Febr. 1912..........7, 73, 123
17. American Foundation Committee: „Progress Reports of the Sal Committee to codify present practice on the bearing value of soils.“ Transactions, Papers a. Disc. A. S. C. E. seit 1913..... 8
18. Moyer: „Distribution of vertical soil pressure.“ Engineering Record, Vol. 69 u. 71, 1914 u. 1915 ....7, 29, 124
19. Enger: „High unit pressures found in experiments on distribution of vertical loading through sand.“ Engineering Record, Vol. 73, 1916...7, 124
20. Goldbeck: „Distribution of pressures through earthfills.“ Proc. A. S. f. Testing Materials, Vol. 17, 1917.......................7, 125
21. Lufft: „Druckverhältnisse in Silozellen.“ Berlin 1920............ 8
22. Prandtl: „Über die Eindringungsfestigkeit (Härte) plastischer Baustoffe u. d. Festigkeit von Schneiden.“ Z. f. angew. Math. u. Mech., 1921 81
23. Wolterbeek: Belastingsproeven ter bepaling van de grondelasticiteit.“ De Ingenieur, 1921, und „Rapporten en mededeelingen van den Rykswaterstaat No. 20.“ 's-Gravenhage, 1922 ....8, 136

* Die Ziffern korrespondieren mit den im Text nach den Verfassernamen in [] eingeschalteten Ziffern.

Seite

24. Feld, J.: „Lateral earth-pressure ..." Transactions A. S. C. E., Vol. LXXXVI, 1923 8
25. v. Terzaghi: „Erdbaumechanik." Wien 1925 ..... 4, 69, 86, 144, 163
26. Sachs: „Beitrag zum Härteproblem." Verhandlungen des 2. Internationalen Kongresses für technische Mechanik, Zürich 1926 81
27. Mautner: „Die Straßenbrücke über die Mur bei Puntigam." Z. d. Öst. Ing.- u. Arch.-V., 1926 151
28. Nádai: „Der bildsame Zustand der Werkstoffe." Berlin 1927 .. 81
29. Kögler-Scheidig: „Druckverteilung im Baugrund." Die Bautechnik, 1927, 1928, 1929 .... 7, 127
30. Hugi: „Untersuchungen über die Druckverteilung im örtlich belasteten Sand." Diss. Zürich 1927 .... 7, 128
31. van Iterson: „Draagvermogen van bouwgrond." De Ingenieur, 1928, Nr. 38 u. 39 .... 8, 19, 104, 134, 181
32. Buisman: „Beproevingsmethoden ter bepaling van den inwendigen wryvingsweerstand van grondsoorten." De Ingenieur 1928, Nr. 21 . 66, 70
33. Vierendeel: „Cours de stabilité des constructions." Tome V, Louvain u. Paris 1928 .... 147, 148
34. v. Mises: „Mechanik der plastischen Formänderung von Kristallen." Z. f. angew. Math. u. Mech., 1928, H. 3 6
35. Nádai: Handbuch der Physik (Geiger & Scheel), Bd. VI. Mechanik der elastischen Körper, „Plastizität und Erddruck", Berlin 1928... 36
36. Enger: „Science of foundations ..." (Discussion) Transactions A. S. C. E., Vol. 93, 1929 55
37. Bierbaumer: „Vorschläge für die Beurteilung von Flach- und Pfahlgründungen." Z. d. Öst. Ing.- u. Arch.-V., 1929 .. 142, 144, 149
38. Gerber: „Untersuchungen über die Druckverteilung im örtlich belasteten Sand." Diss. Zürich 1929 8
39. Preß: „Baugrundbelastungen mit Flächen verschiedener Größen." Die Bautechnik, 1930 .... 8, 119, 136, 183
40. Burger: „Der Bau der neuen Rheinbrücke bei Ludwigshafen (Rhein)-Mannheim." Die Bautechnik, 1931, H. 38 .... 40, 150
41. Nádai: „Plasticity." New York, 1931 .... 30, 36
42. Aichhorn: „Über die Zusammendrückung des Bodens infolge örtlicher Belastung." Diss. Freiberg, 1931 119
43. v. Terzaghi: „Festigkeitseigenschaften der Schüttungen Sedimente und Gele." Handb. d. phys. u. techn. Mechanik (Auerbach-Hort), Bd. IV/2, Leipzig 1931 .... 3, 8, 107, 115
44. Kögler: „Über Baugrundprobebelastungen." Die Bautechnik, 1931 .... 8, 119, 136, 183
45. v. Hanfstengel: „Die neue Usedomer Bäderbrücke bei Zecherin." Die Bautechnik, 1932, H. 20 150
46. Fulton: „Earth pressures." Internat. Vereinig. f. Brücken- u. Hochbau, Abh. 1, 205—212, 1932 8
47. Singer: „Der Baugrund." Wien 1932 .... 144, 146
48. Buisman: „De drukverdeeling in bouwgrond ..." De Ingenieur, 1932, Nr. 37 .... 8, 19, 134, 178
49. v. Terzaghi: „Résistance des fondations en faible profondeur." Premier Congrès de l'Association Internationale des Ponts et Charpentes, Paris 1932 64
50. Fröhlich: „Drukverdeeling in bouwgrond." De Ingenieur, 1933, Nr. 25 146

GPSR Compliance

The European Union's (EU) General Product Safety Regulation (GPSR) is a set of rules that requires consumer products to be safe and our obligations to ensure this.

If you have any concerns about our products, you can contact us on ProductSafety@springernature.com

In case Publisher is established outside the EU, the EU authorized representative is:

Springer Nature Customer Service Center GmbH
Europaplatz 3
69115 Heidelberg, Germany

Batch number: 10577876

Printed by Printforce, the Netherlands

WERKSTATTBÜCHER
FÜR BETRIEBSBEAMTE, VOR- UND FACHARBEITER
HERAUSGEGEBEN VON DR.-ING. EUGEN SIMON, BERLIN
HEFT 39

Die Herstellung roher Schrauben

Erster Teil

Anstauchen der Köpfe

Von

Ingenieur Jos. Berger

Mit 64 Abbildungen im Text

Berlin
Verlag von Julius Springer
1930

Inhaltsverzeichnis.

Seite

I. Einleitung 3

II. Der Rohstoff 4

III. Anstauchen des Kopfes in warmem Zustand 5

A. Abschneiden der Rohlinge 5

1. Bestimmung der Länge S. 5. — 2. Rundeisenscheren für Stabeisen S. 6. 3. Drahtscheren S. 8.

B. Warmpressen und Schmiedemaschinen 10

1. Allgemeines S. 10. — 2. Vincentpressen S. 10. — 3. Bolzenkopfschmiedemaschinen S. 14. — 4. Doppeldruckschmiedemaschinen S. 24.

IV. Kaltpressen 24

A. Allgemeines 24

1. Geschlossenes Gesenk S. 26. — 2. Geteiltes Gesenk S. 26.

B. Kaltnietenpresse mit einfachem Druck und geschlossenem Gesenk 26

1. Arbeitsweise S. 26. — 2. Aufbau der Maschine S. 27.

C. Kaltbolzenpresse mit Doppelschlag und geteiltem Gesenk 28

1. Arbeitsweise S. 29. — 2. Aufbau der Maschine S. 30.

D. Die Werkzeuge der Kaltpressen 38

E. Leistungen der Kaltpressen. Vor- und Nachteile verschiedener Systeme . . 39

F. Herrichtung des Werkstoffes zum Kaltpressens 42

G. Das Glühen von kaltgepreßten Bolzen 43

V. Vereinigung von Kalt- und Warmpressen 45

VI. Halbwarmpresse 46

VII. Tabellen 48

Folgenden Firmen hat der Verfasser für Unterlagen zu Abbildungen zu danken:

Brüder Boye, Ofenbau A.-G., Berlin, für Abb. 58 und 59,

Maschinenfabrik Hasenclever A.-G., Düsseldorf, für Abb. 5 und 10,

Kieserling & Albrecht, Solingen, für die Abb. 6, 11, 12, 21, 49, 52, 53, 54, 55, 56, 57,

Peltzer & Ehlers, Krefeld, für Abb. 2,

Alfred H. Schütte, Köln-Deutz, für Abb. 60,

Zwickauer Maschinenfabrik, Zwickau, für Abb. 3,

ferner Herrn Professor Dr.-Ing. M. von Schwarz, München, für die Abb. 50 und 51.

ISBN-13: 978-3-7091-9732-5 e-ISBN-13: 978-3-7091-9979-4

DOI: 10.1007/ 978-3-7091-9979-4